meteorologia
noções básicas

meteorologia
noções básicas

Rita Yuri Ynoue | Michelle S. Reboita
Tércio Ambrizzi | Gyrlene A. M. da Silva

Copyright © 2017 Oficina de Textos
1ª reimpressão 2022

Grafia atualizada conforme o Acordo Ortográfico da Língua Portuguesa de 1990, em vigor no Brasil desde 2009.

CONSELHO EDITORIAL   Arthur Pinto Chaves; Cylon Gonçalves da Silva; Doris C. C. K. Kowaltowski; José Galizia Tundisi; Luis Enrique Sánchez; Paulo Helene; Rozely Ferreira dos Santos; Teresa Gallotti Florenzano

CAPA   Malu Vallim
PROJETO GRÁFICO, PREPARAÇÃO DE FIGURAS E DIAGRAMAÇÃO   Alexandre Babadobulos
PREPARAÇÃO DE TEXTO   Hélio Hideki Iraha
REVISÃO DE TEXTO   Paula Marcele Sousa Martins
IMPRESSÃO E ACABAMENTO   Meta editorial

Dados Internacionais de Catalogação na Publicação (CIP)
(Câmara Brasileira do Livro, SP, Brasil)

Ynoue, Rita Yuri
  Meteorologia: noções básicas / Rita Yuri Ynoue…[et al.]. -- São Paulo : Oficina de Textos, 2017. Outros autores: Michelle S. Reboita, Tércio Ambrizzi, Gyrlene A. M. da Silva

  Bibliografia
  ISBN: 978-85-7975-263-6

  1. Meteorologia 2. Tempo I. Título

16-00002   CDD-551.5

Índices para catálogo sistemático:
1. Tempo : Meteorologia 551.5

Todos os direitos reservados à OFICINA DE TEXTOS
Rua Cubatão, 798
CEP 04013-003   São Paulo-SP – Brasil
tel. (11) 3085 7933
site: www.ofitexto.com.br
e-mail: atend@ofitexto.com.br

Apresentação

A Meteorologia aparece hoje no centro de um grande conjunto de disciplinas ligadas de um modo geral ao meio ambiente em que vivemos e, particularmente, ao ar que respiramos e ao clima no qual realizamos nossas mais diversas atividades, sejam produtivas, sejam de lazer. A curiosidade natural nos leva a tentar entender as transformações que ocorrem nesse meio, rápidas ou lentas, e que podem levar a fenômenos lindos, como o céu azul, ou aterrorizantes, como o furacão. Cada vez que acontecem fenômenos extremos, como secas prolongadas ou enchentes devidas a chuvas extremas, perguntamo-nos se sempre foi assim ou se estamos vivendo mudanças climáticas numa velocidade nunca dantes observada.

Responder a questões específicas sobre a variabilidade do tempo e do clima requer conhecimento dos processos básicos. É preciso ir aos detalhes de como o Sol interage com a superfície terrestre e com o ar, como o calor se redistribui pelo planeta Terra a partir das regiões mais quentes, como os oceanos e a atmosfera interagem. Como se formam a chuva leve e as tempestades com ventanias e pedras de gelo? Como as atividades humanas alteram a composição química da atmosfera e como é possível que essa alteração produza mudanças no clima, nas chuvas, nas secas, nas tempestades, no degelo das calotas polares? Por que algumas regiões ficam mais quentes e outras mais frias ao longo do ano e como isso varia ao longo de décadas? E, na era tecnológica em que vivemos, com revoluções nas comunicações e no acesso à informação, como prever o que vai ocorrer com o tempo e o clima nos próximos dias, anos, décadas?

Este livro, *Meteorologia*, traz os primeiros passos para responder a essas questões. Os diversos conceitos vão sendo introduzidos com o rigor necessário, mas numa linguagem relativamente simples e com referenciais históricos ao desenvolvimento da ciência que sustenta o conhecimento atual. Com a base de Física, Química e Matemática de um ingressante na universidade, é possível acompanhar o desenvolvimento da teoria e avançar na construção de uma imagem global da atmosfera como um sistema altamente complexo e cheio de surpresas a cada investigação mais profunda. De forma objetiva e com simplicidade, o leitor vai sendo levado a entender processos complexos de forma a poder até julgar a veracidade de informações simplistas e muitas vezes erradas que aparecem na mídia não especializada.

    O livro mostra os conceitos básicos de uma forma interligada, indicando as relações entre os assuntos abordados nos diversos capítulos. Apresenta exemplos específicos do tempo e do clima no Brasil, indicando a fonte onde podem ser obtidas informações atualizadas no dia a dia e como interpretá-las. Mostra também como o interessado pode se aprofundar ou diversificar o conhecimento por meio de portais especializados na internet. É, assim, um guia importante para professores e estudantes da atmosfera e para aqueles interessados em entender como a ação do homem pode influenciar o clima através de alterações na composição química do ar e das mudanças de uso da terra.

    Trata-se de uma nova referência para os iniciantes no estudo dos assuntos de tempo e clima e que preenche uma lacuna nos livros básicos de texto em português, com ênfase nos assuntos que afetam o Brasil, sem deixar de abordar aspectos globais do tempo e do clima do planeta Terra.

Profa. Maria Assunção Faus da Silva Dias
Professora Titular do IAG-USP

Prefácio

A Meteorologia é a ciência que estuda os processos físicos, químicos e dinâmicos da atmosfera e as interações desses processos com os sistemas litosfera, hidrosfera, criosfera e biosfera, sendo, portanto, inserida no contexto das Ciências Ambientais.

Em um determinado momento e local, o estado da atmosfera é definido como *tempo atmosférico*, ou *tempo*, como iremos chamar aqui. Ele é descrito principalmente pelas seguintes variáveis: temperatura do ar, pressão atmosférica, umidade, nebulosidade, precipitação, visibilidade e vento. Observando o tempo num determinado intervalo de tempo cronológico – por exemplo, alguns meses ou anos –, é possível obter o "tempo médio" ou *clima* de uma determinada região.

O termo *meteorologia* foi utilizado pelo filósofo grego Aristóteles, que, por volta de 350 a.C., em sua obra intitulada *Meteorologica*, descreveu os primeiros conhecimentos sobre tempo e clima da época, de maneira filosófica e especulativa. Naquela época, todas as observações ocorridas na atmosfera eram chamadas de meteoros, o que explica o termo *meteorologia*. Apenas a partir do século XV, quando surgiram os primeiros instrumentos meteorológicos, a Meteorologia adquiriu caráter de ciência natural. Desde então, vem avançando o desenvolvimento de instrumentos de observação de dados meteorológicos, transmissão, análise e previsão.

Um dos maiores avanços ocorreu durante a década de 1950, com o surgimento dos computadores, que viabilizaram a realização de previsões de tempo. Assim, passou a ser possível solucionar, em um curto espaço de tempo, um grande número de equações que descrevem o comportamento da atmosfera. Na década seguinte, em 1960, com o lançamento do primeiro satélite meteorológico, foi possível dar início ao registro e transmissão de informações meteorológicas em todo o globo. Nas últimas décadas, os modelos climáticos vêm sendo aprimorados. Os constantes avanços nesse tipo de modelagem, bem como no poder computacional, têm possibilitado a realização de simulações mais detalhadas de processos físicos e químicos que ocorrem na atmosfera. Previsões em longo prazo dos efeitos impostos por mudanças no meio ambiente também se tornaram possíveis.

A aplicação da Meteorologia é extensa, pois as condições atmosféricas influenciam as atividades humanas – por exemplo, tipo de moradia, vestuário, agricultura, recursos hídricos, estratégias militares, construção civil, saúde, cultura, entretenimento, sensações pessoais, entre outras.

Este livro tem como objetivo apresentar os conceitos relativos aos fenômenos meteorológicos que ocorrem nas camadas mais baixas da atmosfera – troposfera e estratosfera. A composição e a estrutura da atmosfera estão descritas no Cap. 1. A radiação solar que incide sobre a Terra fornece a energia para as interações entre os sistemas atmosféricos, e no Cap. 2 serão abordados os vários processos e interações entre radiação, atmosfera e superfície terrestre, bem como o balanço de energia na Terra. As variáveis meteorológicas serão apresentadas nos Caps. 3 a 6, na seguinte ordem: temperatura; umidade do ar; estabilidade atmosférica, nuvens e precipitação; e pressão atmosférica e ventos. A descrição de como é feita a observação da atmosfera será dada no Cap. 7. O padrão global de ventos, por sua vez, será apresentado no Cap. 8. Em seguida, no Cap. 9, serão mostrados os modelos conceituais adotados para explicar os sistemas atmosféricos relacionados às mudanças no tempo. Ainda será abordada a poluição atmosférica (Cap. 10) e como é feita a classificação climática (Cap. 11). No Cap. 12 serão apresentados os métodos utilizados nessas previsões, e no Cap. 13, por fim, serão discutidas as mudanças climáticas.

Rita Yuri Ynoue, Michelle S. Reboita,
Tércio Ambrizzi e Gyrlene A. M. da Silva

Sumário

1 Atmosfera terrestre
    1.1 Composição 11
    1.2 Evolução 12
    1.3 Estrutura vertical da atmosfera 12

2 Radiação solar e terrestre e o balanço de energia global
    2.1 Energia e suas formas 17
    2.2 Mecanismos de transferência de energia 18
    2.3 Balanço de energia global 22

3 Temperatura
    3.1 Medidas da temperatura 25
    3.2 Fatores que influenciam as variações da temperatura 27
    3.3 O ciclo diurno da temperatura 34

4 Umidade do ar
    4.1 A água 37
    4.2 Umidade 39
    4.3 Formas de condensação 46

5 Estabilidade atmosférica, nuvens e precipitação
    5.1 Lei dos gases ideais 49
    5.2 Primeira lei da termodinâmica 49
    5.3 Mecanismos de levantamento do ar 51
    5.4 Estabilidade estática 52
    5.5 Nuvens 54
    5.6 Precipitação 55
    5.7 Medidas de precipitação 56

6 Pressão atmosférica e ventos
    6.1 Pressão atmosférica 59
    6.2 Ventos 63
    6.3 Forças que influenciam os ventos 65
    6.4 Ventos acima da camada-limite planetária 69
    6.5 Ventos em superfície 71
    6.6 Movimento vertical 72

7 Dados atmosféricos
    7.1 Tipos de observação 75
    7.2 Utilização das observações ambientais 83

8 Circulação geral da atmosfera
- 8.1 Escalas do movimento atmosférico 85
- 8.2 Circulação global 85
- 8.3 Campos médios de pressão e ventos observados na atmosfera real 89
- 8.4 Ventos de oeste em altos níveis nas latitudes médias 90
- 8.5 Circulações locais 94
- 8.6 Circulações com variações sazonais: monções 95
- 8.7 Interação oceano-atmosfera 97

9 Sistemas atmosféricos
- 9.1 Massas de ar 101
- 9.2 Frentes 102
- 9.3 Ciclones 106
- 9.4 Anticiclones 114
- 9.5 Tempestades severas 116

10 Poluição atmosférica
- 10.1 Tipos e fontes de poluentes atmosféricos 121
- 10.2 Ozônio na troposfera 124
- 10.3 Ozônio na estratosfera 124
- 10.4 Fatores atmosféricos que afetam a poluição 127
- 10.5 Poluição atmosférica e ambientes urbanos 129

11 Classificação climática
- 11.1 Definição de tempo e clima 131
- 11.2 Fatores ou controles climáticos 131
- 11.3 Modelos de classificação climática 133

12 Previsão de tempo e clima
- 12.1 Breve histórico 145
- 12.2 Princípios da previsão de tempo e clima 146
- 12.3 Etapas da previsão de tempo e clima 146
- 12.4 Tipos de modelo 149
- 12.5 Previsão de tempo 149
- 12.6 Previsão de clima 151

13 Mudanças climáticas
- 13.1 Causas naturais das mudanças climáticas 155
- 13.2 Causas antropogênicas das mudanças climáticas (fator interno) 162
- 13.3 Mudanças observadas no clima 165
- 13.4 Projeções do clima futuro 166
- 13.5 O mundo e as mudanças climáticas 170

Referências bibliográficas 173

Sobre os autores 181

1

Atmosfera terrestre

Neste primeiro capítulo, será visto que a atmosfera terrestre é formada por uma camada de gases e como eles evoluíram ao longo da história do planeta. Também se verá que a concentração dos gases na atmosfera varia com a altura, assim como a temperatura do ar, o que caracteriza a estrutura vertical da atmosfera. Além disso, será mostrada a camada da atmosfera mais importante para o estudo do tempo e do clima do planeta.

1.1 Composição

A Tab. 1.1 ilustra as concentrações médias de gases numa atmosfera seca, ou seja, na ausência de vapor d'água e sob condições normais de temperatura e pressão encontradas ao nível médio do mar (NMM). O gás nitrogênio (N_2) ocupa aproximadamente 78% do volume total da atmosfera seca, e o gás oxigênio (O_2), cerca de 21%. Essas quantidades de nitrogênio e oxigênio na atmosfera são relativamente constantes próximo à superfície da Terra, sendo esses gases denominados permanentes, assim como o argônio (Ar), o neônio (Ne), o hélio (He), o hidrogênio (H_2) e o xenônio (Xe). Por outro lado, as concentrações de alguns gases que compõem a atmosfera não são constantes ao longo do tempo ou do espaço. Gases como o vapor d'água (H_2O) e o ozônio (O_3) podem variar significativamente de lugar para lugar ou de um dia para outro, sendo, portanto, chamados de gases variáveis. Como têm concentrações muito pequenas, também recebem o nome de gases-traço.

O vapor d'água é um gás de extrema importância, e sua concentração está relacionada com a temperatura do ar e a disponibilidade de água na superfície terrestre, possuindo, portanto, composição variável na atmosfera. Em regiões tropicais, como na floresta amazônica, pode chegar a 4% do volume total dos gases atmosféricos, mas nas regiões frias, como na Antártica, fica abaixo de 1%. Quando o vapor d'água passa para o estado líquido, num processo denominado condensação, formam-se pequenas gotas de água.

Tab. 1.1 Composição da atmosfera seca próxima à superfície da Terra

Gás	Volume (ar seco) (%)
Nitrogênio (N_2)	78,08
Oxigênio (O_2)	20,94
Argônio (Ar)	0,93
Dióxido de carbono (CO_2)	0,03 (variável)
Neônio (Ne)	0,0018
Hélio (He)	0,0005
Ozônio (O_3)	0,00001 (variável)
Hidrogênio (H_2)	0,00005
Criptônio (Kr)	Indícios
Xenônio (Xe)	Indícios
Metano (CH_4)	Indícios

Fonte: adaptado de Ayoade (1991).

Quando muda de fase para o estado sólido, sem passar pela fase líquida, num processo denominado ressublimação ou deposição, formam-se pequenos cristais de gelo. Tanto as gotas de água quanto os cristais de gelo são visíveis, possibilitando a observação de nuvens e nevoeiros. A condensação e a deposição são processos importantes para a conversão de energia na atmosfera, liberando calor para o ambiente. Já os processos de evaporação (líquido para vapor d'água) e sublimação (sólido para vapor d'água), por sua vez, absorvem energia do ambiente. O vapor d'água também é um importante gás de efeito estufa, pois absorve parte da radiação emitida pela Terra.

O dióxido de carbono (CO_2) é um componente natural da atmosfera. Atualmente, sua concentração é de cerca de 0,03% (ou 300 ppm – partes por milhão), entretanto, ao longo da história terrestre, apresentou variações. É um importante gás de efeito estufa e, assim como o vapor d'água, absorve parte da radiação emitida pela Terra. Outros gases-traço considerados como de efeito estufa são o metano (CH_4), o ozônio (O_3), o óxido nitroso (N_2O) e os clorofluorcarbonos (CFCs).

O ozônio é um gás que pode ser encontrado próximo à superfície terrestre, em grandes concentrações em cidades poluídas, por vezes atingindo 100 ppb (partes por bilhão) (ou 0,1 ppm, ou ainda 0,00001%), como na região metropolitana de São Paulo. Nesse caso, trata-se de um poluente atmosférico que irrita os olhos e a garganta e é prejudicial à vegetação. Contudo, as maiores concentrações de ozônio são encontradas na camada de ozônio. Localizada entre 20 km e 50 km de altura, aproximadamente, portanto na alta atmosfera, numa camada denominada estratosfera, a camada de ozônio filtra a radiação solar, impedindo que a radiação ultravioleta nociva aos seres vivos atinja a superfície da Terra. Essa camada será estudada em mais detalhes nos Caps. 2 e 10.

Além dos gases, a atmosfera também contém partículas, como poeira suspensa por erupções vulcânicas, pelo vento ou pelos veículos, partículas de sal provenientes do oceano, microrganismos (como bactérias e fungos), pólen, e fumaça emitida por queimadas ou pelos escapamentos de automóveis. Essas pequenas partículas sólidas ou líquidas suspensas na atmosfera são denominadas aerossóis ou material particulado e desempenham papel importante no clima terrestre, podendo absorver ou refletir a radiação solar ou agindo como núcleos de condensação para a formação de gotas de nuvens.

1.2 Evolução

A evolução da atmosfera terrestre está intimamente ligada à evolução do planeta. Há indícios de que a atmosfera era composta basicamente de hidrogênio e hélio, os dois elementos mais abundantes no universo, além de metano e amônia. Esses elementos foram varridos pelo vento solar logo no início da formação da Terra. A atmosfera foi se modificando à medida que a estrutura do planeta foi evoluindo. Os gases emitidos pelos vulcões foram se acumulando na atmosfera, de tal forma que o nitrogênio, o vapor d'água e o dióxido de carbono se tornaram seus principais componentes. Conforme o planeta foi esfriando, parte do vapor d'água conseguiu condensar-se, formando nuvens e chuva e dando origem aos rios, lagos e oceanos. A chuva ao longo do tempo não só contribuiu para a redução da quantidade de vapor na atmosfera como também "lavou" parte do dióxido de carbono - visto que este se dissolve na água -, armazenando-o em grandes quantidades nos oceanos. Com a redução das concentrações de vapor d'água e dióxido de carbono, a atmosfera foi sendo cada vez mais enriquecida pelo nitrogênio, que é um gás pouco reativo. Com o início da vida na Terra, começou o processo de fotossíntese, que pode ser representado de maneira simplificada pela seguinte equação:

$$6H_2O + 6CO_2 \xrightarrow[\text{Clorofila}]{\text{Luz}} 6O_2 + C_6H_{12}O_6 \qquad (1.1)$$

O processo de fotossíntese consiste na utilização de energia fotoquímica (luz) para reduzir o CO_2 a glicose ($C_6H_{12}O_6$) na presença de água, liberando oxigênio (O_2). Inicialmente, parte do oxigênio liberado nesse processo foi utilizada na oxidação do ferro dissolvido nas águas dos oceanos. Quando começou a ser liberado para a atmosfera, foi possível a formação de uma camada de ozônio, e a vida pôde sair dos oceanos para povoar os continentes. O processo de fotossíntese, portanto, resultou em acúmulo de oxigênio e redução de dióxido de carbono na atmosfera. A composição atual da atmosfera, em termos de gases permanentes, foi atingida há algumas centenas de milhares de anos, com o oxigênio e o nitrogênio sendo continuamente reciclados entre a atmosfera, a biosfera, a hidrosfera, a criosfera e a litosfera. A evolução da humanidade, no entanto, tem modificado a composição dos gases-traço na atmosfera, assunto que será abordado nos Caps. 10 e 13.

1.3 Estrutura vertical da atmosfera

Até o momento, foi apresentada uma discussão sobre a composição da atmosfera mais próxima à superfície da Terra. Entretanto, um perfil vertical da atmosfera revela que ela apresenta uma estrutura estratiforme. Os critérios para a divisão das camadas podem ser três: variação da temperatura, composição química dos gases ou suas propriedades elétricas. Antes de analisar esses critérios, porém é preciso entender como a pressão e a densidade do ar variam com a altura. Essas duas variáveis serão vistas com mais detalhes no Cap. 6, sendo alguns conceitos básicos apresentados a seguir.

A atmosfera está presa ao planeta em virtude de sua força de gravidade ou força peso, definida da seguinte forma:

$$\text{Peso} = \text{massa} \times \text{aceleração da gravidade} \quad (1.2)$$

A densidade do ar é determinada pela quantidade de massa num determinado volume, ou seja:

$$\text{Densidade} = \frac{\text{massa}}{\text{volume}} \quad (1.3)$$

Como as moléculas de ar estão mais comprimidas próximo à superfície, ficando cada vez mais espaçadas à medida que se sobe em direção ao espaço, as maiores densidades do ar estão perto da superfície, diminuindo rapidamente com a altura nos primeiros quilômetros e, depois, mais lentamente.

A pressão é definida como a força aplicada numa determinada área, ou seja:

$$\text{Pressão} = \frac{\text{força}}{\text{área}} \quad (1.4)$$

A *pressão atmosférica* é a força exercida pelo peso do ar sobre uma determinada área (Fig. 1.1). Em Meteorologia, é comum usar a unidade hectopascal (hPa), definida como a força de 100.000 N exercida em uma superfície de 1 m². O valor padrão da pressão atmosférica ao NMM é de 1.013,25 hPa. Tradicionalmente, entretanto, utilizava-se a unidade milibar (mb ou mbar; 1 mb = 1 hPa), que ainda é encontrada em centros operacionais e alguns textos da área.

Como o número de moléculas diminui com a altura, o mesmo ocorre com o peso exercido por essas moléculas numa determinada coluna. Assim, a pressão atmosférica, bem como a densidade, sempre diminui com a altura, decrescendo rapidamente nos primeiros quilômetros e depois mais lentamente, como pode ser visto na Fig. 1.2.

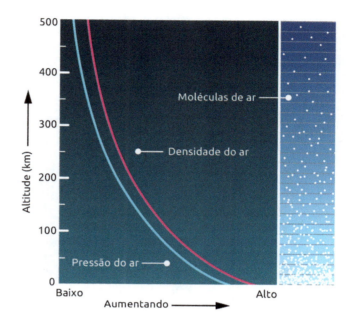

Fig. 1.2 *Variação da densidade e da pressão atmosférica com a altitude*
Fonte: adaptado de Ahrens (2009).

O perfil vertical da temperatura do ar, no entanto, é um pouco mais complexo. Ao observar a Fig. 1.3, verifica-se que a temperatura ora diminui, ora aumenta com a altura. Com base nessa variação, pode-se dividir a atmosfera em quatro camadas na vertical.

A primeira camada, mais próxima à superfície, é denominada *troposfera* (do grego *tropein*, que significa mistura). É nela que os meteorologistas realizam

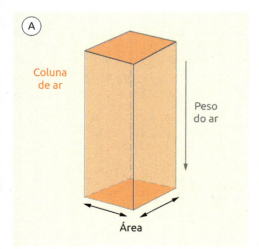
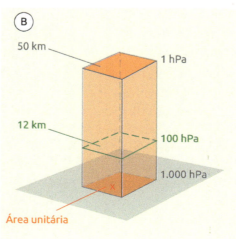

Fig. 1.1 (A) *Definição de pressão atmosférica e* (B) *sua variação com a altura*

a maior parte de seus estudos e onde se concentra a biosfera. Nessa camada, a convecção e a mistura vertical são mais pronunciadas em virtude do aquecimento da superfície, o que contribui para a instabilidade do ar e, consequentemente, para a formação de fenômenos atmosféricos, como nuvens, chuvas, ventos, furacões e tornados. A temperatura na troposfera normalmente decresce com a altura a uma taxa de cerca de 6,5 °C km^{-1}, até aproximadamente 12 km de altura, quando se atinge o limite dessa camada, chegando-se à *tropopausa*.

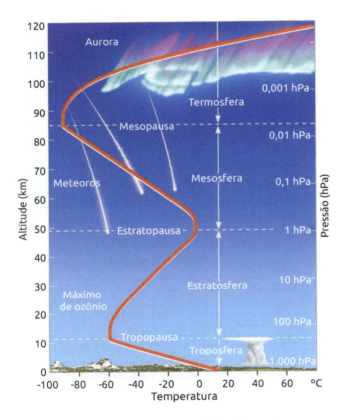

Fig. 1.3 *Camadas da atmosfera definidas de acordo com a variação da temperatura com a altura. A linha roxa indica a variação da temperatura média em cada camada*
Fonte: adaptado de Ahrens (2009).

A tropopausa é a região-limite entre a troposfera e a camada seguinte, a *estratosfera*. Sua altura não é constante, pois depende da temperatura do ar e da latitude. Quanto maior for a convecção térmica na troposfera, maior será o volume de ar misturado nessa camada, e, consequentemente, haverá uma tendência de que a tropopausa seja "empurrada" para cima, ficando mais elevada. Ou seja, a tropopausa é mais elevada na região equatorial (~16 km) por causa da maior disponibilidade de radiação solar e misturas (movimentos) verticais observadas na troposfera. Já nos polos, ela se encontra mais baixa, a aproximadamente 8 km acima do solo.

Na estratosfera, a temperatura inicialmente não varia com a altura: é a chamada zona isotérmica. Acima de 20 km, no entanto, começa a aumentar, produzindo uma inversão térmica – aumento da temperatura com a altura – até 50 km, quando se atinge a *estratopausa*, caracterizada por outra zona isotérmica. A inversão térmica na estratosfera ocorre em virtude da absorção de radiação ultravioleta proveniente do Sol pelo ozônio, resultando em aumento da temperatura. Como se trata de uma região estável, há uma tendência de inibição de movimentos verticais. É por esse motivo que os aviões costumam viajar um pouco acima da tropopausa.

Acima da estratopausa encontra-se a mesosfera, onde a temperatura volta a diminuir com a altura. O ar é bastante rarefeito e a pressão atmosférica é menor do que 1 hPa. A queda de temperatura ocorre até a *mesopausa*, a aproximadamente 80 km de altura, quando a temperatura atinge seu menor valor, por volta de −80 °C.

Acima da mesopausa, a temperatura torna a aumentar com a altura, definindo a *termosfera*. Essa elevação da temperatura com a altura ocorre porque, mesmo com poucas moléculas de gases, há absorção de radiação solar, que favorece o aquecimento do ar. A densidade da atmosfera é muito pequena, dificultando o posicionamento de um limite superior para a atmosfera. Pode-se definir um topo da termosfera em aproximadamente 500 km de altura, onde as moléculas podem se deslocar por vários quilômetros antes de colidir com outra molécula. Nessa região, denominada *exosfera*, as moléculas podem escapar da atração gravitacional da Terra, representando o limite superior da atmosfera.

Outros critérios podem ser utilizados para definir camadas na atmosfera. Um deles é com relação à homogeneidade da composição química (Fig. 1.4). Abaixo da termosfera, a composição do ar é relativamente uniforme: 78% de nitrogênio (N_2) e 21% de oxigênio (O_2). A essa região homogênea dá-se o nome de *homosfera*. Na termosfera, no entanto, as colisões entre átomos e moléculas são pouco frequentes, levando à formação de camadas, com os elementos mais pesados (N e O) depositando-se em sua base e os elementos mais leves (H e He) flutuando no topo. Essa região é chamada de *heterosfera*.

A classificação da atmosfera pelas propriedades elétricas dos gases fornece a *ionosfera*. Essa camada possui grande quantidade de íons e elétrons livres.

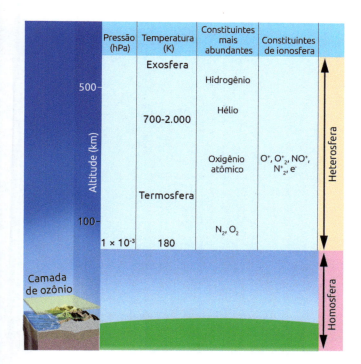

Fig. 1.4 *Camadas da atmosfera baseadas na composição e nas propriedades elétricas*
Fonte: adaptado de Ahrens (2009).

Normalmente, seu limite inferior está localizado a 60 km de altura, estendendo-se até o topo da atmosfera. Assim, a ionosfera encontra-se basicamente na termosfera e tem um papel importante na propagação de ondas de rádio AM.

> Para mais detalhes sobre a ionosfera, consultar o recurso "Introdução à Ionosfera", disponível em <www.sarmento.eng.br/Ionosfera.htm>.

Mostrou-se que a atmosfera terrestre possui diferentes características desde a superfície até centenas de quilômetros de altura. A troposfera é a camada mais importante para o estudo do tempo e do clima. Como vários fenômenos que ocorrem na estratosfera têm impacto na baixa atmosfera, essas duas camadas são as mais estudadas em Meteorologia.

Radiação solar e terrestre e o balanço de energia global

Neste capítulo, será visto que o Sol é a principal fonte de energia para os processos atmosféricos. A energia do Sol chega à Terra na forma de radiação eletromagnética e vários processos ocorrem à medida que a radiação interage com a atmosfera e com a superfície terrestre. Esses processos são importantes para explicar alguns fenômenos óticos que ocorrem na atmosfera e o efeito estufa, entre outros fenômenos. Neste capítulo também será abordado o balanço de energia global.

2.1 Energia e suas formas

Energia é, por definição, a capacidade de um sistema realizar trabalho ou executar uma ação. Imagine-se um homem exercendo uma força sobre uma bola de boliche ao longo de um pequeno percurso. O trabalho realizado por ele é que fará com que a bola role na pista. É possível dizer que, com o trabalho do homem, a bola passou a ter energia. Assim, trabalho pode ser definido como o resultado da ação de uma força ou do consumo de energia que causará deslocamento de matéria. Há várias formas de energia, sendo as principais a potencial, a cinética e a radiante, que neste livro receberá o nome genérico de radiação eletromagnética.

A energia potencial gravitacional é relativa à posição de um objeto no campo gravitacional terrestre. Quanto mais distante do centro da Terra, maior a energia potencial do objeto. Por exemplo, uma parcela de ar que está a 1 km de altura tem energia potencial gravitacional maior do que uma parcela de ar de mesma massa que está a 100 m de altura.

A energia cinética, por sua vez, é relativa ao movimento de um objeto. Assim, quanto maior a velocidade de um objeto de massa constante, maior sua energia cinética. As moléculas e átomos que compõem o ar, por exemplo, estão em constante movimento, em todas as direções e com diferentes velocidades. A energia total das partículas que compõem uma parcela de ar, devido a esses movimentos aleatórios, é chamada de *energia térmica*. A medida da energia cinética média dos átomos e moléculas é definida como temperatura. Partículas que se movem mais rápido têm maior energia cinética, ou seja, quanto maior a temperatura de um material, mais rápido se movem as partículas. Energia térmica é, na realidade, energia cinética, e a distinção de nomenclatura deve-se à escala dos objetos em estudo: a energia cinética está associada aos corpos macroscópicos, e a energia térmica, aos microscópicos.

A energia não pode ser criada ou destruída, mas pode ser transformada, isto é, pode haver conversão entre suas diversas formas, como ilustrado na Fig. 2.1, que mostra um exemplo de conversão de energia potencial em energia cinética numa montanha russa. Assim, a energia total de um sistema é conservada.

No Brasil, costuma-se usar a escala de temperatura grau Celsius (°C), denominada assim em homenagem ao astrônomo sueco Anders Celsius (1701-1744), que foi o primeiro a propô-la, em 1742. Essa escala de temperatura possui dois pontos importantes: o ponto de congelamento da água pura, que corresponde ao valor zero, e o ponto de ebulição, que equivale ao valor 100, observados a uma pressão atmosférica padrão ao nível médio do mar (NMM), também chamada de pressão

Fig. 2.1 *Conversão de energia potencial em energia cinética*

normal. Entretanto, em Ciências, utiliza-se a escala de temperatura absoluta Kelvin (K), designada como tal em homenagem ao cientista inglês Lord Kelvin (1824-1907). Conforme descrito anteriormente, as partículas de uma parcela de ar na atmosfera terrestre têm movimentos aleatórios, deslocando-se com diferentes velocidades. Caso se resfrie uma parcela de ar, as velocidades das partículas diminuirão até que, em teoria, pararão de se movimentar quando atingirem a temperatura de –273,15 °C, a mínima temperatura possível, denominada zero absoluto ou ponto de partida da escala absoluta Kelvin: 0 K. Essa escala não contém números negativos e a conversão das escalas é obtida por:

$$K = °C + 273,15 \qquad (2.1)$$

2.2 Mecanismos de transferência de energia

A transferência de energia térmica de uma região de temperaturas maiores para outra de temperaturas menores é definida como *calor*. Na atmosfera, a energia térmica pode ser transferida por meio de radiação, condução ou convecção, conforme ilustrado na Fig. 2.2.

Na *condução*, a energia é transferida de partícula para partícula, o que é mais facilmente observável em sólidos e líquidos, pois as partículas estão mais próximas umas das outras. O ar é uma mistura de gases na qual as partículas estão mais separadas, ou seja, é um fraco condutor de energia térmica. Na atmosfera, a condução ocorre somente muito próximo à superfície.

A *convecção*, por outro lado, é um processo de transferência de energia térmica muito importante na atmosfera e acontece principalmente em líquidos e gases, havendo movimento de material aquecido de um lugar para outro. Essa definição pode ser entendida pensando-se no processo de convecção que ocorre em uma panela com água sendo aquecida. Nesse caso,

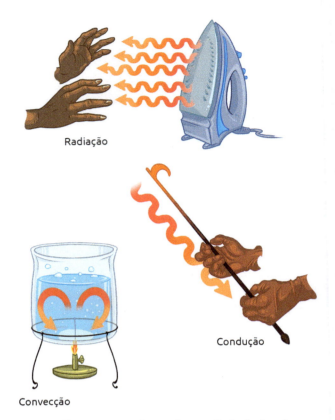

Fig. 2.2 *Diferentes mecanismos de transferência de calor*

a água no fundo da panela é aquecida por condução, expandindo-se e ficando com menor densidade do que a água ao seu redor, e então é forçada a subir. Ao subir, transfere calor para a água mais fria acima. Processo semelhante ocorre na atmosfera, em que parcelas de ar próximas à superfície, quando aquecidas, tornam-se menos densas do que as parcelas ao seu redor e ascendem ou sobem, sendo substituídas por ar mais frio (Fig. 2.3).

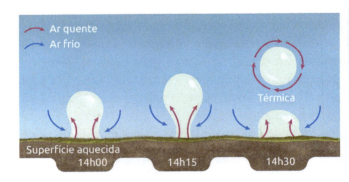

Fig. 2.3 *Convecção de uma parcela de ar*
Fonte: adaptado de Ahrens (1998).

A *radiação* é a transferência de energia térmica por ondas eletromagnéticas. Essa forma de transferência não necessita de matéria para ser realizada: no vácuo, a onda eletromagnética se propaga a uma velocidade de aproximadamente 300.000 km s^{-1}, à velocidade da luz.

A radiação eletromagnética pode ser vista como um conjunto de várias ondas propagando-se no espaço. Uma onda oscila em torno de um eixo de equilíbrio e pode ser descrita por seu comprimento e amplitude, como mostrado na Fig. 2.4. Os pontos com maiores distâncias acima do eixo são chamados de cristas, e os pontos com maiores distâncias abaixo do eixo, de cavados. O comprimento de onda (λ) é a distância entre cristas ou cavados sucessivos, e a amplitude de onda equivale à intensidade (ou altura) de cristas e cavados. Ondas com diferentes comprimentos compõem o espectro eletromagnético (Fig. 2.5).

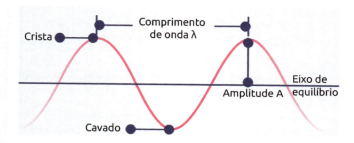

Fig. 2.4 *Elementos que descrevem uma onda*

Toda matéria que tem temperatura acima de 0 K emite radiação devido à vibração dos átomos que a compõem. Assim, os comprimentos de onda das radiações que cada objeto emite dependem basicamente de sua temperatura. Quanto maior ela for, mais rápido vibrarão os átomos e, portanto, menores serão os comprimentos de onda das radiações emitidas.

A Fig. 2.5A ilustra os comprimentos de onda associados a diferentes tipos de radiação, mostrando que o espectro eletromagnético vai da região das ondas de rádio aos raios gama. Radiações de comprimentos de onda menores são mais energéticas do que as de comprimentos de onda maiores (Fig. 2.5B). Assim, pode-se dividir o espectro eletromagnético em regiões com propriedades características. A região dos raios X tem comprimento de onda característico em torno de 10^{-9} m. A radiação dessa região é muito mais energética do que aquela da região das ondas de rádio, que tem comprimento de onda característico da ordem de 100 m. A radiação ultravioleta (UV) concentra-se na faixa de comprimentos de onda em torno de 10^{-7} m. A região da radiação visível – luz – é particularmente interessante, pois é nessa pequena faixa que os olhos humanos detectam as cores. O azul tem comprimento de onda menor, aproximadamente 0,4 µm (1 µm = 10^{-6} m), e o vermelho, comprimento de onda maior, cerca de 0,7 µm. A radiação infravermelha pode ser percebida por suas propriedades de aquecimento.

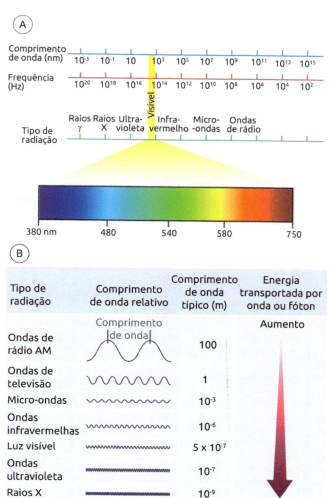

Fig. 2.5 *(A) Espectro eletromagnético e suas diferentes faixas e (B) variação da energia com o comprimento de onda*
Fonte: adaptado de Proclira (s.d.).

2.2.1 Radiação solar e terrestre

A principal fonte de energia do sistema Terra-atmosfera é a radiação eletromagnética proveniente do Sol, ou seja, a radiação solar. O Sol emite radiação como um corpo negro – corpo idealizado que absorve toda a radiação incidente sobre si, em todos os comprimentos de onda e de qualquer direção. Se um objeto absorve mais energia do que emite, fica mais quente devido ao aumento de sua energia interna (soma das energias térmica e potencial). Se emite mais do que absorve, ele resfria. Um corpo negro se encontra em equilíbrio termodinâmico e o fluxo de radiação que entra deve ser exatamente igual ao que sai. Por isso, é considerado um absorvedor e emissor perfeito. Ele não precisa necessariamente ser da cor preta, mas deve absorver e emitir a máxima radiação possível. Como a Terra e o Sol absorvem e emitem com quase 100% de eficiência, são classificados como corpos negros.

Josef Stefan (1835-1893) e Ludwig Boltzmann (1844-1906) derivaram, em 1879, uma relação denominada lei de Stefan-Boltzmann, na qual constataram que todos os corpos com temperatura acima do zero absoluto emitem radiação a uma taxa proporcional à quarta potência de sua temperatura absoluta:

$$E = \sigma \cdot T^4 \qquad (2.2)$$

em que E é a radiação emitida, σ é a constante de Stefan-Boltzmann ($5{,}67 \times 10^{-8}$ W m^{-2} K^{-4}) e T é a temperatura absoluta do corpo.

Essa emissão varia para diferentes comprimentos de onda. A distribuição espectral de energia emitida de corpos negros com diferentes temperaturas pode ser visualizada na Fig. 2.6.

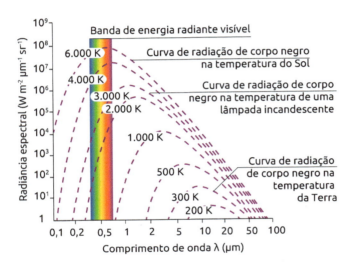

Fig. 2.6 *Distribuição espectral de energia emitida de corpos negros com diferentes temperaturas*
Fonte: adaptado de Jensen (2009).

A lei de deslocamento de Wien, proposta por Wilhelm Wien (1864-1928) em 1893, mostra que o comprimento de onda de máxima intensidade de emissão de um corpo negro é inversamente proporcional à sua temperatura absoluta:

$$\lambda_{máx} = \frac{2.897}{T} \qquad (2.3)$$

em que o comprimento de onda máximo ($\lambda_{máx}$) é expresso em μm, e a temperatura, em K.

Nota-se que o pico de radiação emitida ($\lambda_{máx}$) tem comprimentos de onda menores para corpos com temperaturas maiores. Um corpo a 6.000 K, como o Sol, tem emissão máxima no comprimento de onda de aproximadamente 0,5 μm, região do espectro eletromagnético correspondente à radiação visível, ao passo que, para um corpo a 300 K, como a Terra, esse comprimento de onda é de cerca de 10 μm, região do infravermelho.

Em resumo, todos os corpos emitem radiações. A Terra, por ter uma temperatura menor, emite a maior parte de sua radiação em comprimentos de onda relativamente longos ou na faixa do infravermelho, entre 5 μm e 25 μm. Já o Sol, com uma temperatura maior, emite radiação principalmente nos comprimentos de onda menores do que 2 μm. Por essa razão, a radiação terrestre é chamada de radiação de onda longa (ROL), e a radiação solar, de radiação de onda curta (ROC). A radiação solar viaja entre o Sol e o topo da atmosfera terrestre praticamente sem interferência. A quantidade de radiação que incide de modo perpendicular no topo da atmosfera é praticamente constante e, por esse motivo, é denominada constante solar, equivalente a 1.367 W m^{-2}. Porém, fatores como as estações do ano, os períodos do dia e a latitude influenciam a quantidade que atinge a superfície. Esses fatores serão abordados nos Caps. 3 e 11.

Quando a taxa de energia emitida é exatamente igual à taxa absorvida, a temperatura do corpo permanece constante, atingindo um estado de equilíbrio radiativo. A Terra, ao agir como um corpo negro, emite e também absorve radiação. Dessa forma, sua temperatura de equilíbrio radiativo, sem considerar a atmosfera, é de 255 K (–18 °C). Essa temperatura, entretanto, é muito menor do que a temperatura média observada da superfície da Terra, de 288 K (15 °C). Essa diferença de mais de 30 K ocorre porque a atmosfera terrestre não foi considerada nesse balanço. Ela absorve radiações de alguns comprimentos de onda, mas não de outros, ou seja, é um absorvedor seletivo.

Ao entrar na atmosfera terrestre, a radiação solar pode sofrer várias interações em virtude dos processos de absorção e espalhamento, que podem explicar alguns fenômenos óticos observados na atmosfera. A Fig. 2.7 mostra as faixas em que os gases óxido nitroso, oxigênio, ozônio, vapor d'água e dióxido de carbono absorvem radiação. Nota-se que a atmosfera não absorve todos os comprimentos de onda do espectro, e, quando há absorção, ela pode ser maior em algumas faixas, como na região do infravermelho, e nula em outras, como na faixa do visível. Isso significa que a radiação solar na faixa do visível interage pouco com a atmosfera, ao passo que a radiação infravermelha emitida pela superfície da Terra é absorvida por esses gases.

Um determinado gás, ao absorver radiação, aquece, aumentando sua energia cinética e provocando mais colisões com moléculas vizinhas, que não necessariamente absorveram radiação. Essas colisões, por sua vez, aumentam a energia cinética e a temperatura do ar. Mais aquecida, a atmosfera também emitirá mais radiação infravermelha. Dessa forma, parte da energia emitida pela superfície da Terra fica presa na atmosfera, fazendo com que sua temperatura fique acima da temperatura de equilíbrio radiativo sem atmosfera. A essa absorção da radiação terrestre pelos gases vapor d'água e dióxido de carbono, principalmente, dá-se o nome de *efeito estufa*.

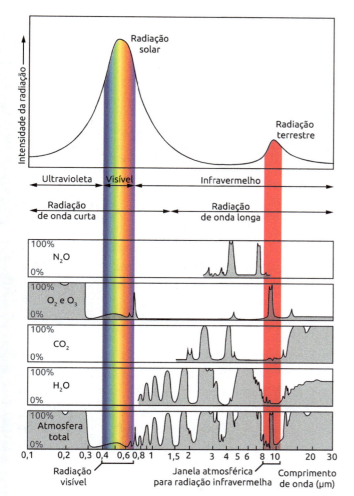

Fig. 2.7 *Absorção de radiação da atmosfera terrestre pelos gases óxido nitroso (N_2O), oxigênio (O_2), ozônio (O_3), dióxido de carbono (CO_2) e vapor d'água (H_2O) e soma de toda a atmosfera. A área em cinza representa a porcentagem de radiação absorvida por cada gás*
Fonte: adaptado de Lutgens e Tarbuck (2010).

Esse nome foi proposto em alusão ao que se considerava ocorrer dentro de uma estufa de vidro, o qual permite que a radiação solar entre na estufa, mas impede a passagem de parte da radiação infravermelha para fora. Entretanto, o aquecimento do ar dentro da estufa deve-se mais à pouca circulação de ar do que ao "aprisionamento" de radiação infravermelha, como o que acontece na Terra. O efeito estufa é um efeito natural, mas tem sido agravado nas últimas décadas com a emissão antropogênica de gases de efeito estufa. Os problemas de poluição e de mudanças climáticas associadas a essas emissões serão abordados nos Caps. 10 e 13.

Por meio da Fig. 2.7 ainda é possível perceber que entre 8 µm e 12 µm existe uma região definida como janela atmosférica, que é uma região transparente, com exceção da banda de 9,6 µm, onde há a absorção dessa radiação pelo ozônio. As radiações ultravioleta são absorvidas na estratosfera basicamente pelo oxigênio e pelo ozônio.

> Para obter mais informações sobre a radiação ultravioleta, acessar o site <satelite.cptec.inpe.br/uv/> e, em seguida, na aba *Informações*, que se encontra à esquerda da tela, clicar em *O que é radiação UV?* e *Radiação UV e Saúde*.

Além da absorção seletiva dos gases atmosféricos, a radiação solar também pode sofrer espalhamento, que é responsável pela maior parte da luz percebida pelo olho humano e que explica alguns fenômenos óticos vistos na atmosfera. Esse processo ocorre quando a energia incidente em linha reta é desviada da orientação original. Moléculas, partículas de aerossol e nuvens contendo gotas e cristais de gelo podem causar o espalhamento da radiação.

O processo de espalhamento pode ser dividido em duas partes: reflexão e transmissão. A reflexão corresponde à energia que retorna ao mesmo hemisfério de origem (direção dianteira), ao passo que a transmissão ocorre quando a energia incidente é desviada para o hemisfério de destino (direção traseira). Dá-se o nome de *albedo* à relação entre a quantidade de radiação solar visível refletida pela superfície de um objeto e o total de radiação visível incidente sobre ele. O albedo depende das características da superfície, como cor, textura e umidade, e do ângulo de incidência solar. Superfícies com cores mais claras possuem maior albedo, e superfícies com cores mais escuras, menor albedo (Tab. 2.1). Ao mesmo tempo, quanto mais perpendicular o ângulo entre o raio solar e a superfície, maior a tendência de a radiação ser mais absorvida – uma vez que o poder de reflexão da superfície é diminuído – e, portanto, menor o albedo. Desse modo, no período de sol a pino, o albedo é menor. Ao amanhecer ou entardecer, quando o ângulo de incidência solar com a superfície é pequeno e o poder de reflexão da superfície é elevado, o albedo é maior.

Tab. 2.1 Valores dos albedos para diversas superfícies

Terra	escura e úmida	0,05
	clara e seca	0,40
	Areia	0,15-0,45
Grama	longa	0,16
	curta	0,26
	Culturas agrícolas	0,18-0,25
	Tundra	0,18-0,25
Floresta	transitória	0,15-0,20
	conífera	0,05-0,15
Água	ângulo zenital pequeno	0,03-0,10
	ângulo zenital grande	0,01-1,00
Neve	antiga	0,40
	fresca	0,95
Gelo	marítimo	0,30-0,45
	glaciares	0,20-0,40
Nuvens	espessas	0,60-0,90
	finas	0,30-0,50

Fonte: adaptado de Ahrens (2009).

2.3 Balanço de energia global

O tempo e o clima são determinados pela quantidade e distribuição da radiação solar que atinge a Terra. O balanço de energia considera as quantidades de energia que entram e que saem do sistema Terra, definido neste livro como a superfície terrestre e a atmosfera. Para um clima em equilíbrio, a energia que sai do sistema Terra deve ser necessariamente igual àquela que entra. Caso contrário, ele pode resfriar, se a quantidade de energia que entra for menor do que a que sai, ou aquecer, se a quantidade de energia que entra for maior do que a que sai. Para realizar o balanço de energia global, são consideradas três regiões-limites: o topo da atmosfera, a atmosfera e a superfície. Ao chegar ao topo da atmosfera terrestre, a radiação solar pode ser espalhada ou refletida pelas nuvens e aerossóis ou ainda ser absorvida pela atmosfera. A radiação transmitida (ou seja, aquela que consegue "atravessar" a atmosfera) pode ser, então, ou absorvida, ou refletida pela superfície da Terra.

A radiação solar absorvida pela superfície é, assim, distribuída em calor sensível, calor latente (considerando as diferentes fases da água) e condução de calor no solo. A superfície da Terra aquecida também emite radiação.

O balanço de energia pode ser entendido da seguinte forma: se cem unidades de energia solar atingem o topo da atmosfera terrestre (Fig. 2.8), aproximadamente 30% dessa radiação volta para o espaço como radiação de onda curta (albedo planetário) – 6% espalhada pela atmosfera, 20% refletida pelas nuvens e 4% refletida pela superfície da Terra. A atmosfera absorve 19% da radiação solar, restando 51% dessa radiação para ser absorvida pela superfície terrestre, ou seja, 51% da radiação solar foi transmitida através da atmosfera, conseguindo atingir a superfície.

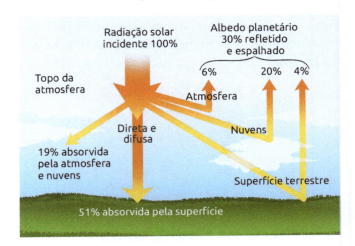

Fig. 2.8 Interação da atmosfera e da superfície terrestre com a radiação solar
Fonte: adaptado de Ahrens (2009).

Na Fig. 2.9, observa-se que, dessas 51 unidades de radiação solar transmitidas que atingem a superfície, 23 são utilizadas na evaporação da água (transformação de energia solar em calor latente), e 7, nos processos de condução e convecção. Sobrariam, então, 21 unidades para serem armazenadas na superfície e emitidas na forma de radiação infravermelha. Entretanto, a superfície terrestre emite 117 unidades. Isso ocorre porque, além da radiação solar que recebe durante o dia, a superfície recebe continuamente radiação infravermelha da atmosfera, tanto de dia quanto de noite. Da energia emitida pela superfície da Terra, a atmosfera permite que apenas seis unidades a atravessem.

A maior parte, 111 unidades, é absorvida principalmente pelos gases de efeito estufa e pelas nuvens. Dessa absorção, 96 unidades são reemitidas para a superfície (efeito estufa), completando as 147 unidades absorvidas (51 da radiação solar e 96 da radiação emitida pela atmosfera). Assim, as 147 unidades de energia emitida pela superfície da Terra ficam balanceadas pelas 147 unidades de energia absorvida.

Apesar de o Sol emitir quase constantemente a mesma quantidade de energia, observam-se variações de temperatura tanto ao longo de um dia quanto ao longo de um ano. No próximo capítulo, será visto como os movimentos de translação e de rotação da Terra estão associados a essas variações na temperatura. Também será mostrado que a temperatura em um determinado local depende de diferentes fatores, como latitude, altitude e proximidade com corpos d'água.

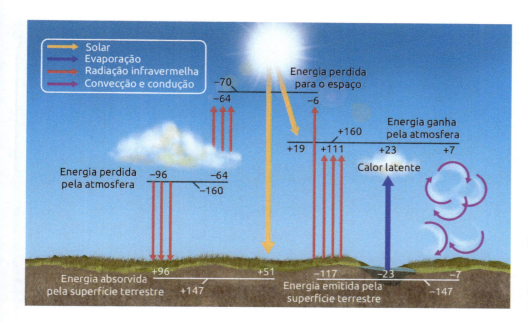

Fig. 2.9 Balanço de energia entre a superfície da Terra e a atmosfera
Fonte: adaptado de Ahrens (2009).

3 Temperatura

No Cap. 2, foi visto que a quantidade de energia emitida pelo Sol praticamente não se altera. Entretanto, variações na temperatura do ar ocorrem tanto ao longo de um dia quanto ao longo de um ano. Tais variações estão associadas aos movimentos de translação e rotação da Terra, mas outros fatores também influenciam a temperatura de um determinado local, como a latitude, a altitude, a proximidade com corpos d'água e as circulações oceânicas e atmosféricas, como veremos neste capítulo.

3.1 Medidas da temperatura

A medição da temperatura do ar é feita com termômetros comuns, de mercúrio ou álcool, ou por meio de dispositivos elétricos, como os termopares. O princípio de funcionamento dos termômetros baseia-se na propriedade dos materiais de expandir-se ou contrair-se com a temperatura. Quando adquirem calor, aumentam de temperatura, dilatam-se e aumentam de volume, porém, quando perdem calor, ocorre o contrário.

Os termômetros normalmente fornecem o valor instantâneo da temperatura. A leitura deve ser realizada conforme mostrado na Fig. 3.1A. Para o termômetro de mercúrio, a direção do olhar deve coincidir com a linha tangente à parte superior do menisco, uma vez que este é convexo (Fig. 3.1B, lado esquerdo). Já para o termômetro de álcool, a direção do olhar deve coincidir com a linha tangente à parte inferior do menisco, tendo em vista que este é côncavo (Fig. 3.1B, lado direito).

Os meteorologistas utilizam termômetros de máxima e de mínima para medir as variações temporais das temperaturas atingidas pelo ar em um determinado dia, a mais elevada e a mais baixa, respectivamente. O termômetro de máxima é um termômetro de mercúrio que possui, próximo ao bulbo, um estrangulamento que permite a passagem do mercúrio quando este se expande em virtude do aumento da temperatura, mas impede seu retorno quando a temperatura diminui. Assim, a temperatura lida nesse

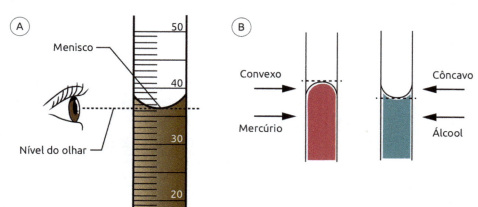

Fig. 3.1 *Leitura dos termômetros de mercúrio e de álcool*
Fonte: adaptado de Medição... (s.d.).

termômetro refere-se à temperatura máxima desde a última leitura, após a qual o termômetro deve ser agitado de modo a forçar que o mercúrio volte ao bulbo. O termômetro de mínima é um termômetro de álcool em que há imersa uma pequena peça chamada índice, que tem a forma de um halter e se mexe com o menisco quando a coluna de álcool se contrai em direção ao bulbo, ou seja, quando a temperatura diminui, mas deixa o álcool passar quando este se expande, desprendendo-se do menisco. Desse modo, a leitura deve ser realizada com a parte do halter mais distante do bulbo. Após a leitura, o termômetro deve ser inclinado de tal maneira que o índice deslize novamente até o menisco. Ambos os termômetros devem ser colocados à sombra, a 1,5 m de altura do solo e dentro do abrigo meteorológico, que deve ser pintado de branco, como exibido na Fig. 3.2. O abrigo faz parte das estações meteorológicas convencionais em superfície. Mais detalhes sobre essas estações são dados no Cap. 7.

A variação das temperaturas máximas e mínimas diárias pode ser observada por meio de gráficos, assim como a temperatura média do dia, que corresponde à média entre as temperaturas máxima e mínima (Fig. 3.3).

A variação temporal da temperatura também pode ser registrada continuamente por um termógrafo. O mais comumente utilizado tem composição mecânica e é chamado de termógrafo bimetálico (Fig. 3.4). Seu sensor é uma lâmina constituída pela junção de duas placas de metais com diferentes coeficientes de dilatação. Essa lâmina tem sua curvatura alterada quando uma diferença de temperatura leva a diferentes expansões/contrações das placas de metal. Acoplando-lhe um sistema de alavancas, uma caneta e um tambor rotativo, a variação da temperatura poderá ser registrada nos termogramas.

A temperatura sentida pelos organismos vivos pode ser diferente daquela medida no ambiente. Isso ocorre devido ao efeito da sensação térmica, que varia com base nas características de isolamento térmico (vestimenta), fisiológicas (atividades, idade e saúde) e atmosféricas (exposição à radiação solar, umidade relativa e vento). A umidade relativa é uma medida da quantidade de vapor d'água na atmosfera, ao passo que o vento é o ar em movimento.

Quando o ar está úmido, a evaporação do suor fica limitada, mas quando está seco ocorre o contrário, o

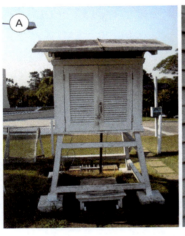

Fig. 3.2 (A) Abrigo meteorológico e (B) termômetros de máxima (superior) e mínima (inferior) Fonte: cortesia da Estação Meteorológica do IAG/USP.

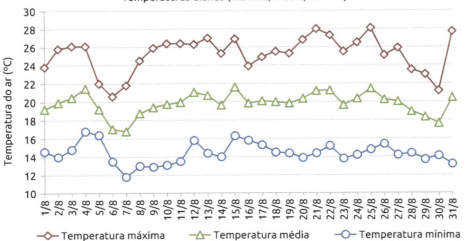

Fig. 3.3 Gráfico das temperaturas diárias em agosto de 2012, com base em dados obtidos no Instituto Nacional de Meteorologia (Inmet), na estação Mirante de Santana (São Paulo/SP)

Fig. 3.4 *Termógrafo bimetálico*
Fonte: adaptado de Thinkstock.

que permite um rápido resfriamento da pele. Ventos fortes contribuem para um maior processo de evaporação e o organismo tende a se resfriar. Há várias formas de calcular o índice de conforto humano. Para regiões tropicais, onde o vento é mais fraco, há o índice de desconforto (ID) (Thom; Bosen, 1959), que considera apenas os efeitos da temperatura e da umidade:

$$ID = 0,4(T_s + T_u) + 4,8 \; [\text{calculado em °C}] \quad (3.1)$$

em que T_s e T_u são, respectivamente, as temperaturas de bulbo seco (temperatura do ar) e bulbo úmido (temperatura medida quando o bulbo do termômetro está envolto numa gaze umedecida). A diferença entre T_s e T_u está relacionada à umidade relativa do ar – quanto menor a diferença, maior a umidade relativa. Essa discussão será mais bem abordada no Cap. 4.

De acordo com esse índice, valores de ID abaixo de 21 °C estão associados a uma sensação de bem-estar; para ID entre 21 °C e 29 °C, uma parte crescente da população sente desconforto; e para ID acima de 29 °C, todos sentem um forte desconforto. Há outros índices que levam em conta a velocidade do vento, como o conforto térmico.

A seguir, será visto como alguns fatores influenciam a temperatura do ar no espaço e no tempo. Entre eles, as estações do ano, a latitude, a altitude, o efeito da continentalidade, as correntes oceânicas, os padrões de circulação atmosférica e a variação da radiação ao longo do dia.

3.2 Fatores que influenciam as variações da temperatura

3.2.1 Estações do ano

A Terra dá uma volta ao redor do Sol – movimento de translação da Terra ao redor do Sol – em 365,25 dias. O plano definido por essa trajetória é conhecido como plano da eclíptica. As estações do ano existem em virtude dessa translação e porque o eixo de rotação da Terra está inclinado cerca de 23,5° em relação à vertical do plano da eclíptica. A todo instante uma parte do planeta está mais exposta aos raios do Sol do que outra, fato que depende tanto do giro da Terra em torno de seu eixo – movimento de rotação – quanto do giro ao redor do Sol – movimento de translação. O movimento da Terra em torno de seu eixo imaginário de rotação (eixo que passa pelos polos Norte e Sul) é responsável pela sucessão de dias e noites e pelos movimentos aparentes do Sol e das estrelas. Diz-se que o Sol e as estrelas nascem e se põem, como se eles se movimentassem ao redor da Terra, mas, na realidade, é a Terra que gira, e esse giro ocorre de oeste para leste (Fig. 3.5). Se um observador estiver no espaço sideral em cima do polo Norte, verá a rotação da Terra no sentido anti-horário; já se estiver no espaço sideral em cima do polo Sul, verá a rotação no sentido horário.

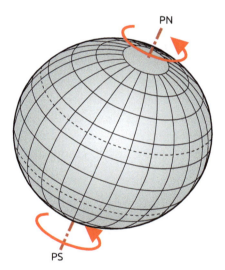

Fig. 3.5 *Rotação da Terra ao redor de seu eixo imaginário de rotação*
Fonte: adaptado de O movimento... (2002).

O movimento aparente do Sol pode ser exemplificado pela Fig. 3.6. Um observador posicionado sobre a superfície da Terra e que tem o norte à sua frente e o sul às suas costas veria o Sol deslocar-se da direita (região leste) para a esquerda (região oeste), já que a Terra gira de oeste para leste.

A altura do Sol – ângulo entre os raios solares e o plano do horizonte – influencia a variação da temperatura. Logo após o nascer do Sol, os raios solares incidem na superfície de forma bastante inclinada, ou seja, a altura do Sol é pequena. Nesse período, a temperatura é relativamente mais baixa, porque a

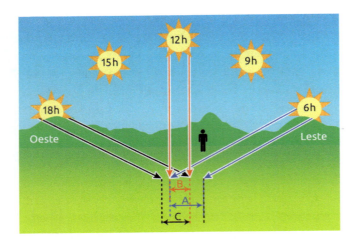

Fig. 3.6 *Movimento aparente do Sol*
Fonte: adaptado de Movimento... (s.d.).

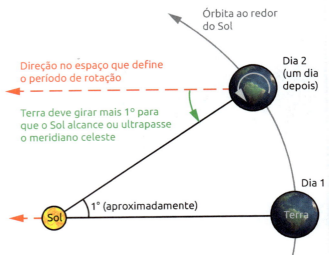

Fig. 3.7 *Período de rotação da Terra e o dia solar*
Fonte: adaptado de Mihos (s.d.).

energia solar se espalha por uma área maior (área A da Fig. 3.6). Ao meio-dia, a inclinação dos raios solares com relação ao zênite – ponto no céu bem acima da cabeça do observador – é a menor, ou seja, o Sol atinge sua máxima altura e a radiação incide sobre uma superfície menor (área B). A temperatura fica mais elevada, porém esse período ainda não é o com maior aquecimento diário (ver seção 3.3). Ao ocaso ou pôr do Sol, os raios solares novamente incidem de forma oblíqua e a superfície iluminada volta a ser maior (área C). Nesse estágio, a temperatura volta a diminuir. Durante a noite, na ausência de radiação solar, e juntamente com a perda de energia da Terra para o espaço, a temperatura diminui gradualmente.

> O tempo que a Terra leva para dar uma volta completa ao redor de seu eixo de rotação, isto é, seu período de rotação, é de 23 h 56 min 4 s, quase quatro minutos a menos do que o dia solar, que é de 24 horas.

O dia solar é o período entre dois "meios-dias solares", ou seja, quando o Sol atinge sua altura máxima no céu ao longo do dia. O dia solar é dividido em 24 horas. O tempo de rotação da Terra é ligeiramente menor, sendo de 23 h 56 min 4 s. A explicação para isso é que a Terra não é imóvel, e sim transladada ao redor do Sol. A Fig. 3.7 ajuda a compreender o conceito de dia solar.

Enquanto gira em torno de seu eixo, a Terra continua seu deslocamento ao redor do Sol no mesmo sentido. Para o Sol voltar a ter a mesma posição no céu após uma rotação completa da Terra (23 h 56 min 4 s), serão necessários mais 3 min 56 s. Portanto, o dia solar é ligeiramente mais longo do que o período de rotação da Terra.

É possível observar em tempo real o efeito do movimento de rotação da Terra por meio de imagens de satélite.

> Visite o recurso em <www.fourmilab.ch/cgi-bin/Earth> e se emocione!

O período de translação da Terra ao redor do Sol é de 365 dias e 6 horas. Por isso, a cada quatro anos, há o ano bissexto (4 × 6 horas = 24 horas = 1 dia solar). Esse movimento de translação dá-se num plano imaginário denominado eclíptica. A órbita ou trajetória da Terra em torno do Sol é uma elipse muito pouco achatada, sendo que o Sol ocupa um dos focos da elipse, como mostra, de forma um pouco exagerada, a Fig. 3.8. Dessa forma, a distância Terra-Sol varia ao longo do ano. A Terra atinge seu ponto mais próximo ao Sol, o periélio (147.000.000 km), em torno do dia 4 de janeiro, e seu ponto mais distante, o afélio (152.000.000 km), por volta do dia 4 de julho. Entretanto, não é essa variação na distância Terra-Sol que explica as estações do ano. Se fosse assim, tanto o hemisfério Norte quanto o hemisfério Sul vivenciariam a mesma estação ao mesmo tempo, o que não ocorre, já que, quando é verão no hemisfério Norte, é inverno no hemisfério Sul.

Nas Figs. 3.8 e 3.9 é possível observar que a inclinação do eixo de rotação da Terra em todo o seu percurso ao redor do Sol é constante. Assim, durante seis meses, o hemisfério Norte recebe mais energia solar do que o hemisfério Sul, e, durante os outros seis meses, o hemisfério Sul recebe mais energia do que o hemisfério Norte, explicando as estações do ano nos diferentes hemisférios.

A primavera do hemisfério Sul inicia-se em 22 ou 23 de setembro, no dia do equinócio da primavera austral (ou equinócio do outono boreal, pois marca o início da estação do outono no hemisfério Norte). No equinócio, o dia tem a mesma duração da noite, ou seja, cada um tem duração de 12 horas em todos os locais do planeta. Além disso, para uma pessoa que estiver exatamente no equador terrestre, o Sol passará a pino ao meio-dia. Para outras localidades, o Sol, ao meio-dia, terá uma inclinação com relação ao zênite exatamente igual à sua latitude. Com o passar dos dias, indo do equinócio de primavera para o solstício de verão, o hemisfério Sul vai recebendo mais energia do que o hemisfério Norte e a duração dos dias torna-se maior do que a duração das noites.

O verão do hemisfério Sul começa em 21 ou 22 de dezembro, no solstício de verão austral (ou solstício de inverno boreal, início do inverno no hemisfério Norte).

Nesse dia, a radiação solar atinge perpendicularmente a latitude de 23,5° S, ou seja, o trópico de Capricórnio. Isso quer dizer que, para uma pessoa que estiver nesse paralelo, o Sol estará a pino ao meio-dia. Para quem estiver em latitudes maiores do que 66,5° S (Círculo Polar Antártico), o Sol estará acima do horizonte nas 24 horas do dia (Sol da meia-noite). Em compensação, para quem estiver a latitudes maiores do que 66,5° N (Círculo Polar Ártico), a noite durará 24 horas.

O outono austral (equinócio de outono austral/equinócio de primavera boreal) inicia-se três meses depois, em 20 ou 21 de março. Os dias vão ficando cada vez mais curtos no hemisfério Sul, culminando no solstício de inverno, em 20 ou 21 de junho, quando a radiação solar atinge perpendicularmente a latitude de 23,5° N, ou seja, o trópico de Câncer, quando se tem a noite mais longa do ano no hemisfério Sul.

Com base na explicação anterior, pode-se concluir que o movimento aparente do Sol ocorre exatamente no ponto cardeal leste, ao nascer, e exatamente no ponto cardeal oeste, ao ocaso, apenas nos equinócios de primavera e de outono. Somente nesses dias a duração do período diurno é igual à do período noturno.

Um observador verá que a altura do Sol, num mesmo horário, muda de um dia para o outro: maiores alturas próximo ao solstício de verão e menores alturas próximo ao solstício de inverno. O mesmo ocorre com a posição e a hora do nascer e do pôr do Sol: após o equinócio de outono, o Sol nascerá cada vez mais a sudeste e mais cedo, e, após o equinócio de primavera, cada vez mais a nordeste e mais tarde (Fig. 3.10).

Fig. 3.8 *Movimento de translação da Terra ao redor do Sol: o periélio e o afélio*
Fonte: adaptado de Movimentos... (2011).

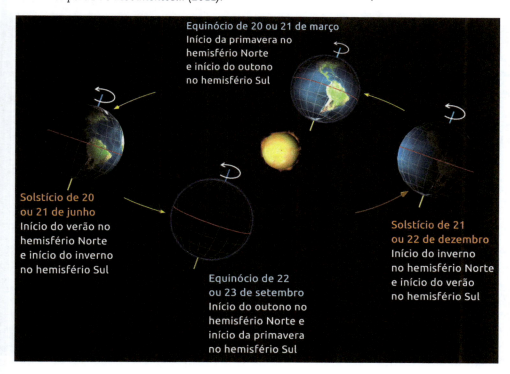

Fig. 3.9 *Movimento de translação da Terra ao redor do Sol e as estações do ano*
Fonte: adaptado de Dilão (s.d.).

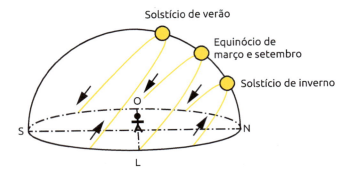

Fig. 3.10 *Movimento anual aparente do Sol para uma pessoa no hemisfério Sul*

A variação espacial da temperatura no globo é normalmente mostrada por meio de isotermas, que são linhas que conectam pontos de temperaturas iguais. A Fig. 3.11 mostra a distribuição global de temperatura média entre os anos de 1980 e 2010. Cada cor está associada a uma isoterma. De maneira geral, há menor variação de temperatura em torno do equador e maior em direção aos polos. Além disso, as temperaturas diminuem do equador para os polos e são mais elevadas no hemisfério de verão - porque a quantidade de radiação incidente é maior - e mais baixas no hemisfério de inverno.

Alguns fatores geográficos podem ser combinados de forma a explicar outros padrões de temperatura observados nessa figura, como latitude, altitude, padrões de circulação atmosférica, continentalidade, correntes oceânicas e condições locais.

3.2.2 Latitude

Conforme descrito anteriormente, a inclinação do eixo de rotação da Terra com relação ao plano da órbita ao redor do Sol influencia a quantidade de energia solar que chega a cada latitude ao longo do ano. Entre o equador e os trópicos, são pequenas as variações nessa quantidade de energia disponível e na duração do dia claro. O aumento da latitude implica maiores variações da altura do Sol ao longo do ano, principalmente no verão e no inverno. Isso afeta a duração do dia, ou seja, durante o verão os dias tornam-se mais longos, e as noites, mais curtas, ao passo que no inverno a situação é oposta. Na região equatorial e tropical, os dias e as noites possuem aproximadamente a mesma duração ao longo do ano. Quanto mais radiação solar está disponível, maiores são as chances de ocorrência de altas temperaturas num determinado local (Fig. 3.11).

A Fig. 3.12 mostra um exemplo da média da temperatura do ar em diferentes localidades do Brasil. Em Natal (RN), a aproximadamente 5° S, a tempera-

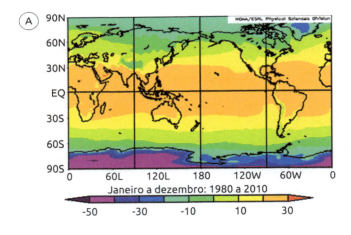

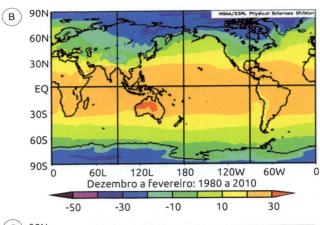

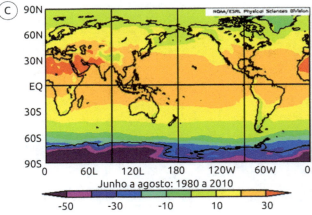

Fig. 3.11 *Temperatura média do ar em superfície entre 1980 e 2010: (A) anual; (B) de dezembro a fevereiro; (C) de junho a agosto. No eixo horizontal, L indica leste, e W, oeste*
Fonte: adaptado de NOAA (s.d.-c, s.d.-d).

tura não varia muito ao longo do ano, atingindo 27 °C em fevereiro – as maiores temperaturas médias ao longo do ano – e 24,5 °C em julho – as menores médias anuais. Vitória (ES), a 20° S, tem uma variação um pouco maior: 26,9 °C em fevereiro e 21,7 °C em julho. A temperatura média em São Paulo (SP), a 23,5° S, é de 22,4 °C em fevereiro e 15,8 °C em julho. A maior variação entre as capitais brasileiras ocorre em Porto Alegre (RS), a 30° S, com temperaturas médias de 24,7 °C em fevereiro e 14,3 °C em junho. No verão, em Porto Alegre (RS), a radiação solar incide na superfície com maior inclinação do que em São Paulo (SP), entretanto a duração do dia claro é maior, fazendo com que as temperaturas sejam mais elevadas. Outros fatores também influenciam a ocorrência desse fenômeno, como o efeito da altitude, a continentalidade e os padrões de circulação atmosférica.

3.2.3 Altitude

Altitude é a altura de um determinado local com relação ao nível médio do mar (NMM). No Cap. 1, foi visto que a temperatura na troposfera diminui com a altura e que uma das causas disso é a redução da densidade da atmosfera – menor número de moléculas de gases – com a altura. Assim, quanto maior a altitude, menor a temperatura. Também se abordou que a taxa de variação da temperatura com a altura de uma atmosfera padrão é de aproximadamente –6,5 °C/km.

A Fig. 3.13 mostra a variação mensal da temperatura do ar em Brasília (latitude de 15,8° S e altitude de 1.159 m) e em Cuiabá (MT) (latitude de 15,5° S e altitude de 151 m), cidades localizadas em latitudes muito próximas. A altitude de Brasília é quase 1 km maior do que a de Cuiabá, ou seja, a diferença de temperatura esperada entre as cidades, considerando apenas a taxa de variação vertical da temperatura, seria de 6,5 °C. Entretanto, a temperatura média anual de Brasília é de 21,2 °C, enquanto a de Cuiabá é de 25,6 °C, uma diferença de 4,4 °C. Em grande parte, essa diferença é explicada pela disparidade de altura, mas também há outros fatores que afetam a temperatura, principalmente os padrões de circulação atmosférica e circulações mais locais.

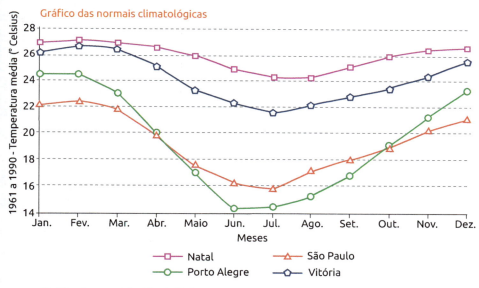

Fig. 3.12 *Normais climatológicas da temperatura do ar de 1961 a 1990*
Fonte: adaptado de Inmet (s.d.-a).

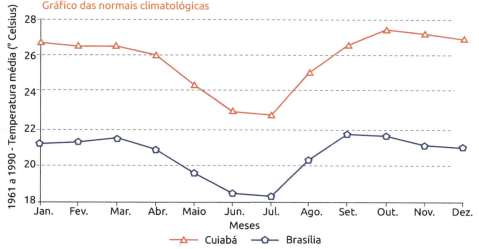

Fig. 3.13 *Temperaturas médias em Cuiabá e Brasília entre 1961 e 1990*
Fonte: adaptado de Inmet (s.d.-a).

3.2.4 Efeito da continentalidade

A influência dos oceanos e continentes na distribuição espacial da temperatura pode ser entendida por meio da Fig. 3.11. Nos meses de inverno, os continentes são mais frios do que os oceanos numa mesma latitude, e, nos meses de verão, os continentes são mais quentes. Isso pode ser explicado pelo fato de a atmosfera ser aquecida a partir das camadas de ar próximas à superfície do planeta, isto é, de baixo para cima. Assim, o tipo de superfície afetará a temperatura do ar. Os continentes possuem capacidade térmica menor do que a da água. Considerando a radiação solar incidente numa mesma latitude, os continentes aquecem-se e resfriam-se mais rapidamente do que os oceanos. A água tem calor específico – quantidade de calor necessária para elevar em 1 °C uma massa de 1 g de substância – muito maior do que a terra. Por essa razão, as variações de temperatura na água são menores do que nos continentes. Além do mais, a água é relativamente transparente, permitindo que a radiação solar atinja profundidades consideráveis, ao passo que a terra é opaca, e a radiação solar é absorvida apenas nos primeiros centímetros da superfície. Outro motivo é que, sobre uma superfície de água, parte do calor fornecido pode ser utilizado na evaporação. Quanto maior a quantidade de vapor na atmosfera, menos energia escapa para fora da atmosfera terrestre e há menor redução de temperatura. Outro processo a ser considerado é que a água também é um fluido e pode ser misturada tanto horizontalmente quanto verticalmente, podendo levar energia de uma região para outra. Tudo isso explica a variação da temperatura do ar, que é maior sobre uma superfície de terra e menor sobre uma superfície de água.

3.2.5 Correntes oceânicas

As correntes oceânicas são movimentos quase horizontais do sistema de circulação das águas do oceano produzidos por ação dos ventos na superfície do mar. São semelhantes aos ventos na atmosfera, pois transferem quantidades significativas de calor das áreas equatoriais para os polos, e, portanto, desempenham um papel importante no clima global, mais diretamente nas regiões costeiras. Além disso, as correntes oceânicas influenciam a circulação atmosférica (e vice-versa), interferindo nos elementos climáticos, tais como temperatura, nebulosidade e precipitação.

O transporte de calor para os polos realizado pelas correntes oceânicas quentes compensa o ganho de radiação em baixas latitudes e o *deficit* em altas latitudes. Essas correntes normalmente se movem em direção aos polos no setor oeste dos oceanos, a leste dos continentes. As correntes quentes contribuem para o aumento da evaporação da água do mar, a qual é a principal fonte de umidade para a atmosfera. Esse é o caso da corrente do Brasil, no oceano Atlântico (Fig. 3.14). Por outro lado, as correntes frias normalmente se movem em direção ao equador no setor leste dos oceanos, à margem oeste dos continentes, como é

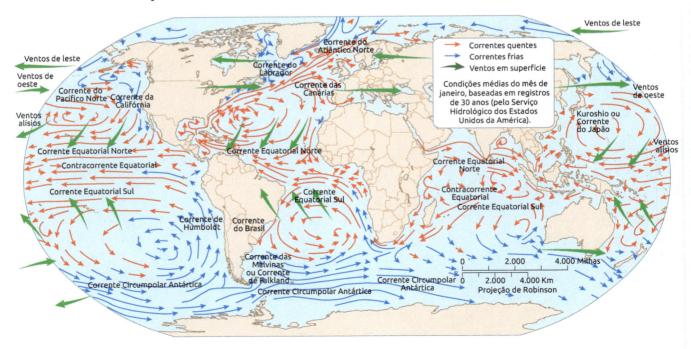

Fig. 3.14 *Principais correntes oceânicas ao redor do globo*
Fonte: adaptado de Gordon (2011).

o caso da corrente do Peru, também conhecida como corrente de Humboldt, e da corrente da Califórnia, no oceano Pacífico (Fig. 3.14). Essas correntes contribuem para a formação de nuvens mais baixas, do tipo *stratus*, as quais podem se deslocar para o litoral e se transformar em nevoeiro. Além disso, águas costeiras frias tendem a reduzir a precipitação.

Um exemplo do papel das correntes oceânicas na temperatura do ar pode ser observado na Fig. 3.15. Apesar de Lima, no Peru, e Maceió (AL) estarem quase na mesma latitude, a capital peruana apresenta temperaturas menores do que as da cidade brasileira. Isso se deve à influência da altitude – Lima está a 150 m, e Maceió, ao NMM – e à corrente do Peru, que transporta águas frias para a região do oceano Pacífico tropical leste.

A circulação oceânica é composta também de uma circulação mais lenta do que as correntes superficiais, porém não menos importante. Essa circulação, gerada por diferenças na temperatura da água do mar e na salinidade, é denominada circulação termohalina, chega ao fundo do mar e é, muitas vezes, referida como a circulação do oceano profundo ou abissal ou ainda como a Circulação de Revolvimento Meridional.

Em algumas áreas do oceano, geralmente durante o inverno, o resfriamento ou a evaporação faz a água da superfície do mar tornar-se mais densa, o suficiente para afundar. A água de outro local deve substituir a água da superfície que afunda. O afundamento de água fria ocorre nas regiões polares, principalmente no Atlântico Norte e próximo à Antártica (Fig. 3.16). Essas massas de água densas espalham-se por todo o oceano e gradualmente retornam à superfície para substituir a água que afundou, formando um grande e lento cinturão de transporte e mistura das águas dos oceanos, o que configura a circulação termohalina. Nesse processo, ela transporta calor, influenciando os padrões climáticos regionais.

Observa-se na Fig. 3.16 que o resfriamento e o consequente afundamento da água do mar ocorrem em altas latitudes. Nessas regiões, a atmosfera tenderia a ser muito fria, entretanto, como o oceano libera calor para ela, a temperatura do ar se torna mais amena.

3.2.6 Padrões de circulação atmosférica

Viu-se que, nos trópicos, a superfície terrestre recebe mais radiação solar do que perde. Já nos polos, a quantidade de radiação recebida é menor do que aquela perdida. Para que as regiões na faixa equatorial não se tornem cada vez mais quentes, o calor nesses locais precisa ser transportado para os polos. Da mesma forma, para os polos não se tornarem cada vez mais frios, o ar frio dessa região precisa ser transportado para o equador. O aquecimento desigual da superfície terrestre, em virtude das diferenças de temperatura entre os polos e o equador, e entre a terra e o mar, origina movimentos do ar que levam a padrões de circulação atmosférica. Conforme será visto no Cap. 8, existem padrões de circulação em larga escala ou globais, de vento e pressão atmosférica, ao longo de todo o ano, porém com variações sazonais. São eles que definem os padrões climáticos.

Próximo à região equatorial, por exemplo, há a Zona de Convergência Intertropical, caracterizada pela persistência de faixas de nebulosidade durante o ano todo. Espessas camadas de nebulosidade impedem a passagem de radiação solar, diminuindo a temperatura do ar. Entretanto, são eficientes absorvedoras de radiação terrestre, impedindo que o

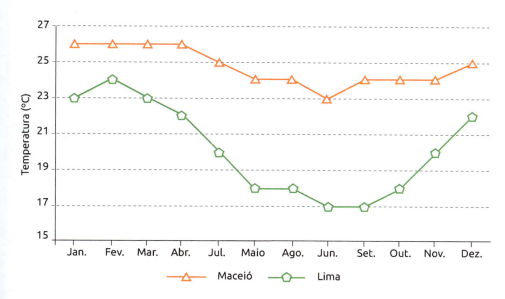

Fig. 3.15 *Temperatura média mensal em Maceió (AL) e Lima, no Peru*
Fonte: *adaptado de Weather.*

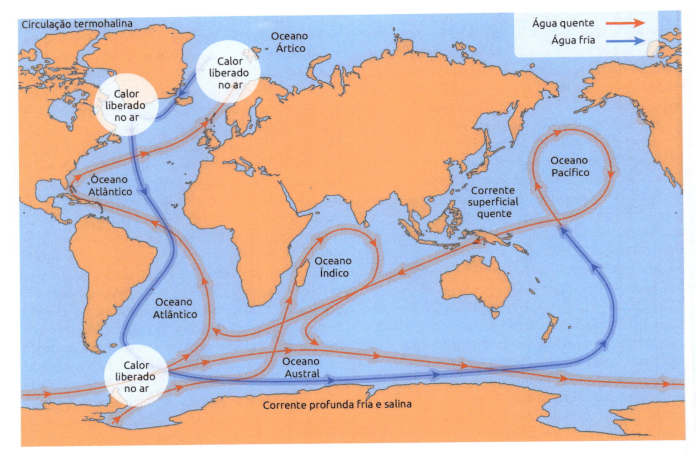

Fig. 3.16 *Circulação termohalina*
Fonte: adaptado de Thermohaline... (2014).

resfriamento seja muito intenso. Já as latitudes de 30°, aproximadamente, em cada hemisfério, tendem a ser regiões de céu mais limpo. Assim, as maiores temperaturas na superfície da Terra tendem a ocorrer não no equador, mas próximo aos subtrópicos, nas regiões desérticas. Nas latitudes médias, entre 45° e 60° em cada hemisfério, há um contínuo movimento de massas de ar quente sendo substituídas por massas de ar frio e vice-versa, acompanhadas pelas frentes frias e quentes. Os movimentos associados à entrada de massa de ar também provocam diferentes padrões de nebulosidade, o que gera um efeito indireto na temperatura. A entrada de uma massa de ar frio em uma região pode fazer com que a temperatura diminua bruscamente, e essa queda na temperatura pode ser intensificada se não houver nebulosidade, como costuma ocorrer no inverno nas regiões Sul, Sudeste e Centro-Oeste do Brasil.

Sistemas de ventos locais, tais como a brisa terrestre, marítima, de vale e de montanha, causam mudanças de temperatura em períodos mais curtos do que os padrões globais. Todos esses padrões de circulação e modificações de temperaturas associadas serão explorados no Cap. 8.

3.3 O ciclo diurno da temperatura

O ciclo diurno da temperatura está associado à variação da radiação ao longo das 24 horas do dia. Após o pôr do Sol, num dia sem nuvens e com pouco vento, a temperatura vai diminuindo, ocorrendo o resfriamento radiativo da superfície terrestre. A temperatura diminui ao longo da madrugada e a mínima ocorre próximo ao nascer do Sol (Fig. 3.17). Com o aquecimento solar, a temperatura volta a aumentar. Ao meio-dia solar, o Sol atinge sua altura máxima no céu e a superfície recebe a maior quantidade de energia solar possível desse dia. Entretanto, a temperatura máxima do ar ocorre algumas horas após o meio-dia solar. Para entender essa defasagem, observe-se a Fig. 3.17. A temperatura do ar responde à radiação líquida – diferença entre as radiações solar e terrestre –, e não à radiação solar. Enquanto essa diferença é positiva, ou seja, a radiação solar incidente é maior do que a radiação terrestre emitida – entre, aproximadamente, o nascer do Sol e as 15 h –, a temperatura do ar aumenta. A partir do momento em que a diferença se torna negativa, ou seja, a radiação terrestre emitida é maior do que a radiação solar incidente, a temperatura diminui.

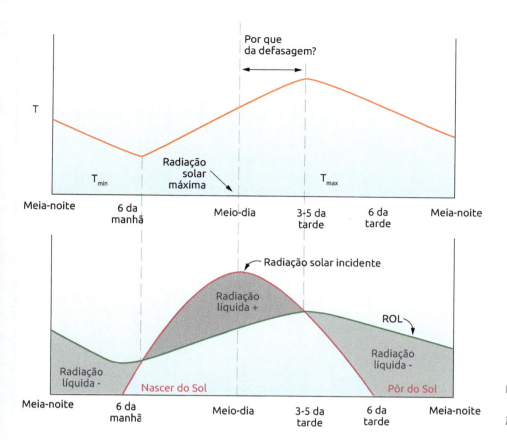

Fig. 3.17 *Radiação líquida e variação na temperatura do ar*
Fonte: adaptado de Survey... (s.d.).

Os processos que causam a variação de temperatura ao longo das estações do ano também interferem no ciclo diurno da temperatura. Porém, o ciclo diurno é muito mais curto do que o ciclo anual. Por esse motivo, a amplitude térmica – diferença entre as temperaturas máxima e mínima – diurna pode ser grande em algumas regiões. A amplitude térmica do ciclo diurno depende da variação da altura do Sol. Essa variação de temperatura ao longo do dia pode ser maior em latitudes baixas e menor em altas, ou seja, nos trópicos, a diferença de temperatura entre dia e noite é normalmente maior do que o contraste entre inverno e verão.

O efeito de continentalidade também contribui para a amplitude diurna da temperatura, que é menor sobre os oceanos do que sobre o continente. A característica seletiva da absorção atmosférica, discutida no Cap. 2, tende a alterar o ciclo diurno da temperatura. As nuvens diminuem a amplitude da variação, uma vez que, de dia, refletem radiação solar para o espaço, diminuindo a absorção pela superfície, e, à noite, absorvem e (re)irradiam grande quantidade de radiação terrestre, diminuindo o resfriamento da superfície.

Outros motivos dizem respeito à velocidade do vento e à umidade relativa do ar. Dias com ventos calmos produzem maior amplitude térmica, porque há menos troca de calor entre as camadas de ar. Em relação à umidade, quanto mais seco estiver o ar, maior será a quantidade de radiação infravermelha da superfície que atravessará a atmosfera de volta para o espaço, aumentando, assim, a amplitude térmica.

Outro efeito extremamente importante é o tipo de cobertura condutiva da superfície. Áreas cobertas por vegetação possuem baixa condutividade térmica e alto albedo e, geralmente, umidade relativa maior. Já áreas urbanas, que apresentam superfícies impermeáveis, são boas condutoras de calor e possuem baixo albedo e, geralmente, baixa umidade relativa. Regiões densamente florestadas podem ter uma diminuição na radiação incidente na superfície, levando a temperaturas mais amenas durante o dia. Ao mesmo tempo, como há considerável evapotranspiração das plantas, as temperaturas durante a noite e a madrugada tendem a ser mais altas do que aquelas encontradas em regiões com poucas árvores.

Neste capítulo, será visto que a umidade do ar está relacionada à quantidade de vapor d'água na atmosfera. Como abordado no Cap. 1, o vapor d'água é um dos principais gases do efeito estufa e, portanto, está relacionado à temperatura do ar, tendo como principal fonte as superfícies dos oceanos. Também será abordada a importância do vapor d'água na distribuição global de água (ciclo hidrológico) e as diferentes estimativas e medições da umidade do ar.

4

Umidade do ar

4.1 A água

A água é imprescindível para a vida na Terra. Ela cobre mais de 70% da superfície do planeta e é a única substância que existe nas fases gasosa, líquida e sólida dentro das temperaturas e pressões observadas na Terra. Cada molécula de água é composta de dois átomos de hidrogênio e um átomo de oxigênio, estruturados como exibido na Fig. 4.1.

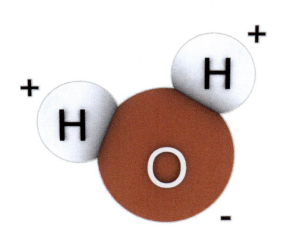

Fig. 4.1 *Molécula de água*
Fonte: adaptado de It's Just... (s.d.).

Fig. 4.2 *Ponte de hidrogênio entre duas moléculas de água*
Fonte: adaptado de Ponte... (s.d.).

Quando duas moléculas de água se aproximam, o lado positivo de uma é atraído pelo lado negativo da outra, gerando uma interação química denominada *ponte de hidrogênio* (Fig. 4.2), ou seja, o átomo de oxigênio de uma molécula de água se liga ao átomo de hidrogênio da outra.

Essa interação é responsável pela alta capacidade térmica, pela tensão superficial e pelo alto ponto de ebulição da água. A ligação por ponte de hidrogênio também explica por que o gelo flutua na água. À medida que ela é resfriada ao seu ponto de solidificação, a presença das ligações de ponte de hidrogênio leva à formação da estrutura cristalina hexagonal do gelo. Essa estrutura reticular faz com que ele tenha uma densidade menor do que a da água, ou seja, o gelo se expande ao congelar, enquanto quase todas as outras substâncias se contraem na solidificação.

4.1.1 Fases da água

A água pode ser encontrada na atmosfera em seus três *estados físicos* ou *fases*: gasoso, líquido e sólido (Fig. 4.3). Ela é denominada gelo ou cristal quando está na fase sólida (Fig. 4.3A), água ou água líquida quando está na fase líquida (Fig. 4.3B) e vapor d'água quando está na fase gasosa (Fig. 4.3C). No estado gasoso, as moléculas se movem livremente em todas as direções e as substâncias não têm forma definida. No estado líquido, as moléculas estão mais próximas umas das outras, mas ainda se movem umas em relação às outras, isto é, possuem movimento de translação. No estado sólido, as moléculas se organizam num padrão mais rígido em que ainda vibram, mas não apresentam mais movimento de translação, tendo uma forma geométrica definida.

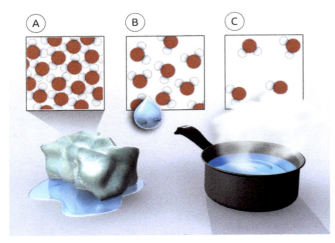

Fig. 4.3 *Fases da água: (A) sólida; (B) líquida; (C) gasosa*
Fonte: adaptado de It's Just... (s.d.).

A fase da água, bem como de qualquer substância, é determinada pela pressão e pela temperatura em que ela se encontra. Por exemplo, próximo à superfície, em condições ambientes normais do Brasil, a água é encontrada em seus estados líquido e gasoso; entretanto, caso se diminua a temperatura, ela poderá passar para o estado sólido. Sua passagem de um estado para o outro é denominada *mudança de fase*. Essas mudanças podem ser realizadas variando-se a temperatura ou a pressão e recebem as seguintes denominações:

- *Fusão*: mudança do estado sólido para o líquido.
- *Vaporização*: mudança do estado líquido para o gasoso. Existem três tipos de vaporização:

- *Evaporação*: as moléculas da superfície do líquido ganham calor e tornam-se gás a temperaturas abaixo do ponto de ebulição, sendo esse ponto a temperatura na qual a pressão de vapor (conceito que será abordado adiante) da substância que está em estado líquido é igual à pressão atmosférica. A evaporação é um fenômeno de superfície em que algumas moléculas têm energia cinética suficiente para escapar da tensão superficial.
- *Ebulição*: o líquido está na temperatura de ebulição e fica borbulhando, recebendo calor e tornando-se gás.
- *Calefação*: o líquido recebe uma grande quantidade de calor em um curto período e torna-se gás rapidamente.
- *Condensação*: mudança do estado gasoso para o líquido (inverso da vaporização).
- *Solidificação*: mudança do estado líquido para o sólido (inverso da fusão).
- *Sublimação*: mudança direta do estado sólido para o gasoso.
- *Ressublimação* ou *deposição*: mudança direta do estado gasoso para o sólido, podendo também ser chamada de sublimação.

A Fig. 4.4 mostra as mudanças de fase da água ao se manter a pressão constante e variando-se a temperatura.

Fig. 4.4 *Mudanças de fase da água a pressão constante*
Fonte: adaptado de Mudança... (s.d.).

4.1.2 Saturação

Um importante conceito em Meteorologia é a saturação do ar com relação ao vapor d'água. A título de exemplo, considere-se um copo com água, como o ilustrado na Fig. 4.5A. As moléculas de água líquida têm diferentes velocidades, algumas mais lentas, outras mais rápidas. Na superfície, as moléculas com maiores velocidades e direcionadas para fora podem escapar para o ar. Essas moléculas que escaparam para o ar sofrem uma mudança de estado, passaram do estado líquido para o estado gasoso, ou seja, sofreram evaporação. Da mesma forma que algumas moléculas estão evaporando, algumas moléculas de vapor colidem na superfície do líquido e se juntam a ele, sofrendo condensação. Chama-se de *taxa de evaporação* o número de moléculas que evaporam num determinado período e de *taxa de condensação* o número de moléculas que condensam nesse mesmo período. Numa atmosfera com pouco vapor d'água, a taxa de evaporação normalmente é maior do que a taxa de condensação. Entretanto, à medida que a quantidade de vapor d'água aumenta, a taxa de condensação também se eleva. Eventualmente, pode-se chegar à situação da Fig. 4.5B, em que a taxa de evaporação é igual à de condensação. Esse estado de equilíbrio é denominado *saturação*.

Ao se inserir mais vapor d'água no ar saturado, essas moléculas "em excesso" se condensarão. Na atmosfera, no entanto, o estado de saturação é atingido normalmente com a diminuição da temperatura.

4.1.3 Ciclo da água

A água está em movimento contínuo abaixo do solo, sobre a superfície terrestre e na atmosfera. A esse movimento dá-se o nome de *ciclo da água* ou *ciclo hidrológico*, ilustrado na Fig. 4.6. Por se tratar de um ciclo, não há um ponto inicial, mas um bom lugar para começar são os oceanos, e a energia que impulsiona o ciclo da água vem do Sol. A radiação solar atinge a superfície dos oceanos, aquecendo a água. As moléculas da superfície da água que têm energia suficiente para quebrar a tensão superficial evaporam para o ar.

Correntes de ar transportam o vapor tanto na direção horizontal quanto na direção vertical, e correntes ascendentes levam o vapor para cima na atmosfera, onde temperaturas mais baixas fazem com que ele se condense em gotas de nuvens ou ressublime em cristais de gelo.

Dentro das nuvens, as partículas de água colidem, agregam-se, crescem até atingirem tamanho suficiente para cair, e caem do céu como precipitação, que pode ser na forma de chuva (água líquida), neve (cristais de gelo) ou granizo (pedaços de gelo). Grande parte da precipitação ocorre sobre os oceanos; entretanto, parte do vapor e das nuvens é levada pelos ventos para cima dos continentes. A precipitação como neve pode se acumular como camadas de gelo e geleiras em locais mais frios. Essa neve frequentemente derrete quando chega a primavera e a água derretida escorre sobre a terra (escoamento superficial).

Parte da precipitação como chuva também escorre sobre a terra, acumulando-se em lagos ou juntando-se aos rios, eventualmente retornando aos oceanos e reiniciando o ciclo. Parte da precipitação também pode ser interceptada pela vegetação ou ainda infiltrada nas profundezas do solo (água subterrânea), enchendo os aquíferos, os quais armazenam grande quantidade de água doce por longos períodos de tempo. Sobre os continentes, há a evaporação da água dos rios, lagos e da própria superfície terrestre, bem como a transpiração das plantas e animais. A Tab. 4.1 mostra a estimativa da distribuição global de água em seus diversos reservatórios.

4.2 Umidade

Umidade é a quantidade de vapor d'água na atmosfera, e existem várias maneiras de expressá-la. Para começar, há a *umidade absoluta*, que é definida como a massa de vapor d'água contida em certo volume de ar (lem-

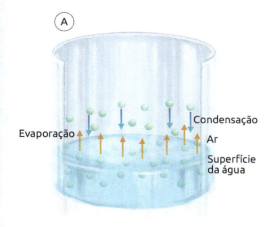

Fig. 4.5 *(A) Condensação e evaporação da água e (B) saturação*
Fonte: adaptado de (A) Precipitation (s.d.) e (B) UCSB (s.d.).

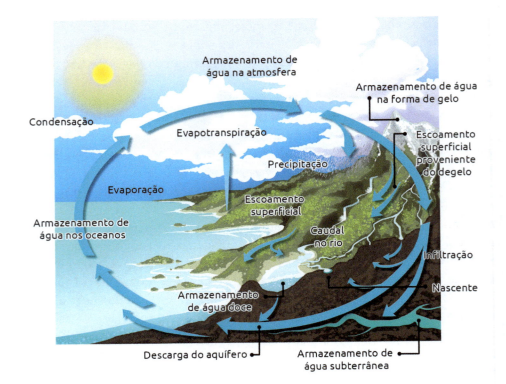

Fig. 4.6 *O ciclo da água*
Fonte: adaptado de USGS (s.d.).

Tab. 4.1 Distribuição global de água

Estimativa da distribuição global de água	Volume (1.000 km³)	Porcentagem de água total	Porcentagem de água fresca
Oceanos, mares e baías	1.338.000	96,5	-
Calotas polares, geleiras e neve permanente	24.064	1,74	68,7
Água subterrânea	23.400	1,7	-
Água subterrânea fresca	10.530	0,76	30,1
Água subterrânea salina	12.870	0,94	-
Umidade do solo	16,5	0,001	0,05
Gelo terrestre e superfícies permanentemente congeladas	300	0,022	0,86
Lagos	176,4	0,013	-
Água fresca nos lagos	91	0,007	0,26
Água salina nos lagos	85,4	0,006	-
Atmosfera	12,9	0,001	0,04
Pântanos	11,47	0,0008	0,03
Rios	2,12	0,0002	0,006
Água em seres vivos	1,12	0,0001	0,003
Total	1.385.984	100	100

Fonte: adaptado de Gleick (1996).

brando que o ar é composto de vários gases, entre os quais, o vapor d'água):

$$\text{Umidade absoluta} = \frac{\text{massa de vapor d'água}}{\text{volume de ar}} \quad (4.1)$$

com a unidade: gramas de vapor d'água por metro cúbico de ar ($g\ m^{-3}$).

Para entender melhor essa definição e as seguintes, será introduzido o conceito de parcela de ar. Uma *parcela de ar* é uma pequena bolha encapsulada num balão elástico imaginário, de massa constante e volume grande o suficiente para conter um número muito elevado de moléculas, mas pequeno o bastante para que as propriedades dinâmicas e termodinâmicas dentro dele sejam uniformes.

Por exemplo, observe-se a Tab. 4.2. A bolha 1 tem 1 m³ de ar e contém 20 g de vapor d'água, então a umidade absoluta é de 20 gramas por metro cúbico (20 g m⁻³). Já na bolha 2, a umidade absoluta diminui para 10 g m⁻³, pois, embora a massa seja a mesma da bolha 1 (20 g), seu volume é maior (2 m³). Como essa definição está atrelada ao volume de ar, toda vez que houver expansão ou contração dessa parcela de ar, a umidade absoluta irá diminuir ou aumentar, mesmo que a quantidade de vapor d'água continue a mesma. Como será visto, tais processos são comuns na atmosfera e, portanto, a umidade absoluta não é normalmente utilizada.

Tab. 4.2 Conceito de umidade absoluta

	Volume da bolha	Massa de vapor d'água	Umidade absoluta
Bolha 2	2 m³	20 g	10 g m⁻³
Bolha 1	1 m³	20 g	20 g m⁻³

Fonte: adaptado de Ahrens (2009).

Existe outra forma de quantificar a umidade do ar, mais interessante para a Meteorologia. Trata-se da *umidade específica* (q), definida como a massa de vapor d'água contida numa massa de ar; ou seja:

$$\text{Umidade específica } (q) = \frac{\text{massa de vapor d'água}}{\text{massa de ar}} \quad (4.2)$$

com a unidade: gramas de vapor d'água por quilograma de ar (g kg⁻¹).

Essa forma é mais comumente usada, pois, se a quantidade de vapor d'água permanecer constante, a umidade específica não variará com a expansão ou a contração da parcela de ar, uma vez que, ao se expandir um volume, por exemplo, sua massa continuará a mesma, como mostra a Tab. 4.3.

Outra forma parecida é a *razão de mistura* (r), definida como a massa de vapor d'água contida numa massa de ar seco (massa de ar seco = massa de ar − massa de vapor d'água):

$$\text{Razão de mistura } (r) = \frac{\text{massa de vapor d'água}}{\text{massa de ar seco}} \quad (4.3)$$

com a unidade: gramas de vapor d'água por quilograma de ar seco (g kg⁻¹).

Tab. 4.3 Conceito de umidade específica

	Variação do volume	Massa da parcela	Massa de vapor d'água	Umidade específica
Bolha 2		1 kg	1 g	1 g kg⁻¹
Bolha 1		1 kg	1 g	1 g kg⁻¹

Fonte: adaptado de Ahrens (2009).

A razão de mistura é muito próxima da umidade específica, pois a massa de vapor d'água costuma ser muito menor do que a massa de ar seco. Além disso, possui a mesma propriedade de não mudar com a variação de volume.

Outra forma de quantificar o vapor d'água é por meio da pressão exercida por esse gás: *pressão do vapor d'água* (e). A lei das pressões parciais de Dalton baseia-se na seguinte regra: "Em uma mistura gasosa, a pressão de cada componente é independente da pressão dos demais e a pressão total é igual à soma das pressões parciais dos componentes". Por exemplo, suponha-se uma parcela de ar com pressão total de 1.000 hPa. Se o ar dentro da parcela é composto de 78% de nitrogênio, 21% de oxigênio e 1% de vapor d'água, então o nitrogênio exerce uma pressão de 780 hPa, o oxigênio, de 210 hPa, e o vapor d'água, de 10 hPa. Assim, quanto maior for a quantidade de vapor d'água, maior será a pressão de vapor.

A pressão de vapor (e) num volume de ar depende da temperatura do ar e da quantidade das moléculas de vapor d'água. Para altas temperaturas, as moléculas de ar – do vapor d'água e dos outros constituintes da atmosfera – se movem mais rapidamente, exercendo uma maior pressão nas paredes da parcela. A uma temperatura constante, ao inserir mais moléculas de vapor d'água, haverá mais massa disponível, e, portanto, a pressão exercida por esse gás aumentará. Entretanto, há um limite máximo na quantidade de vapor que pode existir em uma parcela de ar para uma determinada pressão e temperatura. Esse limite máximo é denominado saturação, conforme visto anteriormente. A *pressão de vapor de saturação* (e_S) é, portanto, a pressão na qual as taxas de evaporação e condensação se tornam iguais, ou, ainda, é a pressão que as moléculas de vapor d'água exercem quando o ar está saturado de vapor d'água a uma determinada temperatura. Como se pode ver na Fig. 4.7, a pressão de saturação de vapor depende basicamente da temperatura. Quanto maior for a temperatura, maior será a pressão de vapor necessária para atingir a saturação.

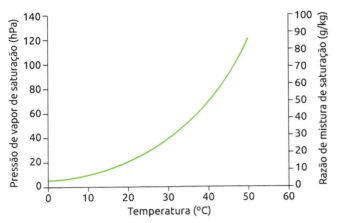

Fig. 4.7 *Variação da pressão de saturação do vapor com a temperatura*
Fonte: adaptado de LTID (s.d.).

Uma das medidas de umidade mais utilizadas na Meteorologia é a *umidade relativa*, entretanto é preciso um pouco de cuidado para entendê-la e utilizá-la. Essa medida é definida como a razão entre a quantidade de vapor existente na atmosfera e a quantidade de vapor que saturaria essa atmosfera (para uma determinada temperatura e pressão). Pode-se substituir essa quantidade de vapor pela pressão de vapor, e a umidade relativa seria dada então por:

$$\text{Umidade relativa} = \frac{\text{pressão de vapor}}{\text{pressão de vapor de saturação}} \times 100\%$$

$$\text{ou} \quad UR = \frac{e}{e_s} \times 100\% \quad (4.4)$$

com a unidade: %.

Pode-se ainda obter a umidade relativa pela seguinte expressão:

$$\text{Umidade relativa} = \frac{\text{razão de mistura}}{\text{razão de mistura de saturação}} \times 100\%$$

$$\text{ou} \quad UR = \frac{r}{r_s} \times 100\% \quad (4.5)$$

com a unidade: %.

Um ar com 50% de umidade relativa é aquele que contém apenas metade do vapor d'água necessário para atingir a saturação, ao passo que um ar com 100% de umidade relativa é chamado de saturado. Por sua vez, um ar com mais de 100% de umidade relativa é denominado supersaturado.

A umidade relativa pode variar por meio de dois processos: alterando-se a quantidade de vapor d'água ou alterando-se a temperatura. Para entender o primeiro processo, observe a Tab. 4.4. Nesse caso, suponha-se que a temperatura permaneça constante (T = 20 °C), ou seja, a pressão de saturação do vapor d'água e a razão de mistura de saturação permaneçam constantes (r_s = 15 g kg^{-1} ao NMM).

Tab. 4.4 Variação da umidade relativa com o conteúdo de vapor d'água

Temperatura	20 °C	20 °C	20 °C
Quantidade de vapor d'água (razão de mistura)	3 g kg^{-1}	7,5 g kg^{-1}	15 g kg^{-1}
Razão de mistura de saturação	15 g kg^{-1}	15 g kg^{-1}	15 g kg^{-1}
Umidade relativa	20%	50%	100%

Fonte: adaptado de Grimm (1999a).

Inicialmente, a parcela de ar tem razão de mistura de 3 g kg^{-1}. Como a razão de mistura de saturação é de 15 g kg^{-1}, então a umidade relativa é igual a:

$$UR = \frac{r}{r_s} \times 100\% = \frac{3}{15} \times 100\% = 20\% \quad (4.6)$$

Ao serem adicionadas mais 4,5 g kg^{-1} de vapor d'água, a razão de mistura aumenta para 7,5 g kg^{-1}; no entanto, como a temperatura foi mantida constante, a razão de mistura de saturação continua a mesma, ou seja, 15 g kg^{-1}. A umidade relativa passa a ser:

$$UR = \frac{r}{r_s} \times 100\% = \frac{7,5}{15} \times 100\% = 50\% \quad (4.7)$$

Caso se adicione mais vapor d'água, de tal forma que a razão de mistura fique igual à razão de mistura de saturação, a umidade relativa chegará a 100%. Isso significa que qualquer quantidade de vapor d'água que seja adicionada além do valor da razão de mistura de saturação sofrerá condensação.

Resumindo, a uma temperatura constante, ao se adicionar vapor d'água, a umidade relativa aumenta, pois a razão de mistura se aproxima da razão de mistura de saturação. Ao se reduzir a quantidade de vapor d'água, a umidade relativa diminui, pois a razão de mistura se afasta da razão de mistura de saturação.

Outra forma de variar a umidade relativa é alterando a temperatura. Nesse caso, suponha-se que a quantidade de vapor continue sempre a mesma, como apresentado na Tab. 4.5.

Tab. 4.5 Variação da umidade relativa com a temperatura

Temperatura	20 °C	15 °C	5 °C
Quantidade de vapor d'água (razão de mistura)	5 g kg^{-1}	5 g kg^{-1}	5 g kg^{-1}
Razão de mistura de saturação	15 g kg^{-1}	10 g kg^{-1}	5 g kg^{-1}
Umidade relativa	33%	50%	100%

Fonte: adaptado de Grimm (1999a).

Conforme mostra a Fig. 4.7, a pressão de vapor de saturação – e_S, portanto, a razão de mistura de saturação – aumenta para temperaturas maiores e diminui para temperaturas menores. Suponha-se que inicialmente a parcela de ar esteja a 20 °C, ou seja, sua razão de mistura de saturação seja de 15 g kg^{-1}, mas dentro da parcela haja somente 5 g kg^{-1}. Assim, a umidade relativa seria:

$$UR = \frac{r}{r_S} \times 100\% = \frac{5}{15} \times 100\% = 33\% \quad (4.8)$$

Ao se diminuir a temperatura para 15 °C, a razão de mistura de saturação baixa para 10 g kg^{-1}. Mantendo a quantidade de vapor d'água da parcela constante (5 g kg^{-1}), a umidade relativa aumenta:

$$UR = \frac{r}{r_S} \times 100\% = \frac{5}{10} \times 100\% = 50\% \quad (4.9)$$

Ao se reduzir ainda mais a temperatura, a razão de mistura de saturação também diminui até que se atinja o valor da razão de mistura da parcela, chegando à saturação (UR = 100%) a 5 °C, nesse caso. Assim, supondo que a quantidade de vapor d'água permaneça constante – ou seja, a razão de mistura da parcela permaneça constante –, ao se elevar a temperatura, a razão de mistura de saturação também aumenta e a umidade relativa diminui; ao se reduzir a temperatura, a razão de mistura de saturação diminui e a umidade relativa aumenta.

Em São Paulo (SP), em dias em que o conteúdo de vapor d'água não varia muito ao longo do dia, como após a passagem de frentes frias e a entrada do ar mais frio e seco, a variação da umidade relativa é controlada pela variação da temperatura. Com o nascer do Sol, a temperatura aumenta e a umidade relativa diminui. À tarde, quando são atingidas as temperaturas máximas, a umidade relativa cai ao seu valor mínimo. Entretanto, ao entardecer, a temperatura começa a diminuir e a umidade relativa torna a aumentar, atingindo seu valor máximo próximo ao início da manhã, quando a temperatura atinge seu valor mínimo.

A Fig. 4.8 mostra a variação da temperatura e da umidade relativa para a estação meteorológica automática localizada no Mirante de Santana, na zona norte de São Paulo (SP), no dia 6 de junho de 2011, após a entrada de uma massa de ar polar (massa de ar fria e seca). Nota-se que a umidade relativa (curva azul, escala à direita) fica estável por volta de 90% entre meia-noite e 7 horas, período em que a temperatura (curva vermelha, escala à esquerda) também permanece mais ou menos constante, por volta de 10 °C. Após o nascer do Sol, a temperatura aumenta e a umidade relativa diminui. O valor mínimo de umidade relativa (36%) ocorre às 16 horas, quando a temperatura atinge seu valor máximo (22,7 °C). Entretanto, à medida que a temperatura começa a diminuir, a umidade relativa torna a aumentar, chegando a 70% no final do dia.

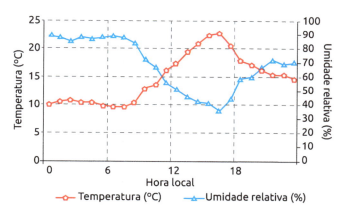

Fig. 4.8 Variação da umidade relativa e da temperatura do ar ao longo do dia 6 de junho de 2011 na estação Mirante de Santana, em São Paulo (SP)
Fonte: adaptado de Inmet (s.d.-b).

4.2.1 Temperatura de ponto de orvalho

A *temperatura de ponto de orvalho* é obtida ao se resfriar o ar até atingir a saturação, mantendo a pressão e o conteúdo de vapor d'água constantes. Dessa forma, essa temperatura é sempre menor ou igual à temperatura do ar. No exemplo da Tab. 4.5, a temperatura de ponto de orvalho é de 5 °C. Quanto maior for a quantidade de vapor d'água na atmosfera, maior será a temperatura de ponto de orvalho; quanto menor for a quantidade de vapor d'água, menor será a temperatura de ponto de orvalho. Essa é uma medida interessante, pois por meio dela é possível estimar a temperatura mínima que será alcançada na próxima madrugada e se haverá formação de orvalho ou geada. Quanto menor for a temperatura de ponto de orvalho, menor será a temperatura mínima esperada, considerando uma noite com ventos calmos e céu sem nuvens. Isso acontece porque, com menor quantidade de vapor d'água na atmosfera, menor será a absorção de radiação terrestre pela atmosfera durante a noite, e, portanto, menor a temperatura mínima a ser atingida.

A diferença entre a temperatura do ar e a temperatura de ponto de orvalho também fornece uma estimativa da umidade relativa. Quanto maior for essa diferença, menor será a umidade relativa, e vice-versa. Quando as temperaturas do ar e de ponto de orvalho forem iguais, a umidade relativa será de 100%. Entretanto, é necessário interpretar novamente o significado da umidade relativa. Uma massa de ar polar com temperatura de –2 °C e temperatura de ponto de orvalho/congelamento de –2 °C terá uma umidade relativa de 100%. Ao mesmo tempo, uma massa de ar desértica com temperatura de 35 °C e temperatura de ponto de orvalho de 10 °C terá uma umidade relativa de 21%. Apesar de a massa de ar no deserto possuir umidade relativa menor, seu conteúdo de vapor d'água é maior do que o da massa de ar polar, pois sua temperatura de ponto de orvalho é maior. Assim, a massa de ar do deserto tem umidade absoluta, umidade específica e razão de mistura maiores do que a massa de ar polar.

4.2.2 Medindo a umidade

O instrumento mais comum para medir a umidade relativa é o *psicrômetro* (Fig. 4.9), que consiste em dois termômetros idênticos montados lado a lado: o *termômetro de bulbo seco*, que fornece a temperatura do ar, e o *termômetro de bulbo úmido*. O termômetro de bulbo úmido tem um pedaço de musselina, tecido muito leve e transparente, amarrado em torno do bulbo. Para usar o psicrômetro, o tecido é molhado e exposto a uma corrente de ar contínua, o instrumento é girado (psicrômetro giratório) ou uma corrente de ar é forçada através dele. A temperatura vai diminuindo em virtude da retirada de calor pela evaporação da água da musselina. Quando a temperatura atinge seu valor mínimo (e estacionário), lê-se a temperatura de bulbo úmido. Portanto, a temperatura de bulbo úmido é a menor temperatura que pode ser atingida considerando apenas esse processo de evaporação. Quanto mais seco o ar, maior o resfriamento. A umidade relativa é calculada pela diferença entre as temperaturas de bulbos seco e úmido, denominada *depressão do bulbo úmido*. Assim, quanto maior essa diferença, menor a umidade relativa, e vice-versa. Se o ar estiver saturado, nenhuma evaporação ocorrerá e os dois termômetros terão leituras idênticas.

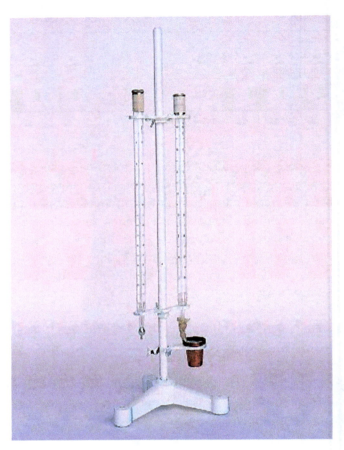

Fig. 4.9 Psicrômetro
Fonte: LABCAA (s.d.).

A Tab. 4.6 pode ser usada para estimar a umidade relativa com base na medição das temperaturas de bulbo seco e de bulbo úmido. Considerando um exemplo para São Paulo (SP), que possui pressão atmosférica média de 930 hPa (pressão ao nível da estação meteorológica), suponha-se que as leituras tenham sido:

- temperatura de bulbo seco = 27 °C;
- temperatura de bulbo úmido = 20 °C.

A depressão de bulbo úmido, ou seja, a diferença entre as temperaturas de bulbo seco e de bulbo úmido, será de 27 – 20 = 7 °C. Assim, a umidade relativa será de 53%.

Outro instrumento utilizado na medição de umidade é o *higrômetro* de cabelo. O cabelo humano e o pelo da crina de cavalo têm a propriedade de se esticar com o aumento da umidade e se contrair com seu decréscimo, sendo utilizados também em termo-higrógrafos como o da Fig. 4.10.

Tab. 4.6 Tabela psicrométrica

UR (%) (p = 930 hPa)		Temperatura de bulbo seco (°C)																
		13	14	15	16	17	18	19	20	21	22	23	24	25	26	27	28	29	30
Diferença entre temperatura de bulbo seco e de bulbo úmido (°C)	0,5	95	95	95	95	95	95	96	96	96	96	96	96	96	96	96	96	96	96
	1,0	90	90	90	90	91	91	91	91	92	92	92	92	92	92	93	93	93	93
	1,5	84	85	85	86	86	86	87	87	87	88	88	88	88	89	89	89	89	90
	2,0	79	80	81	81	82	82	83	83	83	84	84	84	85	85	85	86	86	86
	2,5	75	75	76	77	77	78	78	79	79	80	80	81	81	82	82	82	83	83
	3,0	70	71	71	72	73	74	74	75	76	76	77	77	78	78	78	79	79	80
	3,5	65	66	67	68	69	70	70	71	72	72	73	74	74	75	75	76	76	76
	4,0	60	62	63	64	65	66	66	67	68	69	69	70	71	71	72	72	73	73
	4,5	56	57	58	60	61	62	63	63	64	65	66	67	67	68	69	69	70	70
	5,0	51	53	54	55	57	58	59	60	61	62	63	63	64	65	65	66	67	67
	5,5	47	48	50	51	53	54	55	56	57	58	59	60	61	62	62	63	64	64
	6,0	43	44	46	47	49	50	51	53	54	55	56	57	58	59	59	60	61	62
	6,5	38	40	42	43	45	46	48	49	50	52	53	54	55	56	56	57	58	59
	7,0	34	36	38	40	41	43	44	46	47	48	49	51	52	53	53	54	55	56
	7,5	30	32	34	36	38	39	41	42	44	45	46	47	49	50	51	52	52	53
	8,0	26	28	30	32	34	36	37	39	41	42	43	44	46	47	48	49	50	51
	8,5	22	24	26	29	31	32	34	36	37	39	40	42	43	44	45	46	47	48
	9,0	18	20	23	25	27	29	31	33	34	36	37	39	40	41	42	43	44	45
	9,5	14	17	19	21	24	26	28	29	31	33	34	36	37	38	40	41	42	43
	10,0	10	13	16	18	20	22	24	26	28	30	32	33	34	36	37	38	39	41
	10,5	6	9	12	15	17	19	21	23	25	27	29	30	32	33	35	36	37	38
	11,0	3	6	9	11	14	16	18	20	22	24	26	28	29	31	32	33	35	36
	11,5		2	5	8	11	13	15	17	20	21	23	25	27	28	30	31	32	33

Fonte: Profa. Rita Ynoue, IAG/USP.

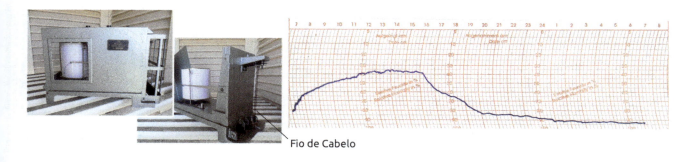

Fio de Cabelo

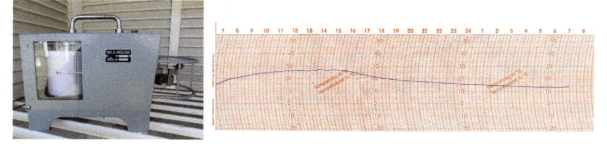

Fig. 4.10 *Termo-higrógrafo. O cabelo humano usado como sensor de umidade*
Fonte: cortesia da Estação Meteorológica do IAG/USP.

4.3 Formas de condensação

Ao se atingir a saturação, pode haver a formação de gotas de água líquida ou cristais de gelo. As gotas de água estão associadas ao processo de condensação e podem existir na atmosfera, na forma de nevoeiro, neblina ou nuvem, como também ocorrer sobre uma superfície, sendo o caso do orvalho.

4.3.1 Orvalho e geada

Orvalho é a condensação do vapor d'água atmosférico sobre uma superfície. Normalmente, ocorre após uma noite com céu aberto e sem vento. A superfície resfria, emitindo radiação terrestre para o espaço. O ar imediatamente acima da superfície também resfria por condução. Se a superfície resfria até atingir o ponto de orvalho, o vapor d'água da atmosfera adjacente se condensa, formando pequenas gotas de água, o orvalho. Se a temperatura de ponto de orvalho for menor do que 0 °C e se a temperatura do ar adjacente à superfície atingir essa temperatura de congelamento, o vapor d'água poderá se depositar como pequenos cristais de gelo sobre a superfície, dando-lhes uma aparência branca. Caso já tenha acontecido a formação de orvalho e a temperatura continue diminuindo abaixo de 0 °C, esse orvalho poderá ser congelado. Esses dois casos são denominados *geada branca* em Agrometeorologia. Outro tipo mais severo de geada, denominado *geada negra*, ocorre em condições de pouca umidade do ar e perda radiativa intensa da superfície. Nesse caso, a vegetação é resfriada à sua temperatura letal. Em virtude da baixa umidade, não há deposição de gelo e ocorre morte dos tecidos vegetais pelo congelamento das células vegetais.

4.3.2 Núcleos de condensação

Da mesma forma que o orvalho e a geada necessitam de uma superfície para se formarem, gotas de nuvem precisam de pequenas partículas sobre as quais o vapor d'água possa condensar-se. Sabe-se que o ar das grandes cidades é bastante poluído, sendo constituído de vários gases e material particulado, denominados poluentes. Entretanto, mesmo em locais aparentemente limpos, há uma boa quantidade de partículas no ar, que serão descritos no Cap. 10. Várias delas servem como superfícies para a condensação do vapor atmosférico e, por isso, são chamadas de *núcleos de condensação*. Sem essas partículas, a umidade relativa deveria ser superior a 100% para que a condensação se iniciasse.

Apesar de o gelo derreter a 0 °C, a água na atmosfera normalmente não congela a 0 °C. Se a saturação ocorre a temperaturas entre 0 °C e –4 °C, o excesso de vapor d'água condensa-se, formando água super-resfriada, ou seja, água abaixo de 0 °C, mas ainda na fase líquida. Na atmosfera, o gelo não se forma nesse intervalo de temperatura. Da mesma forma que para formar gotas de água líquida são necessários núcleos de condensação e umidade relativa próxima de 100%, a formação de cristais de gelo requer a existência de núcleos de gelo. Em temperaturas menores do que –4 °C, a probabilidade de formar gelo aumenta, e, para o intervalo entre –10 °C e –40 °C, a saturação pode levar à formação tanto de cristais de gelo quanto de gotas de água super-resfriadas. Para temperaturas menores do que –40 °C haverá apenas a formação de cristais de gelo, com ou sem a presença de núcleos de gelo.

O Instituto Nacional de Meteorologia (Inmet, s.d.-c) adota as seguintes definições para os tipos de condensação na atmosfera:

- *Chuva*: é o resultado da condensação na atmosfera que cai em direção ao solo, quando o peso das gotas supera as correntes verticais de ar. Normalmente, sua quantidade é medida, nos pluviômetros, como a altura da precipitação em milímetros (1 mm = 1 L de água de chuva numa área de 1 m², ver seção 5.7).
- *Chuvisco ou garoa*: precipitação bastante uniforme composta exclusivamente de gotas d'água muito pequenas (diâmetro menor do que 0,5 mm), muito próximas umas das outras e que parecem quase flutuar no ar.
- *Granizo*: precipitação que se origina de nuvens convectivas, como *cumulonimbus*, e que cai em forma de bolas ou pedaços irregulares de gelo, com formatos e tamanhos diferentes. Pedaços com diâmetro de 5 mm ou mais são considerados granizo, enquanto pedaços menores são classificados como bolas de gelo, bolas de neve ou granizo mole. Bolas isoladas são chamadas de pedras. No METAR, um código meteorológico usado em aeroportos, granizo é referido como "GR", e granizo pequeno ou bolas de neve, como "GS".
- *Neve*: precipitação de cristais de gelo translúcidos e brancos, em geral em forma hexagonal e complexamente ramificados, formados diretamente pelo congelamento do vapor d'água na atmosfera. É produzida frequentemente por nuvens do tipo *stratus*, mas também pode se originar das nuvens do tipo *cumulus*. Normalmente, os cristais são agrupados em flocos de neve. É informada como "SN" no METAR.

- *Névoa*: conjunto de microscópicas gotículas de água suspensas na atmosfera. Não reduz a visibilidade como o nevoeiro e, frequentemente, é confundida com chuvisco.
- *Nevoeiro*: massa de minúsculas, porém visíveis, gotículas de água suspensas na atmosfera, próximas ou junto à superfície da Terra, que reduzem a visibilidade horizontal para menos de 1.000 m. É formado quando a temperatura e o ponto de condensação do ar se tornam os mesmos – ou quase os mesmos – e suficientes núcleos de condensação estão presentes. É referido como "FG" no METAR.

A Fig. 4.11 mostra fotos de algumas formas de condensação citadas anteriormente.

Fig. 4.11 *Formas de condensação: (A) orvalho; (B) geada; (C) nevoeiro*
Fonte: Thinkstock.

5

Estabilidade atmosférica, nuvens e precipitação

Este capítulo aborda a estabilidade da atmosfera e o processo de formação das nuvens e da precipitação. No que diz respeito à estabilidade da atmosfera, fisicamente, o conceito de estabilidade está relacionado à propriedade de um corpo de tender a retornar à sua posição inicial quando deslocado verticalmente. Será visto que a estabilidade atmosférica é determinada pela diferença entre a temperatura de uma parcela de ar e a temperatura da atmosfera ao seu redor (ambiente), e que ela está associada aos mecanismos de formação de nuvens e dispersão de poluentes na atmosfera. Também será visto que há duas formas de variar a temperatura da parcela: sem trocas de calor entre a parcela e o ambiente (processo adiabático) e trocando calor com o ambiente (processo diabático).

5.1 Lei dos gases ideais

A pressão, o volume e a temperatura de qualquer material podem ser relacionados por uma equação de estado. Todos os gases seguem aproximadamente a mesma equação de estado, a qual é referida como equação do gás ideal. Na maioria dos estudos em Meteorologia, assume-se que os gases atmosféricos obedecem à lei dos gases ideais, que pode ser escrita como:

$$p \cdot V = m \cdot R \cdot T \quad (5.1)$$

em que p é a pressão (Pa), V é o volume (m³), m é a massa (kg), T é a temperatura absoluta do gás (K) e R é a constante do gás para 1 kg de gás. Como $m/V = \rho$, sendo ρ a densidade do gás, a equação também pode ser escrita da seguinte forma:

$$p = \rho \cdot R \cdot T \quad (5.2)$$

Para uma unidade de massa (1 kg) de gás, $m = 1$ e, portanto, é possível reescrever a Eq. 5.1 como:

$$p \cdot \alpha = R \cdot T \quad (5.3)$$

em que α é igual a $1/\rho$ e corresponde ao volume específico do gás, isto é, o volume ocupado por 1 kg de gás em uma dada pressão (p) e temperatura (T).

A seguir, será visto como variações no volume de uma parcela de ar podem ser associadas às variações da temperatura.

5.2 Primeira lei da termodinâmica

A estabilidade atmosférica descreve como a atmosfera se comporta quando uma parcela de ar é deslocada verticalmente. Para entender esse conceito, é preciso antes familiarizar-se com alguns princípios.

A primeira lei da termodinâmica baseia-se num princípio fundamental da Física, o de conservação de energia, segundo o qual a energia não pode ser criada nem destruída, ela se transforma. Ela pode ser interpretada da seguinte forma: caso se adicione calor à parcela de ar, uma parte é utilizada para a realização de trabalho, e a outra, para a mudança de temperatura. Essa lei é expressa da seguinte forma:

$$\Delta H = P \cdot \Delta \alpha + c_V \cdot \Delta T \quad (5.4)$$

em que:

P = pressão atmosférica;

c_V = calor específico do ar, supondo um processo com volume constante.

O símbolo grego Δ significa variação, e assim:

ΔH = variação do calor do sistema (positivo para adição, negativo para subtração);

Δα = variação do volume (positivo para expansão, negativo para compressão);

ΔT = variação da temperatura.

O termo $P \cdot \Delta\alpha$ é o trabalho realizado pela parcela de ar em relação à atmosfera ambiente: se a parcela se expande, seu volume aumenta e o trabalho é positivo (a parcela realiza trabalho); se ela se contrai, seu volume diminui e o trabalho é negativo (o ambiente realiza trabalho sobre a parcela). Já o termo $c_V \cdot \Delta T$ é a variação da energia interna da parcela, ou seja, é quanto a temperatura varia. Para aumento de temperatura, ΔT é positivo, e, para resfriamento, ΔT é negativo.

Conforme visto no Cap. 4, a saturação de uma parcela de ar pode acontecer de duas formas: adicionando vapor d'água ou diminuindo a temperatura. Será visto que o processo mais comum na formação de nuvens é a diminuição da temperatura da parcela de ar até seu ponto de orvalho ou ponto de congelamento, daí a importância da Eq. 5.4. A variação da temperatura da parcela também é associada a dois processos: o diabático, no qual há fornecimento ou retirada de calor da parcela, e o adiabático, que ocorre sem a troca de calor entre a parcela e o ambiente.

5.2.1 Processos diabáticos

São os processos nos quais há fornecimento ou remoção de energia da parcela de ar. Por exemplo, quando se coloca uma panela com água sobre a chama de um fogão, a água se aquece por um processo diabático, ou seja, o fogo fornece calor para a panela, que aquece a água por condução. Esse mesmo processo pode ser visto com o aquecimento do ar frio quando passa por uma superfície mais quente – por exemplo, ar polar continental indo para o oceano, mais quente. Esse ar é aquecido diabaticamente por condução de calor da superfície do mar. Da mesma forma, o ar que passa por uma superfície mais fria tem sua temperatura diminuída diabaticamente, pois perde calor para a superfície. Outros processos diabáticos incluem a perda de calor por evaporação (ou o ganho de calor por condensação) e a perda de calor por emissão de radiação (ou o ganho de calor por absorção de radiação). Na primeira lei da termodinâmica, para processos diabáticos, esse fornecimento ou remoção de calor é expresso pelo termo ΔH.

5.2.2 Processos adiabáticos

São os processos nos quais existe variação de temperatura da parcela, mas sem troca de calor com o ambiente, isto é, a parcela não ganha nem perde calor para o ambiente. Seria então a aplicação da primeira lei da termodinâmica para o caso especial em que o termo ΔH = 0 (sem adição ou remoção de calor). Assim, a lei pode ser reescrita da seguinte forma:

$$\Delta H = P \cdot \Delta\alpha + c_V \cdot \Delta T$$
$$0 = P \cdot \Delta\alpha + c_V \cdot \Delta T \quad (5.5)$$
$$-P \cdot \Delta\alpha = c_V \cdot \Delta T$$

Ou seja, num processo adiabático, se a parcela se expande (Δα > 0), sua temperatura diminui (ΔT < 0), e, se ela se contrai (Δα < 0), sua temperatura aumenta (ΔT > 0). Na atmosfera, a formação de nuvens é um exemplo desse processo. A Fig. 5.1 mostra o exemplo de uma parcela de ar se expandindo. À medida que a parcela sobe, a pressão atmosférica diminui. Assume-se que a pressão da parcela se ajusta imediatamente à pressão ao seu redor, e, portanto, a parcela aumenta de volume (pela lei dos gases). Pela primeira lei da termodinâmica, ao se expandir, a temperatura dentro da parcela diminui.

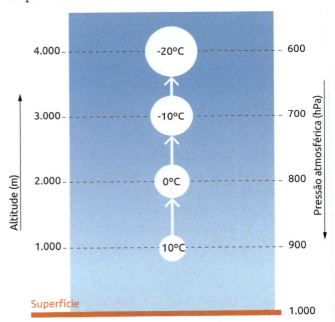

Fig. 5.1 *Ascensão de uma parcela seca na atmosfera por um processo adiabático*
Fonte: adaptado de Apollo (s.d.).

A temperatura da parcela diminui com a altura num processo adiabático seco à taxa de aproximadamente 1 °C a cada 100 m. Essa taxa de variação da temperatura com a altura é denominada *taxa adiabática seca* e é representada pelo símbolo Γ_d (d = dry = seco). Assim:

$$\Gamma_d = \frac{-1°C}{100m} = \frac{-10°C}{1km} \quad (5.6)$$

Com base na Fig. 5.1, tome-se, por exemplo, uma parcela que está a 1.000 m, com temperatura de 10 °C. Ao ser levantada adiabaticamente na atmosfera até 2.000 m, terá uma variação de 1.000 m em termos de altura e, portanto, terá sua temperatura diminuída em 10 °C. Quando atingir 2.000 m de altura, possuirá temperatura de 0 °C. Da mesma forma, suponha-se que a parcela esteja com temperatura de –10 °C a 3.000 m de altura e seja baixada adiabaticamente até 2.000 m. Sua variação de altura será de 1.000 m, mas, como será comprimida pela atmosfera, sua temperatura se elevará até 0 °C.

Considere-se agora que a parcela contenha vapor d'água, isto é, não esteja seca, e sofra levantamento, sendo resfriada de tal forma que atinja a temperatura de ponto de orvalho ou de congelamento. Assim, ela atingirá o estado de saturação e o vapor d'água poderá passar para a fase líquida ou sólida. A altitude em que isso ocorre recebe o nome de *nível de condensação por levantamento* (NCL). Se a parcela continuar subindo, sua expansão acontecerá a uma taxa menor do que se ela estivesse totalmente seca, pois o resfriamento deixará de ser tão intenso devido à liberação de calor que ocorre pela condensação do vapor d'água. Em outras palavras, na condensação há liberação de calor dentro da parcela, mas ela pode utilizar esse calor para se aquecer e, assim, ao subir, o resfriamento ocorrerá a uma taxa menor do que a de uma parcela seca ou não saturada.

A taxa à qual a parcela se resfria com a altura no processo adiabático saturado, melhor designado como processo pseudoadiabático, é denominada *taxa adiabática úmida* e é representada por Γ_w (w = wet = úmido). Essa taxa não é constante como a adiabática seca, variando com a temperatura. Entretanto, em geral, pode-se adotar um valor médio de:

$$\Gamma_w = \frac{-0,6\,°C}{100\,m} = \frac{-6\,°C}{1\,km} \qquad (5.7)$$

5.3 Mecanismos de levantamento do ar

Existem quatro mecanismos considerados responsáveis pelo levantamento do ar: aquecimento da superfície e convecção livre (Fig. 5.2A), levantamento orográfico (Fig. 5.2B), convergência de ar (Fig. 5.2C) e levantamento ao longo de superfícies frontais (Fig. 5.2D).

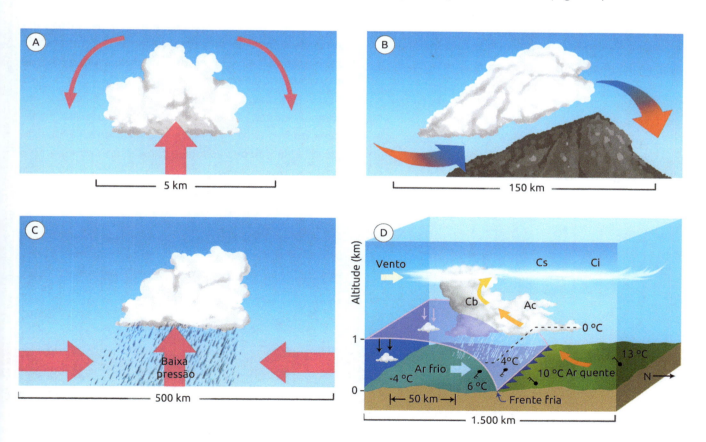

Fig. 5.2 *Mecanismos de levantamento do ar: (A) convecção; (B) levantamento orográfico; (C) convergência de ar; (D) levantamento ao longo de superfícies frontais*
Fonte: adaptado de (A-C) Ahrens (2009) e (D) Apollo (s.d.).

5.3.1 Aquecimento da superfície e convecção livre

A superfície aquecida durante o dia favorece condições de instabilidade. O ar quente próximo à superfície, sendo menos denso do que o ar frio ao seu redor, tenderá a subir. À medida que o ar sobe, expande-se e resfria-se, e, enquanto for mais quente do que o ar que ele encontrar, continuará subindo. O vapor d'água presente na parcela de ar irá se condensar quando for atingida a temperatura de ponto de orvalho.

5.3.2 Levantamento orográfico

Ao encontrar uma cadeia de montanhas, o vento é forçado a subir, e pode ocorrer a formação de nuvens a barlavento das montanhas (lado de onde sopra o vento), sendo possível que aconteçam chuvas intensas.

Quando o ar desce a sotavento da barreira, fica mais seco e quente do que era antes. Parte dele continua fluindo por centenas de quilômetros na direção do vento, e é comum encontrar a formação de nuvens lenticulares a sotavento das montanhas (Fig. 5.3).

5.3.3 Convergência de ar

Em um sistema de baixa pressão em superfície, que será discutido no Cap. 8, o ar flui para o centro e ao redor da área com a menor pressão. Por conservação de massa, o ar que converge tende a subir, favorecendo a formação de nuvens.

5.3.4 Levantamento ao longo de superfícies frontais

Frentes frias estão associadas a zonas-limites entre massas de ar quente e fria. À medida que o ar frio, mais denso, penetra em uma área de ar quente, menos denso, o ar quente sobe ao longo da frente e produz nuvens como *cumulus* e *cumulonimbus* (os nomes de nuvens vêm do latim: *cumulus* significa aglomerado, e *nimbus*, chuva forte).

5.4 Estabilidade estática

O grau de estabilidade estática da atmosfera é determinado pela diferença da temperatura de uma parcela em ascensão em relação à temperatura da atmosfera ao seu redor (ambiente). Se a parcela que estiver subindo possuir temperatura menor do que a do ambiente, então sua densidade será maior do que a densidade ambiente e, portanto, tenderá a descer, ou seja, voltar à sua posição inicial. Nesse caso, diz-se que a atmosfera é estaticamente estável.

Caso contrário, se a parcela tiver temperatura maior do que a do ambiente, será mais leve – menos densa – e tenderá a continuar subindo e se afastar de seu ponto inicial. Aqui, diz-se que a atmosfera é estaticamente instável. Assim, para determinar a estabilidade estática da atmosfera, é necessário ter observações em vários níveis da temperatura da atmosfera.

O perfil vertical da temperatura da atmosfera fornece a taxa de variação vertical da temperatura ambiente (TVVTA), medida por radiossondagens. Já a variação da temperatura da parcela é dada pela adiabática seca ou adiabática saturada, discutidas anteriormente. Com base no resultado dessas variações, pode-se fazer a análise do movimento vertical da parcela (subida ou descida) e caracterizar as seguintes

Fig. 5.3 *Nuvem lenticular a sotavento das montanhas*
Fonte: Tronador (CC BY-SA 2.0) (https://goo.gl/MJxmSO).

condições para a estabilidade estática da atmosfera: *absolutamente instável*, *absolutamente estável* e *condicionalmente instável*.

5.4.1 Atmosfera absolutamente instável

A situação de atmosfera absolutamente instável ocorre quando a parcela de ar, após ser levantada na atmosfera num processo adiabático por um dos quatro mecanismos de levantamento do ar discutidos anteriormente, acaba com uma temperatura maior do que a da atmosfera nesse nível. Na Fig. 5.4A, suponha-se que a TVVTA seja uma diminuição de 11 °C a cada 1.000 m. Para uma parcela de ar não saturada, que sofre um levantamento pela adiabática seca (–10 °C/1.000 m), a temperatura da parcela sempre será maior do que a do ambiente no mesmo nível. Como terá densidade inferior à do ar ao seu redor, sofrerá ação do empuxo e subirá ainda mais, afastando-se de seu ponto inicial.

A Fig. 5.4B mostra o processo para uma parcela saturada. Supondo a mesma TVVTA, a parcela saturada terá sua temperatura diminuída pela adiabática úmida (–6 °C/1.000 m) à medida que subir e, assim, possuirá sempre temperatura maior do que a do ambiente, ou seja, continuará a subir.

Dessa forma, sempre que a TVVTA for menor – note-se que as taxas de variação das temperaturas com a altura são negativas, o que significa diminuição das temperaturas com a altura – do que a taxa de variação pelas adiabáticas seca e úmida, a atmosfera será absolutamente instável (TVVTA < Γ_d < Γ_w; nesse exemplo: –11 < –10 < –6 °C/1.000 m).

5.4.2 Atmosfera absolutamente estável

Suponha-se agora que a TVVTA seja de –4 °C/1.000 m. Nesse caso, tanto uma parcela não saturada (Fig. 5.5A) quanto uma parcela saturada (Fig. 5.5B) terão temperaturas menores (densidades maiores) do que a da atmosfera (ambiente) após sofrer um processo de levantamento pelas adiabáticas seca e úmida, respectivamente. Ou seja, uma atmosfera com TVVTA maior do que as taxas de variação vertical da temperatura pelos processos adiabáticos será sempre absolutamente estável (Γ_d < Γ_w < TVVTA; nesse exemplo: –10 < –6 < –4 °C/1.000 m). Assim, a parcela de ar tenderá a descer, retornando à sua posição inicial.

5.4.3 Atmosfera condicionalmente instável

A situação de instabilidade condicional também é comum na atmosfera. Imagine-se uma parcela de ar não saturada que seja forçada a subir na atmosfera. Nesse caso, ela será resfriada inicialmente, podendo a taxa adiabática seca ser mais fria do que o ar ambiente. A Fig. 5.6 mostra um exemplo em que a parcela é mais fria do que o ar ambiente nos primeiros 4.000 m, sendo, portanto, estável. A parcela nesse processo de resfriamento vertical pode chegar à satu-

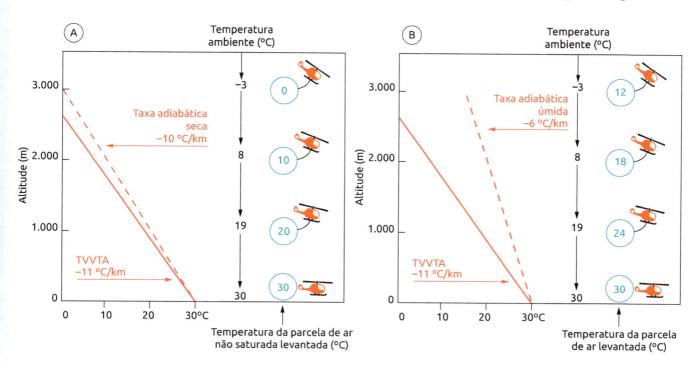

Fig. 5.4 *Atmosfera absolutamente instável para (A) uma parcela não saturada e (B) uma parcela saturada*
Fonte: adaptado de Ahrens (2009).

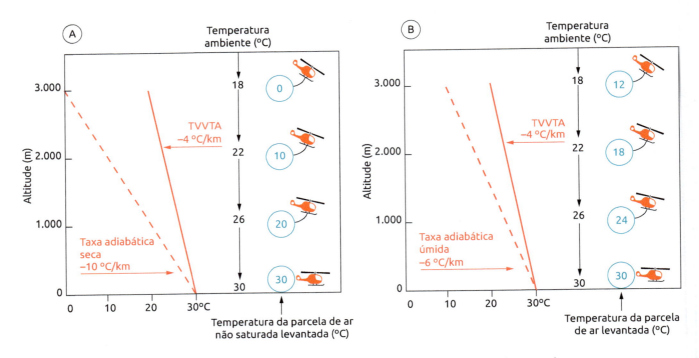

Fig. 5.5 *Atmosfera absolutamente estável para (A) uma parcela não saturada e (B) uma parcela saturada*
Fonte: adaptado de Ahrens (2009).

ração e, nesse caso, se sofrer levantamento adicional, pode condensar. Quando o vapor d'água dentro da parcela de ar condensa, há liberação de energia na forma de calor latente, que pode ser aproveitado pela parcela de ar para se aquecer – nessa situação, a parcela está resfriando à taxa adiabática úmida. Dessa forma, eventualmente, a parcela de ar pode tornar-se mais quente do que o ar ambiente. Assim, terá menor densidade do que o ar da camada onde está e continuará ascendendo na atmosfera, o que caracteriza uma situação de instabilidade. Portanto, uma situação de instabilidade condicional é aquela em que a TVVTA está entre Γ_d e Γ_w ($\Gamma_d <$ TVVTA $< \Gamma_w$; nesse exemplo: $-10 < -8 < -6$ °C/1.000 m).

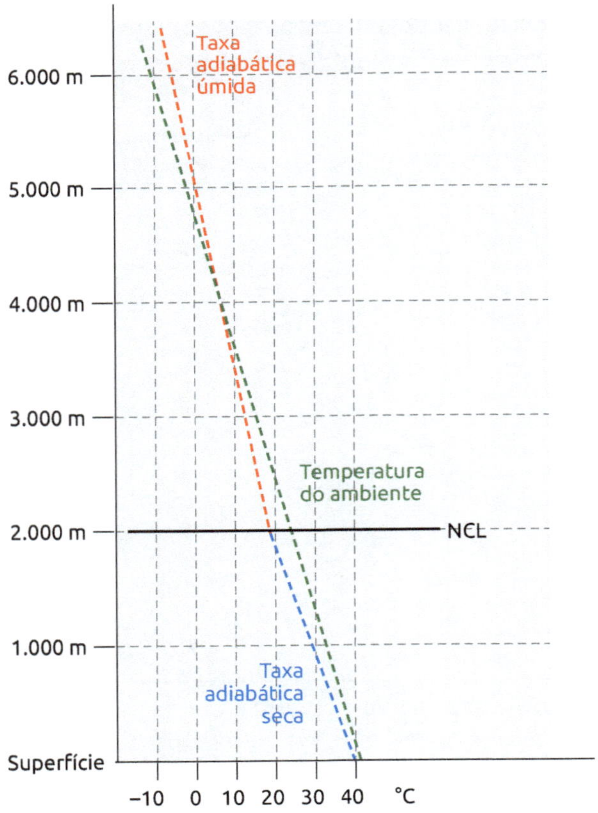

Ainda há outra situação, a de atmosfera neutra. Uma atmosfera é caracterizada como neutra quando a parcela de ar, ao subir ou descer na atmosfera, possui a mesma temperatura do que o ar ao seu redor. Nesse caso, a parcela não tenderá nem a se afastar, nem a retornar ao seu ponto inicial. Essa situação ocorre quando a TVVTA = Γ_d, para parcela seca ou não saturada, ou a TVVTA = Γ_w, para parcela saturada.

5.5 Nuvens

Já se sabe que, para ocorrer a formação de nuvens, é necessário um mecanismo de levantamento do ar e que as parcelas de ar ascendentes sejam instáveis e transportem umidade. A seção a seguir abordará os tipos de nuvem na atmosfera.

5.5.1 Tipos de nuvem

As nuvens podem assumir vários formatos e tamanhos e ocorrer em alturas diferentes, ficando a maior parte limitada à troposfera. Podem conter gotas de água líquida ou cristais de gelo, ou ambos.

Fig. 5.6 *Atmosfera condicionalmente instável*
Fonte: adaptado de Grimm (1999a).

O sistema clássico de classificação de nuvens baseia-se em *formas*, com as seguintes categorias:
- *cirrus*: nuvens finas compostas de cristais de gelo;
- *stratus*: nuvens em camadas;
- *cumulus*: nuvens isoladas, com contornos bem definidos e base achatada, formadas pelo processo de convecção;
- *nimbus*: nuvens que produzem chuva.

As nuvens também são classificadas pela altura de sua base (Tab. 5.1), podendo ser uma composição da classificação anterior, e recebem abreviaturas (Fig. 5.7):
- nuvens altas: *cirrus* (Ci), *cirrostratus* (Cs) e *cirrocumulus* (Cc);
- nuvens médias: *altostratus* (As) e *altocumulus* (Ac);
- nuvens baixas: *cumulus* (Cu), *stratus* (St), *stratocumulus* (Sc) e *nimbostratus* (Ns);
- nuvens convectivas ou com desenvolvimento vertical: *cumulus* (Cu) e *cumulonimbus* (Cb).

Tab. 5.1 Altura média das bases das nuvens nas diferentes regiões do planeta

Altura da base da nuvem	Região tropical (km)	Região temperada (km)	Região polar (km)
Baixa	Superfície a 2	Superfície a 2	Superfície a 2
Média	2 a 8	2 a 7	2 a 4
Alta	6 a 18	5 a 13	3 a 8

Fonte: adaptado de Antas e Alcântara (1969).

5.6 Precipitação

Já se aprendeu que uma nuvem é um conjunto de gotículas d'água ou cristais de gelo, ou ambos, em suspensão na atmosfera. As gotículas d'água, também chamadas de gotículas de nuvem, possuem diâmetro médio de 0,02 mm. A união de várias dessas gotículas forma a gota de chuva. Existem dois processos responsáveis pelo crescimento das gotículas de nuvem de forma que tenham massa suficiente para vencer a força de flutuação térmica e precipitar:
- crescimento por condensação;
- crescimento por colisão e coalescência.

5.6.1 Crescimento por condensação

A formação de gotículas de nuvem começa com o resfriamento adiabático de uma parcela de ar ascendente, levando à saturação e à condensação do vapor d'água, inicialmente, sobre os núcleos de condensação e, depois, sobre a própria gotícula de nuvem. Entretanto, esse processo só acontece até a gotícula atingir um raio de aproximadamente 20 μm (micrômetros), não

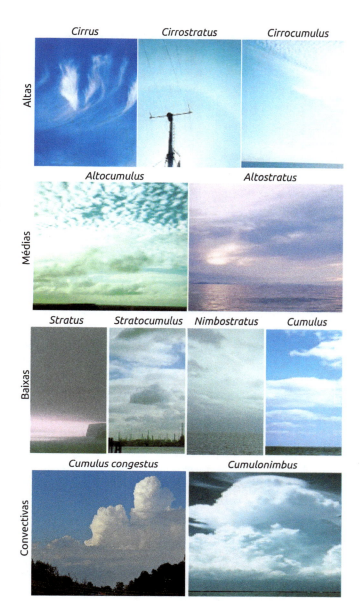

Fig. 5.7 *Classificação de nuvens*
Fonte: Inmet (s.d.-d) e Bidgee (CC BY-SA 3.0) (https://goo.gl/y59FJ5).

sendo suficiente para produzir precipitação, ou seja, gotas com diâmetro maior do que 1 mm. Portanto, o processo de condensação por si só não é capaz de promover a ocorrência de precipitação, pois são formadas gotículas pequenas que não conseguem vencer a força de flutuação térmica.

5.6.2 Crescimento por colisão e coalescência – nuvens quentes

A maior parte das nuvens baixas nos trópicos são nuvens quentes, isto é, seus topos possuem temperaturas maiores do que 0 °C. Nesse tipo de nuvem, os processos de colisão e coalescência são os responsáveis pelo crescimento das gotículas de nuvem. As gotas dentro de uma nuvem têm tamanhos distintos e, portanto, diferentes velocidades terminais (velocidades de queda). Uma gota grande, por exemplo, apresenta velocidade de queda superior à de uma gota pequena. Essa gota grande pode chocar-se com a menor, e após a colisão normalmente as gotas se juntam, formando uma gota maior, num processo denominado coalescência (Fig. 5.8).

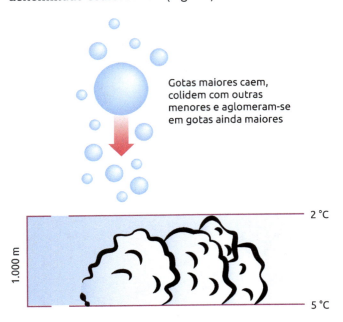

Fig. 5.8 *Colisão e coalescência em nuvem quente*
Fonte: adaptado de Ritter (2006).

5.6.3 Nuvens frias e mistas

A maior parte das nuvens médias e altas possui topos com temperatura inferior a 0 °C. Essas nuvens são denominadas nuvens frias e são compostas de cristais de gelo e/ou gotas líquidas super-resfriadas. Algumas, ainda, podem ter temperaturas menores do que 0 °C somente na parte superior, apresentando gotas líquidas na parte inferior, gotas super-resfriadas e cristais de gelo na porção média e apenas cristais de gelo na parte superior – são as chamadas nuvens mistas (um Cb, por exemplo). O crescimento das gotas e dos cristais nesses tipos de nuvem foi inicialmente descrito pelo meteorologista Tor Bergeron (1891-1977) e, por isso, esse processo é conhecido como processo de Bergeron (Fig. 5.9).

Para uma mesma temperatura, a pressão de vapor de saturação – a quantidade de vapor d'água necessária para atingir a saturação – sobre o gelo é menor do que sobre a água. Ou seja, num ambiente com cristal de gelo e gota super-resfriada, se houver vapor suficiente para que uma gota super-resfriada não evapore, com certeza existirá vapor mais que suficiente para se depositar sobre o cristal de gelo. Quando isso acontece (ressublimação), a pressão de vapor ao seu redor diminui. Essa redução leva à evaporação da gota super-resfriada, que se ressublimará sobre o cristal de gelo. Assim, o cristal de gelo aumentará de tamanho enquanto a gota super-resfriada for desaparecendo. À medida que cresce, o cristal de gelo ganha velocidade de queda e colide com outras gotas ou cristais de gelo, aumentando ainda mais de tamanho.

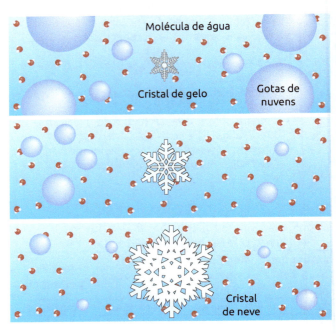

Fig. 5.9 *Processo de Bergeron em nuvem mista*
Fonte: adaptado de Tarbuck e Lutgens (2006) e Ritter (2006).

5.7 Medidas de precipitação

A quantidade e a distribuição das chuvas definem o clima de uma região – seco ou úmido – e, juntamente com a temperatura do ar, determinam o tipo de vegetação natural que ocorre nas diferentes regiões do globo. Agora será visto como se mede a precipitação.

A medida da chuva é feita, pontualmente, em estações meteorológicas, tanto automáticas quanto convencionais. O equipamento básico para a medida da chuva é o pluviômetro, que pode ser de diversos tipos, variando em formato, tamanho e sistema de medida/registro. A unidade de medida da chuva é a altura pluviométrica (h), que normalmente é expressa em milímetros (mm). Em alguns países, são utilizadas outras unidades, como a polegada (*inch* – in), sendo

1 mm = 0,039 in. A altura pluviométrica (h) é dada pela seguinte relação:

$$h = \frac{\text{volume precipitado}}{\text{área de captação}} \quad (5.8)$$

Se 1 L de água for captado por uma área de 1 m², a lâmina de água coletada terá a altura de 1 mm. Em outras palavras, 1 mm = 1 L/1 m². Portanto, se um pluviômetro coletar 52 mm, isso corresponderá a 52 L por 1 m².

$$h = \frac{1\,L}{1\,m^2} = \frac{1.000\,cm^3}{10.000\,cm^2} = 0{,}1\,cm = 1\,mm \quad (5.9)$$

O pluviômetro padrão utilizado na rede de postos do Brasil é o Ville de Paris (Fig. 5.10A). Outros tipos de pluviômetro, como o da Fig. 5.10B, em plástico rígido, são comercializados a um custo menor e têm por finalidade monitorar as chuvas em propriedades agrícolas. Em virtude da menor área de captação, a durabilidade e a precisão desses pluviômetros são menores do que as dos pluviômetros padrão. A área de captação mínima recomendável é de 100 cm².

Fig. 5.10 *Tipos de pluviômetro: (A) Ville de Paris e (B) em plástico rígido*
Fonte: cortesia da Estação Meteorológica do IAG/USP.

Este capítulo aborda a pressão atmosférica e como essa grandeza varia verticalmente e horizontalmente. Também são estudadas as forças que originam os ventos em superfície e em altitude e que neles interferem, e como ocorrem os movimentos verticais na atmosfera. Esses movimentos são responsáveis pela formação de diferentes sistemas atmosféricos, que serão discutidos no Cap. 7.

6.1 Pressão atmosférica

A *pressão atmosférica* equivale à pressão exercida pelo peso da coluna de ar sobre uma dada superfície, ou seja, representa o peso que a atmosfera exerce por unidade de área. Como a força gravitacional – força de atração exercida pela Terra em relação a um corpo – favorece uma maior concentração das moléculas de ar em direção à superfície terrestre, a atmosfera é mais densa perto dela (Fig. 6.1).

> Para o estudo da pressão atmosférica, é importante recordar o conceito de *densidade*, que é dada pela quantidade de massa num determinado volume.

6

Pressão atmosférica e ventos

Imagine-se a existência de linhas horizontais cortando a Fig. 6.1. Nessa situação, mais moléculas seriam encontradas sobre a linha mais próxima da superfície (maior densidade) e menos sobre a linha em maior altitude (menor densidade).

A pressão atmosférica é, então, o peso exercido por uma coluna atmosférica acima de uma determinada superfície. A força peso (em newton, N) é dada pelo produto entre a massa (kg) e a aceleração da gravidade (m s^{-2}). Assumindo que essa coluna tenha área de 1 m^2, a pressão possui a unidade [kg m s^{-2}/m^2] = [N/m^2] = [Pa] (pascal). Inicialmente, a unidade adotada para a pressão era o milibar (mb ou mbar), mas ela tem sido substituída, pela convenção internacional, pelo pascal. Como 1 Pa = 100 mb, neste livro será adotada a unidade hPa (hectopascal, sendo hecto = 100). Além disso, as condições padrão de temperatura e pressão adotam os valores de 273,15 K (0 °C) e 101.325 Pa (= 101,325 kPa = 1.013,25 hPa = 1,01325 bar = 1.013,25 mbar = 1 atm = 760 mmHg) ao nível médio do mar (NMM).

Em 1643, Evangelista Torricelli (1608-1647), um estudante do famoso cientista Galileu, inventou o primeiro instrumento para medir a pressão atmos-

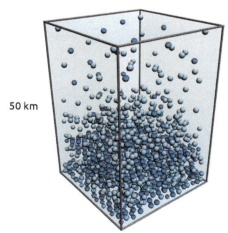

Fig. 6.1 *Concentração das moléculas de ar em direção à superfície terrestre*
Fonte: adaptado de Aguado e Burt (2010).

férica: o barômetro de mercúrio. Torricelli descreveu a atmosfera como um vasto oceano de ar que exerce pressão sobre a superfície terrestre. Para medir essa força, ele usou um tubo de vidro totalmente preenchido de mercúrio. Ao inverter o tubo, colocando-o num recipiente também com mercúrio, Torricelli observou que o mercúrio deixava o tubo – fluía para o recipiente – até o momento em que o peso da coluna de mercúrio estivesse balanceado com a pressão exercida pelo ar acima da superfície do mercúrio. Ele notou que, quando a pressão do ar aumentava, o mercúrio subia no tubo, e ocorria o contrário quando a pressão diminuía (Fig. 6.2). Portanto, o comprimento da coluna de mercúrio tornou-se uma medida da pressão atmosférica. Com o passar do tempo, o barômetro de Torricelli foi aprimorado e hoje, além de barômetros, também existem os barógrafos. Uma descrição desses instrumentos pode ser encontrada em Varejão-Silva (2006).

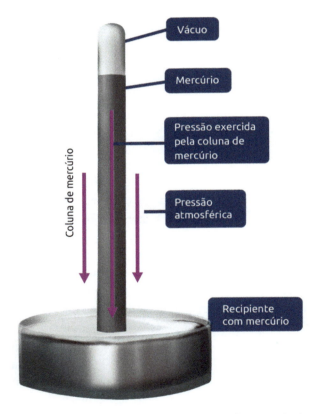

Fig. 6.2 *Esquema ilustrativo do barômetro de mercúrio de Torricelli*

6.1.1 Ajuste da pressão ao nível médio do mar (PNMM)

Uma vez que a pressão diminui com a altura, não é possível comparar diretamente os valores da pressão atmosférica coletados em locais com diferentes altitudes na superfície do planeta, pois os valores de pressão das localidades mais elevadas serão sempre menores do que os das localidades mais baixas. Isso ocorre porque, sobre as localidades mais altas, a coluna atmosférica é menos extensa e, portanto, tem peso menor (Fig. 6.3).

Os valores de pressão medidos em superfícies com diferentes alturas são comparáveis quando o efeito do relevo é eliminado. Para isso, aplica-se uma correção aos valores observados da pressão atmosférica para que se ajustem a um dado nível de referência, em geral o NMM. Em locais com altitudes positivas, ou seja, acima do NMM, essa correção consiste em adicionar certo incremento ao valor da pressão observada à superfície. Já no caso de locais com altitudes negativas, isto é, abaixo do NMM, a pressão observada deve ser diminuída como forma de compensar a camada de ar que, teoricamente, deixaria de existir acima desses locais. A eliminação do efeito da altitude não é trivial, pois é necessário estimar as propriedades físicas da atmosfera na camada hipotética que separa uma determinada superfície do NMM. Nas camadas mais baixas da atmosfera, pode-se utilizar um valor de ~10 hPa a cada 1.000 m.

6.1.2 A equação do estado

Os gases tendem a se expandir quando aquecidos e a se tornar mais densos quando resfriados. Isso sugere que a temperatura, a densidade e a pressão estão relacionadas. A equação do estado, já apresentada no Cap. 5, descreve essa relação:

$$p = \rho \cdot R \cdot T \tag{6.1}$$

em que p é a pressão (Pa); ρ, a densidade (kg m^{-3}); T, a temperatura do ar (K); e R, uma constante igual a 287 J kg^{-1} K^{-1} (joules por quilograma por kelvin).

Segundo essa equação:

1. se a densidade do ar aumentar – isto é, se mais ar for adicionado a um elemento de volume – enquanto T for mantida constante, a pressão aumentará;
2. similarmente, em densidade constante, uma elevação da temperatura implica um aumento da pressão.

No segundo caso, o aumento da pressão ocorre porque a elevação da temperatura é uma fonte de energia para as moléculas de ar, que se tornam mais agitadas e acabam exercendo maior pressão (imaginem-se as moléculas de ar colidindo nas paredes da Fig. 6.1; em outras palavras, elas estão exercendo pressão). A discussão a seguir se utiliza da equação do estado.

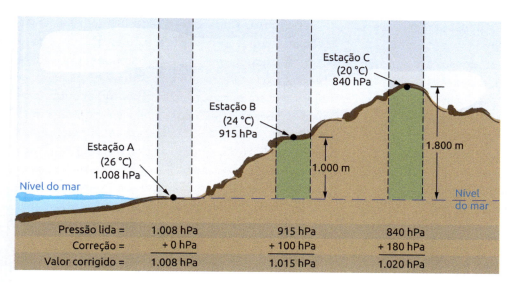

Fig. 6.3 Valores da pressão atmosférica em locais com diferentes altitudes

Fonte: adaptado de Lutgens e Tarbuck (2010).

Fig. 6.4 Modelo da atmosfera em que a densidade do ar permanece constante com a altura

Fonte: adaptado de Ahrens (2009).

Como a atmosfera é complexa, os cientistas criam modelos em que eliminam algumas de suas complexidades a fim de facilitar a compreensão dos processos da natureza. A Fig. 6.4 mostra um modelo da atmosfera apresentado por Ahrens (2009) e constituído por uma coluna de ar estendendo-se para cima na atmosfera, com moléculas de ar representadas por pontos. Esse modelo, em que a densidade do ar permanece constante com a altura, ajuda no entendimento da formação de regiões de alta e baixa pressão na atmosfera.

Nesse modelo, assume-se que:

- as moléculas de ar não estejam concentradas próximo à superfície, de forma que a densidade do ar permaneça constante desde a superfície até o topo da coluna atmosférica – ou seja, as moléculas de ar estejam uniformemente distribuídas por toda a coluna;
- a largura da coluna não varie com a altura;
- as "paredes" das colunas de ar possam expandir-se verticalmente, mas não tenham uma tampa, de tal modo que as moléculas não possam escapar das colunas.

Suponha-se agora que certa quantia de ar seja forçada a entrar na coluna da Fig. 6.4. Com isso, surge a questão: o que aconteceria com a pressão atmosférica na coluna?

Se a temperatura na coluna não fosse modificada, a adição do ar tornaria a coluna mais densa, implicando um aumento da pressão do ar na superfície. Da mesma forma, se uma grande quantidade de ar fosse retirada da coluna, a pressão do ar na superfície diminuiria. Considerem-se agora, para o modelo da Fig. 6.5, as mesmas suposições feitas para o modelo da Fig. 6.4, mas adicionando as seguintes informações: as duas colunas de ar na Fig. 6.5A estão localizadas sobre duas cidades (1 e 2) de mesma altitude e possuem, inicialmente, os mesmos valores de pressão à superfície. Essa condição indica que existe o mesmo número de moléculas em cada coluna sobre ambas as cidades.

Leve-se em conta também que a pressão do ar à superfície nas duas cidades permanece a mesma e que, enquanto o ar sobre a cidade 1 é resfriado, sobre a cidade 2 é aquecido (Fig. 6.5B). À medida que o ar na cidade 1 se resfria, as moléculas se movem mais lentamente e se juntam, tornando o ar mais denso. Já na cidade 2, como o ar está mais aquecido, as moléculas se movem mais rapidamente e se afastam, tornando o ar menos denso. Como está sendo considerado que a largura das colunas não se altera e que há uma barreira invisível entre elas, as moléculas de ar não podem entrar ou sair dessas colunas e, portanto, ambas as cidades permanecem com a mesma pressão à superfície. Entretanto, com o ar mais denso e frio sobre a cidade 1, a coluna se contrai, enquanto na cidade 2, com o ar mais quente e menos denso, a coluna se expande, ficando mais alta (extensa). Assim, têm-se uma coluna menor e mais fria sobre a cidade 1 e uma coluna mais alta e mais quente sobre a cidade 2.

Dessa situação, surge um conceito muito utilizado em Meteorologia: uma coluna menor de ar mais frio e denso exerce a mesma pressão à superfície que uma coluna maior de ar mais quente e menos denso quando o número de moléculas é igual em ambas. Também se pode deduzir desse conceito que a pressão atmosférica decresce mais rapidamente com a altura numa coluna de ar frio. Ao deslocar-se da superfície de cada coluna até uma determinada altura, indicada pelas letras A e B na Fig. 6.5C, passa-se por um maior número de moléculas na coluna 1, que se encontram mais agrupadas, e por um menor número de moléculas na coluna 2, que estão mais distribuídas. Assim, ao atingir a altura desejada, nota-se que a pressão nessa altura é menor na coluna mais fria e maior na coluna mais quente.

Na Fig. 6.5C, observe-se que existem mais moléculas de ar sobre a letra A, na coluna mais quente, do que sobre a letra B, na coluna mais fria. Com isso, surge outro importante conceito: em altitude, normalmente o ar quente está associado a altos valores de pressão atmosférica, e o ar frio, a baixos valores. Nessa figura, note-se que a diferença horizontal de temperatura entre as duas colunas nos pontos A e B cria uma diferença horizontal de pressão. Essa diferença de pressão origina uma força, chamada de força do gradiente de pressão, que causa o movimento do ar a partir da região de maior pressão em direção à região de menor pressão.

Suponha-se agora que a barreira invisível entre as duas colunas seja removida, permitindo que o ar em altitude se desloque horizontalmente. Nessa situação, o ar se deslocará da coluna 2 (ponto A, com maior pressão) para a coluna 1 (ponto B, com menor pressão). Se o ar sair da coluna 2, isso implicará uma diminuição da pressão atmosférica em superfície. Da mesma maneira, o acúmulo de ar na coluna 1 causará um aumento da pressão atmosférica em superfície.

Com o auxílio dos modelos conceituais mostrados nas Figs. 6.4 e 6.5, torna-se fácil de compreender que o aquecimento ou o resfriamento de uma coluna de ar pode promover variações horizontais na pressão, que causam os movimentos do ar. Além disso, nas regiões onde houver acúmulo de ar sobre a superfície, ocorrerá um aumento da pressão atmosférica, enquanto, nas regiões em que houver decréscimo na quantidade de ar sobre a superfície, ocorrerá uma diminuição da pressão atmosférica.

6.1.3 Variação vertical e horizontal da pressão

Nas seções anteriores, foram mostrados detalhes sobre a variação da pressão com a altitude. Aqui, é apresentada apenas uma síntese de alguns conceitos relacionados à variação vertical e horizontal da pressão atmosférica.

A pressão em qualquer altitude na atmosfera é igual ao peso do ar acima dessa altitude. À medida que se ascende na atmosfera, o ar torna-se menos denso, uma vez que a força de gravidade empurra o ar em direção à superfície terrestre. Portanto, há um decréscimo da pressão com a altitude. A variação da pressão com a altitude não é constante: a taxa de decréscimo é muito maior próximo à superfície, onde a pressão é mais alta, do que em níveis mais

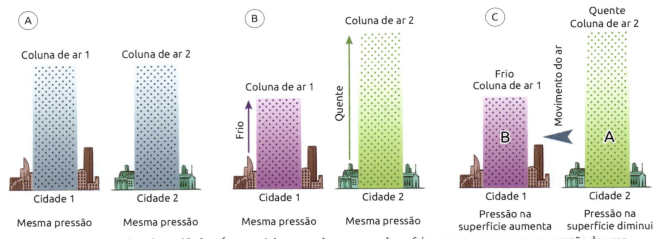

Fig. 6.5 *Colunas de ar sobre duas cidades. É necessária uma coluna menor de ar frio para exercer a mesma pressão de uma extensa coluna de ar aquecido*
Fonte: adaptado de Ahrens (2009).

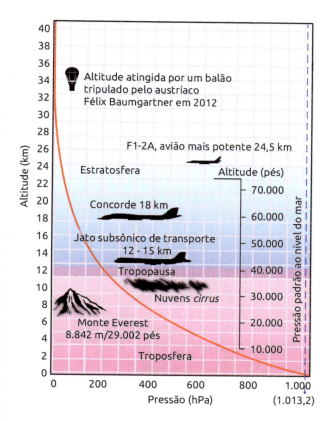

Fig. 6.6 *Variação da pressão com a altitude*
Fonte: adaptado de Strahler e Strahler (1997).

Tab. 6.1 Variação da pressão atmosférica com a altitude

Altura (km)	Pressão (hPa)	Temperatura (°C)
50,0	0,798	–2
40,0	2,87	–22
35,0	5,75	–36
30,0	11,97	–46
25,0	25,49	–51
20,0	55,29	–56
18,0	75,65	–56
16,0	103,5	–56
14,0	141,7	–56
12,0	194,0	–56
10,0	265,0	–50
9,0	308,0	–43
8,0	356,5	–37
7,0	411,0	–30
6,0	472,2	–24
5,0	540,4	–17
4,0	616,6	–11
3,5	657,8	–8
3,0	701,2	–4
2,5	746,9	–1
2,0	795,0	2
1,5	845,6	5
1,0	898,8	9
0,5	954,6	12
0	1013,2	15

Fonte: adaptado de Lutgens e Tarbuck (2010).

elevados, superiores a 12 km, onde a pressão é mais baixa (Fig. 6.6). A Tab. 6.1 mostra o decréscimo da pressão com a altura numa atmosfera padrão, que é uma idealização da distribuição vertical da pressão atmosférica, bem como da temperatura, baseada em valores médios observados na latitude de 45°. Note-se que, ao NMM, a pressão é de aproximadamente 1.013 hPa, e a temperatura, de 15 °C, ao passo que, a 50 km acima da superfície, é de 0,798 hPa e –2 °C, respectivamente.

Para comparar a pressão em superfície registrada por várias estações meteorológicas, primeiramente a pressão de todas as estações deve ser ajustada (reduzida) ao NMM. A comparação dos registros de pressão obtidos em diferentes regiões do globo revela diferenças de pressão ao NMM que são bem menores do que os valores obtidos na vertical. Na horizontal, as pressões encontradas ao NMM geralmente variam entre 960 hPa e 1.050 hPa (Fig. 6.7), sendo essas diferenças nos valores encontrados a grandes distâncias (>> 1.000 km). Tais valores indicam uma diferença de pressão da ordem de 100 hPa ao longo de milhares de quilômetros. Já na vertical, a diferença entre a pressão à superfície e aquela a 50 km de altura, por exemplo, é de aproximadamente 1.000 hPa (Tab. 6.1), que é uma ordem de grandeza superior à das variações registradas na horizontal em superfície. A Fig. 6.7 também mostra a localização dos sistemas de alta e baixa pressão (centros com linhas fechadas) ao NMM no dia 23 de março de 2010. Note-se como os sistemas ocorrem afastados uns dos outros. Em termos médios, os sistemas que apresentam as mais baixas pressões encontram-se nas latitudes médias (nos arredores de 50° N e S), e os com mais alta pressão, nos subtrópicos (próximo de 30° N e S). A explicação para a distribuição espacial dos sistemas de alta e baixa pressão será fornecida no Cap. 8.

6.2 Ventos

Vento é o ar em movimento na horizontal. Sua caracterização, em qualquer ponto da atmosfera, necessita de dois parâmetros: a direção e a velocidade.

6.2.1 Direção e velocidade do vento

A direção meteorológica do vento define a posição a partir da qual ele vem, e não para onde ele está indo. Utiliza-se a rosa dos ventos para determinar de onde

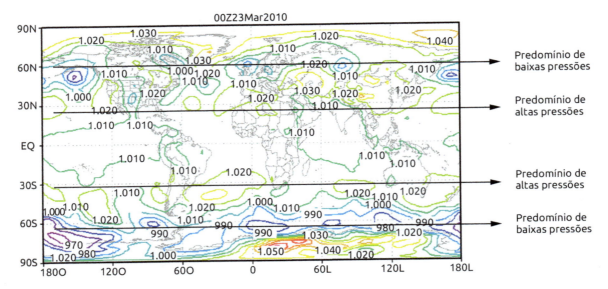

Fig. 6.7 *Pressão atmosférica ao NMM em 23 de março de 2010, a 00 UTC*
Fonte: adaptado de NOAA (s.d.-c, s.d.-d).

o vento vem. A rosa dos ventos é dividida em 360°, sendo que o ponto cardeal N recebe o valor de referência (0°) e os valores aumentam no sentido horário, ou seja, o ponto colateral NE recebe o valor de 45°, o ponto cardeal E recebe o valor de 90° e assim por diante (Fig. 6.8). É comum encontrar a sigla dos pontos cardeais e colaterais no idioma inglês, ou seja, N, S, E e W, e NE, SE, SW e NW.

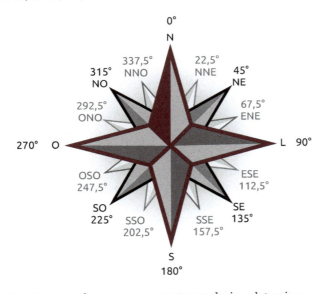

Fig. 6.8 *Rosa dos ventos e os pontos cardeais, colaterais e subcolaterais, com seus respectivos valores em graus*

A determinação da direção do vento é feita com base num círculo em que a disposição dos valores dos graus é diferente daquela do círculo trigonométrico. Na Fig. 6.9, que mostra uma comparação entre tais círculos, pode-se notar que, no círculo trigonométrico, o valor de 90° corresponde a 0° do círculo utilizado para determinar a direção do vento, estando os demais valores também em posições diferentes nos dois círculos. Outra diferença é o sentido do movimento: no círculo trigonométrico, os valores crescem no sentido anti-horário, ao passo que, no círculo usado para determinar a direção do vento, crescem no sentido horário.

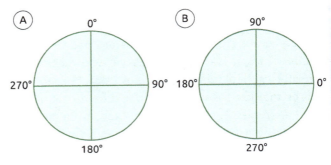

Fig. 6.9 *Comparação entre (A) o círculo utilizado para determinar a direção do vento e (B) o círculo trigonométrico*

A velocidade (ou intensidade) do vento, em geral, é expressa em metros por segundo (m s^{-1}), em quilômetros por hora (km h^{-1}) ou em nós (em inglês, *knots*, kt, e um nó corresponde a 0,5 m s^{-1} ou 1,8 km h^{-1}). O valor de velocidade de 0 m s^{-1} é usado quando não há vento, situação conhecida como calmaria. Quando, em poucos minutos, ocorre um aumento repentino da velocidade do vento, mas que não persiste, tem-se uma situação de rajada. Em geral, ela também é acompanhada por variações bruscas na direção do vento. A rajada de vento ocorre devido à turbulência atmosférica – passagem de vórtices ou redemoinhos pela região –, a diferenças de altitude entre terrenos ou ao longo de frentes frias onde há grandes variações de temperatura e pressão. Como os ventos em superfície podem apresentar rajadas, as observações meteorológicas da intensidade e da direção do vento para fins de análise e previsão do tempo devem se referir aos valores médios correspondentes a um intervalo de dez minutos, e não a um único registro do vento a cada dez minutos.

Na atmosfera, existe movimento do ar tanto na direção horizontal (por exemplo, de norte para sul) quanto na direção vertical (ar subindo ou descendo na atmosfera). Neste livro, será utilizado o termo *vento* para referir-se somente ao movimento na horizontal. Para o movimento na vertical, será usado o termo movimento ou *vento vertical*.

Como o vento é uma grandeza vetorial, torna-se importante definir o que é vetor. Vetor é um segmento orientado de reta que tem origem (de onde sai) e extremidade (até onde chega), bem como direção, sentido e intensidade. Assim, o vento é um vetor (Fig. 6.10) porque possui direção (norte-sul, leste-oeste etc.), sentido (de leste, de oeste, de sul etc., que é indicado pela origem do vetor; imaginando que a extremidade do vetor da Fig. 6.10 se encontre no centro da rosa dos ventos da Fig. 6.8, a origem desse vetor mostra de onde o vento vem) e intensidade (velocidade). Os vetores podem ser decompostos em componentes x e y no plano cartesiano. No caso do vento, as componentes são chamadas de componente zonal (u), quando representar o vento na direção leste-oeste (eixo x), e componente meridional (v), quando representar o vento na direção norte-sul (eixo y). Com relação à componente zonal, o vento de oeste para leste é representado por valores positivos, e o de leste para oeste, por valores negativos. Já com relação à componente meridional, o vento de sul para norte é representado por valores positivos, e o de norte para sul, por valores negativos. Assim, escoamentos predominantemente na direção leste-oeste são denominados zonais e aqueles predominantemente na direção norte-sul são denominados meridionais.

Nas cartas sinóticas, produzidas a partir de dados medidos simultaneamente sobre o globo em horários padrão definidos pela Organização Meteorológica Mundial (OMM; em inglês, World Meteorological Organization – WMO), a direção do vento é indicada por um traço que é unido a um ponto que representa o local da observação (Fig. 6.11). A intensidade do vento é representada na extremidade do traço por barbelas, que indicam 10 kt cada uma. As velocidades de 5 kt são indicadas por metade de uma barbela, e as de 50 kt, por triângulos. Ventos com velocidade igual ou inferior a 2

kt não possuem barbela anexada ao traço que parte do local da observação. Nas situações de calmaria (0 kt), somente é desenhado um círculo ao redor do ponto da observação. Quando, numa carta meteorológica, os pontos com a mesma direção do vento são unidos, formam-se linhas chamadas de isógonas. Já as linhas formadas pela união de pontos com vento de mesma intensidade são denominadas isotacas.

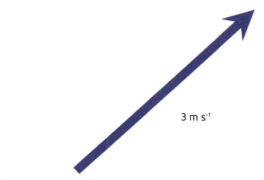

Fig. 6.10 *Exemplo de um vetor indicando vento de sudoeste (225°). O número 3 m s⁻¹ representa a intensidade do vetor, isto é, a velocidade do vento*

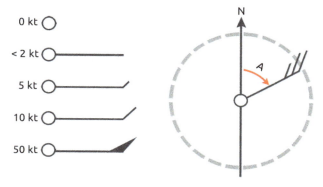

Fig. 6.11 *Representação da direção e da velocidade (barbelas) do vento em uma carta sinótica no hemisfério Sul*
Fonte: adaptado de Varejão-Silva (2006).

6.3 Forças que influenciam os ventos

6.3.1 As leis do movimento de Newton

A primeira lei do movimento de Isaac Newton (1643-1727) afirma que um objeto em repouso permanecerá em repouso e um objeto em movimento retilíneo uniforme permanecerá com a mesma velocidade a menos que uma força seja exercida sobre ele. Já a segunda lei de Newton declara que a força exercida sobre um objeto é igual à sua massa vezes a aceleração produzida. Essa lei pode ser escrita como:

$$\vec{F} = m \cdot \vec{a} \qquad (6.2)$$

De acordo com essa equação, quando a massa de um objeto é constante, a força que age sobre o objeto está diretamente relacionada à aceleração que é produzida. Como mais de uma força pode agir sobre um objeto, a segunda lei de Newton se refere à força total ou resultante. Além disso, um objeto irá sempre acelerar na direção da força resultante que atua sobre ele. Com base nessas ideias, para determinar a direção do vento, é necessário identificar e examinar todas as forças que afetam o movimento horizontal do ar. Entre essas forças estão a força do gradiente de pressão, a força de Coriolis e o atrito. Inicialmente, serão apresentadas as forças que influenciam os ventos em todos os níveis da atmosfera e, depois, a força de atrito que atua nos ventos próximos à superfície.

6.3.2 Força do gradiente de pressão

A Fig. 6.12 mostra uma região de pressões mais altas (1.020 hPa) no lado esquerdo do mapa e de pressões mais baixas (1.016 hPa) no lado direito. As isóbaras – linhas que unem pontos com mesmos valores de pressão atmosférica – indicam o valor da pressão e sua variação na horizontal. O cálculo da variação da pressão numa determinada distância fornece o gradiente de pressão:

$$\text{Gradiente de pressão} = \frac{\text{diferença de pressão}}{\text{distância}} \quad (6.3)$$

Que também pode ser representado matematicamente como:

$$GP = \frac{\Delta p}{d} \quad (6.4)$$

Na Fig. 6.12, o gradiente de pressão entre os pontos 1 e 2 é de 4 hPa (que é 1.020 – 1.016 = 4) em 100 km, ou seja, 0,04 hPa km^{-1}. Isso significa que, a cada quilômetro, indo da direita para a esquerda, a pressão aumenta 0,04 hPa. Nessa figura, o vetor que representaria o gradiente de pressão seria uma seta apontando da região de menor pressão para a de maior pressão, isto é, uma seta com sentido oposto ao da seta vermelha. Se as isóbaras estivessem mais próximas, por exemplo, afastadas apenas em 50 km, o gradiente de pressão equivaleria a 0,08 hPa km^{-1}. Esse valor indica que há uma rápida mudança na pressão sobre uma área relativamente pequena ou um forte gradiente de pressão. Portanto, é possível concluir que, quanto mais afastadas estão as isóbaras, menor é o gradiente horizontal de pressão, e, quanto mais próximas, mais forte é esse gradiente.

Quando existem diferenças horizontais na pressão atmosférica, surge uma força chamada de força do gradiente de pressão (FGP). Essa força, que é a "única" força responsável pela geração dos ventos, dirige-se das altas pressões para as baixas pressões, formando ângulos retos, de 90°, com as isóbaras. A magnitude da FGP está diretamente relacionada ao gradiente de pressão. Quanto mais intensos forem os gradientes horizontais de pressão, maior será a FGP, e vice-versa. Essa relação é mostrada na Fig. 6.13.

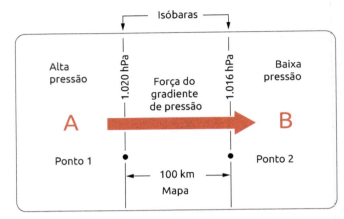

Fig. 6.12 *O gradiente de pressão entre os pontos 1 e 2 é 4 hPa em 100 km. A força direcionada da maior para a menor pressão é a força do gradiente de pressão e é representada pela seta em destaque*
Fonte: adaptado de Ahrens (2009).

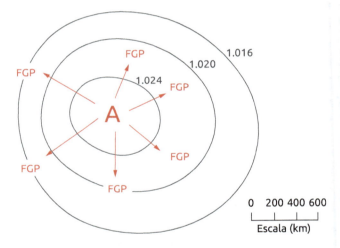

Fig. 6.13 *Relação entre o gradiente de pressão e a força do gradiente de pressão. As linhas de cor cinza representam as isóbaras, e as setas vermelhas indicam a magnitude da força, que é sempre direcionada da maior para a menor pressão*
Fonte: adaptado de Ahrens (2009).

A FGP é escrita matematicamente como:

$$FGP = -\frac{1}{\rho} \cdot \frac{\Delta p}{d} \quad (6.5)$$

em que ρ é a densidade do ar, e $\Delta p/d$, o gradiente horizontal de pressão.

Embora a FGP seja a única força capaz de gerar os ventos, não é apenas ela que atua sobre o ar. Se somente a FGP atuasse sobre o ar, o vento sempre se dirigiria das altas para as baixas pressões. Porém, à medida que o ar começa a se deslocar, o vento é desviado de seu curso pela força de Coriolis. Antes de essa força ser apresentada, será explicada a existência da FGP na vertical, pois, da mesma forma que há gradiente horizontal de pressão e FGP na horizontal, também existem tais grandezas na vertical.

Equilíbrio hidrostático

Já foi mostrado que a FGP origina o vento – que escoa das altas para as baixas pressões – e que a pressão atmosférica decresce rapidamente com a altitude. Com esses dois fatos, seria normal pensar que o vento poderia ser direcionado da superfície para as maiores altitudes. Se isso realmente ocorresse, os seres vivos se sufocariam, pois todo o ar iria em direção ao espaço em resposta à FGP na vertical. Entretanto, considere-se outro fato relevante: a gravidade empurra toda a massa em direção à superfície terrestre. Aí surge a questão: por que a atmosfera não colapsa em direção à superfície do planeta?

Isso não ocorre porque a FGP vertical e a força de gravidade têm normalmente, ou aproximadamente, o mesmo valor e operam em sentidos opostos, isto é, a FGP vertical aponta da superfície para as mais altas altitudes, e a força de gravidade, das maiores altitudes em direção à superfície. Essa situação é chamada de equilíbrio hidrostático. Para facilitar o entendimento desse conceito, imagine-se uma coluna atmosférica formada por muitas camadas. Ao selecionar uma delas, como na Fig. 6.14, é possível notar que a FGP (vetor que aponta para cima) tem a mesma magnitude da força de gravidade (vetor que aponta para baixo), pois os vetores possuem a mesma intensidade.

Assim, essa camada não pode se deslocar verticalmente (está sem movimento), ou seja, está em equilíbrio hidrostático. Quando a força gravitacional é exatamente igual à FGP vertical, não há aceleração na vertical. Quando a força gravitacional excede ligeiramente a FGP vertical, há movimentos subsidentes, com ar escoando para baixo, em direção à superfície do planeta. Por outro lado, quando a FGP vertical excede a força gravitacional, ocorrem movimentos ascendentes, com ar movendo-se de menores para maiores alturas. Apesar de serem bem mais fracos do que os movimentos horizontais, são os movimentos verticais do ar que estão associados à ocorrência de tempestades, tema que será abordado no Cap. 9.

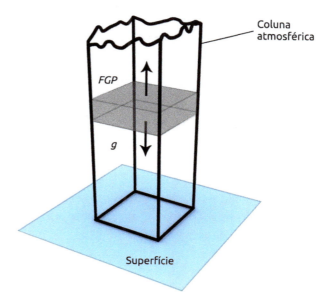

Fig. 6.14 *Coluna atmosférica com uma camada destacada em cinza. A camada está em equilíbrio hidrostático porque a força que atua para cima (FGP) é igual à força que atua para baixo (gravidade). Tais forças são representadas pelas setas pretas*
Fonte: adaptado de Wallace e Hobbs (2006).

6.3.3 Força de Coriolis

Diferentemente da FGP, a força de Coriolis (FC) é uma força fictícia, um efeito causado pela rotação da Terra, isto é, resultante do uso de um referencial não inercial. Para compreender melhor a FC, imagine-se uma plataforma redonda e giratória com duas pessoas, uma em frente à outra, e considerem-se duas situações: (a) a plataforma está parada e uma pessoa joga uma bola para a outra e (b) a plataforma começa a girar no sentido horário – que é a direção em que a Terra gira quando um observador no espaço olha o polo Sul – e uma pessoa joga a bola para a outra. No primeiro caso, a bola se move numa linha reta tanto para quem está sobre a plataforma quanto para um observador externo. No segundo caso, como a plataforma está girando, a bola não chegará nas mãos da pessoa que a está esperando. Para um observador no espaço, a bola continua se movendo numa linha reta, porém, para as pessoas na plataforma, a bola terá um desvio para a esquerda do ponto pretendido pelo arremessador, pois a plataforma está girando no sentido horário. Agora, pode-se transferir essas ideias para a Terra e a atmosfera. O planeta é a plataforma, e o vento, a bola. Como a Terra está em rotação, a FC é utilizada para incorporar esse desvio aparente (fictício) que o escoamento atmosférico apresenta, ou seja, a FC é um termo que vai representar esse desvio nas equações que descrevem o movimento da atmosfera.

Para visualizar o efeito de Coriolis, pode-se acessar os recursos <https://kaiserscience.wordpress.com/physics/rotational-motion/coriolis-effect/> e <http://philschatz.com/physics-book/contents/m42142.html>.

A Fig. 6.15 mostra uma carta meteorológica do dia 29 de agosto de 2016, a 00 UTC. As linhas pretas são as isóbaras ao NMM, e as azuis, o escoamento do vento no mesmo nível. Nesse momento, não será feita nenhuma interpretação do que está acontecendo na figura em termos de tempo meteorológico.

Anteriormente, foi mencionado que o vetor representativo da FGP horizontal forma ângulos retos, de 90°, com as isóbaras. Portanto, os ventos, representados pelas linhas azuis na Fig. 6.15, também deveriam formar ângulos retos com as linhas pretas – ou seja, os ventos deveriam cruzar perpendicularmente as isóbaras –, como apresentado na Fig. 6.13. Porém, essa situação não é observada e as linhas azuis tendem a ser paralelas às isóbaras (Fig. 6.15). O vento não forma ângulos de 90° com as linhas de pressão em virtude da atuação da FC após o início da atuação da FGP. Como a FC se iguala em magnitude à FGP, mas em sentido oposto, o vento resultante será paralelo às isóbaras. Na seção 6.4.1 esse assunto será visto em mais detalhes.

Algumas considerações sobre a força de Coriolis devem ser feitas:
- se o corpo estiver em repouso, não sofrerá a ação da FC;
- se a Terra não girasse, não haveria FC agindo sobre os corpos que se movem na atmosfera e no oceano;
- a FC apenas altera a direção do movimento;
- objetos que se movimentam livremente na atmosfera, inclusive o vento, são defletidos (desviados) para a direita de seu movimento no hemisfério Norte e para a esquerda no hemisfério Sul (Fig. 6.16);

- a FC é proporcional à velocidade do vento, isto é, o desvio será mais acentuado se a velocidade for maior;
- a FC aumenta com a latitude, ou seja, seu efeito é nulo no equador, mas aumenta em direção aos polos.

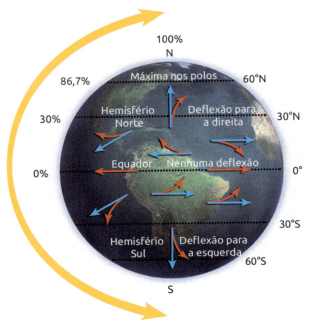

Fig. 6.16 *Deflexão do vento para a esquerda do movimento no hemisfério Sul e para a direita do movimento no hemisfério Norte devido à força de Coriolis*
Fonte: adaptado de Strahler e Strahler (1997).

A Fig. 6.17 ilustra outra forma de visualizar o efeito de Coriolis, supondo um vento inicialmente de oeste. Para o caso do vento soprando de oeste para leste ao longo do paralelo 40° em ambos os hemisférios, algumas horas depois esse vento, que continua de oeste para o observador fora da Terra, irá se transformar em vento de noroeste no hemisfério Norte e de sudoeste no hemisfério Sul, em relação ao sistema de coordenadas fixo à Terra (para uma pessoa no centro dos Estados Unidos, Fig. 6.17A, e no Uruguai, Fig. 6.17B).

Fig. 6.15 *Carta meteorológica do dia 29 de agosto de 2016, a 00 UTC. As linhas pretas indicam isóbaras (linhas de pressão ao NMM), representadas a cada 4 hPa, e as linhas azuis, a direção e a intensidade do vento*
Fonte dos dados: ECMWF (s.d.-a).

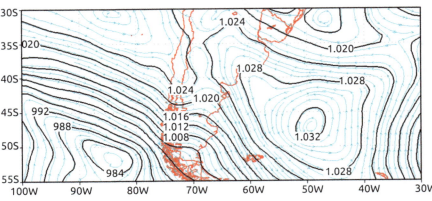

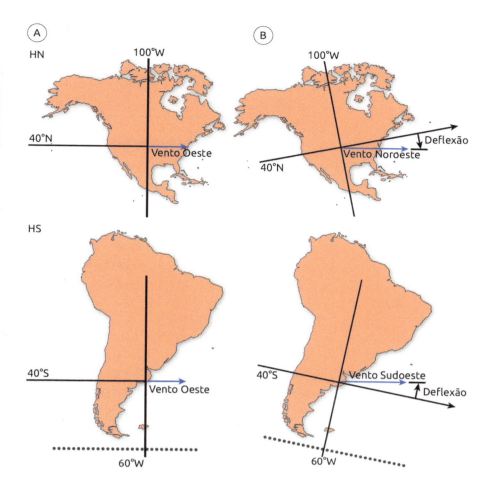

Fig. 6.17 *Deflexão no vento de oeste produzida pelo efeito de Coriolis. Para facilitar a interpretação da figura, observe-se a posição dos paralelos e meridianos (A) no instante inicial e (B) depois de decorridas algumas horas*
Fonte: adaptado de Grimm (1999b).

Ao contrário do que diz a crença popular, a FC não faz a água girar no ralo da piscina. Para que essa força seja perceptível, são necessárias pelo menos algumas horas de movimento. Esse tipo de efeito pode ser visto em fenômenos de mesoescala, como brisas, ou de escalas maiores, como ciclones e anticiclones (ver Cap. 8).

6.4 Ventos acima da camada-limite planetária

Já foi mostrado que a FGP horizontal é a única força que gera os ventos e que a FC influencia somente a direção do vento. Agora, essas duas forças serão examinadas para entender como produzem os ventos acima da camada-limite planetária (CLP, uma camada de aproximadamente 1.000 m de altura que sofre os efeitos imediatos da superfície do planeta).

6.4.1 Vento geostrófico

A Fig. 6.18 mostra a evolução do movimento de uma parcela de ar no hemisfério Sul acima da CLP, a uma altitude de aproximadamente 5 km, e numa atmosfera com variações horizontais de pressão. O espaçamento similar das isóbaras indica a existência de uma FGP constante, dirigida de norte para sul (setas azul-clara na Fig. 6.18). A figura faz refletir sobre o porquê de o vento originalmente de norte se tornar de oeste. Para tal entendimento, será acompanhada uma parcela de ar inicialmente em repouso colocada na posição 1 no diagrama.

Nessa posição 1, a parcela se encontra num ambiente com gradiente de pressão e a FGP age sobre a parcela, acelerando-a para sul na direção das baixas pressões. À medida que a parcela começa a se mover, a FC atua, desviando-a para a esquerda do movimento – pois está sendo considerado o hemisfério Sul –, curvando sua trajetória. Entretanto, a FGP ainda é maior do que a FC, o que faz com que a parcela de ar continue aumentando sua velocidade (posições 2, 3 e 4). Conforme isso ocorre, a grandeza da FC aumenta – pois essa força é proporcional à velocidade do vento, mostrado pelo aumento das setas vermelhas na figura –, fazendo o vento curvar-se cada vez mais para a esquerda. A velocidade do vento pode crescer até o ponto em que a FC se equilibra com a FGP. Quando isso acontece (posição 5), ele não acelera mais porque a força resultante é zero. Então, o vento escoa em linha reta, paralelamente às isóbaras e com velocidade constante. Esse escoamento é chamado de vento geostrófico. Assim, o vento geostrófico é o vento que surge quando a FGP está em balanço com a FC. Observe-se que o vento geostrófico no hemisfé-

Fig. 6.18 *Representação do vento geostrófico para o hemisfério Sul: acima da CLP, o ar inicialmente em repouso começa a acelerar até se tornar paralelo às isóbaras em razão de a FGP estar balanceada com a FC*

Fonte: adaptado de Grimm (1999b).

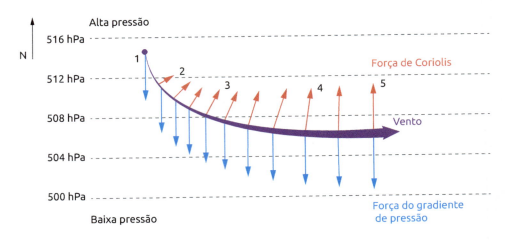

rio Sul deixa as pressões mais baixas à sua direita e mais altas à sua esquerda.

O vento geostrófico é uma aproximação do vento real. Isto é, ele representa, aproximadamente, a direção e a intensidade do vento observado num dado local. Além disso, como depende do balanço da FGP e da FC, o vento geostrófico representa melhor o vento real nas regiões afastadas do equador e nas camadas acima da CLP. Próximo ao equador, como o efeito de Coriolis é muito pequeno, o balanço entre as duas forças é rompido e o vento geostrófico acaba se diferenciando muito do vento real.

É importante enfatizar que o vento geostrófico está grandemente associado à FGP: quanto maior for a FGP, mais intenso será o vento geostrófico, e, quanto menor for a FGP, menos intenso será esse vento. A Fig. 6.19 ilustra bem essa situação. Nela, o vento escoa paralelamente às isóbaras do mesmo modo que a água flui paralelamente às margens do rio. Na posição 1, as isóbaras são mais afastadas, a FGP é menor e, assim, o vento escoa com baixa velocidade, enquanto na posição 2 as isóbaras são mais próximas, a FGP é maior e, portanto, o vento é mais intenso. A figura trata de uma situação para o hemisfério Norte, já que a FC está sendo defletida para a direita do escoamento.

6.4.2 Vento gradiente

O vento geostrófico é uma boa aproximação do vento real em regiões onde as isóbaras são retas, porém as Figs. 6.7 e 6.15 mostram que as isóbaras não são linhas totalmente retas. Elas são constituídas por curvas abertas ou fechadas formando células aproximadamente circulares que recebem o nome de ciclones ou baixas (região de pressão mínima, onde a pressão aumenta da isóbara mais central para a mais externa) e de anticiclones ou altas (região de pressão máxima, onde a pressão diminui da isóbara mais central para a mais externa). Nessas situações, o vento real pode ser calculado de modo aproximado pelo vento gradiente, que surge pelo balanço entre três forças: FGP, FC e força centrífuga (aparente).

Nesse momento, é importante conhecer a definição de força centrípeta: trata-se de uma força direcionada para o centro da trajetória de um corpo em movimento curvilíneo ou circular, não deixando o corpo "escapar pela tangente". Como se faz o balanço de forças na parcela de ar, esta experimentará a força

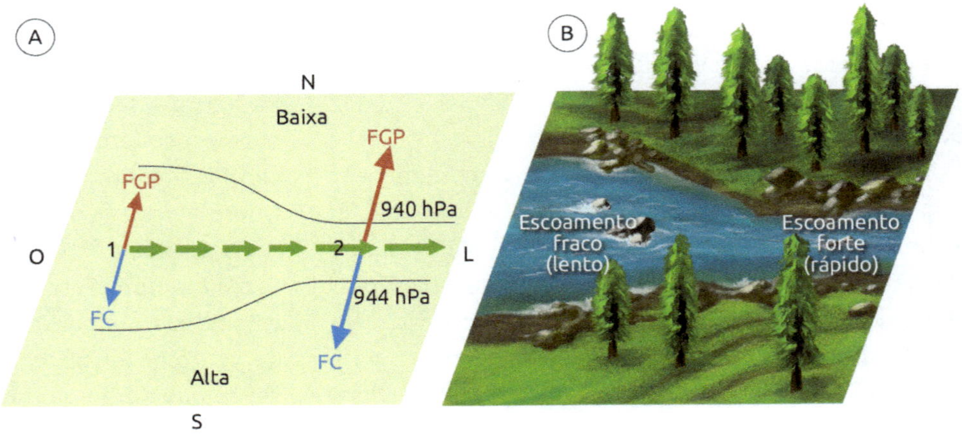

Fig. 6.19 *Comparação entre os escoamentos (A) do vento e (B) da água num rio para o hemisfério Norte*

Fonte: adaptado de Ahrens (2009).

centrífuga (FCe), que é uma força aparente, de intensidade igual à da força centrípeta, mas sentido oposto, ou seja, para fora, originada pela inércia dessa parcela. Portanto, a FCe é responsável por mudar a direção do escoamento. Para um melhor entendimento do vento gradiente, observe-se a Fig. 6.20A.

Imagine-se uma parcela de ar perto de um centro de baixa acima da CLP no hemisfério Norte. A FGP acelera o ar na direção do centro do sistema de baixa, a FC desvia o movimento do ar para a direita – lembrar que esse exemplo é para o hemisfério Norte! – e a FCe acelera o ar para fora, ou seja, inicialmente, as três forças – FGP, FC e FCe – estão em equilíbrio (Fig. 6.20A) e a parcela tende a continuar seu movimento retilíneo uniforme, deslocando-se para norte (Fig. 6.20B). Nessa nova posição, como a parcela se distanciou do centro de baixa, a FCe, que nesse caso atua no mesmo sentido da FC, diminui e a força resultante faz com que a parcela retorne ao seu raio de origem. Ao retornar para seu raio de origem, as três forças entram em equilíbrio novamente (Fig. 6.20C). Esse processo continua ao longo da trajetória, o que provoca o movimento do ar paralelamente às isóbaras, no sentido ciclônico (anti-horário no hemisfério Norte e horário no hemisfério Sul) (Fig. 6.20D). Para um centro de alta pressão, o processo é o mesmo, mas a FCe atuará no mesmo sentido da FGP. Assim, a parcela, ao se distanciar o raio de origem, diminui a FCe, e a força resultante faz com que a parcela retorne ao seu raio original. O ar se move paralelamente às isóbaras ao redor de um centro de alta pressão no sentido anticiclônico (horário no hemisfério Norte e anti-horário no hemisfério Sul).

6.5 Ventos em superfície

6.5.1 Força de atrito

Nas cartas meteorológicas de superfície, os ventos não escoam totalmente paralelos às isóbaras (Fig. 6.21); à medida que se movem das altas para as baixas pressões, eles cruzam as isóbaras com ângulos inferiores a 90°. Esse fato é decorrente do atrito do vento com a superfície do planeta. O ângulo em que o vento cruza as isóbaras pode variar, mas em média é de cerca de 30°.

A Fig. 6.22A mostra o efeito do atrito no vento próximo à superfície para o hemisfério Sul. Inicialmente,

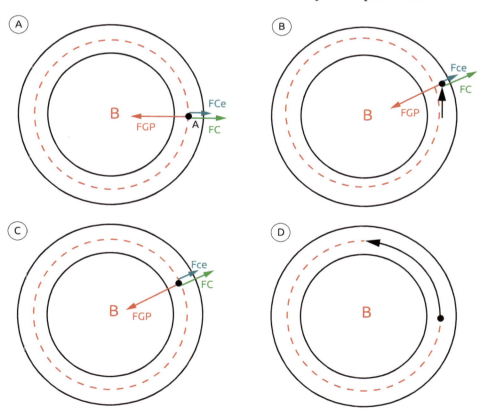

Fig. 6.20 *Movimento resultante e forças atuantes em torno de um centro de baixa pressão (B) acima da CLP no hemisfério Norte. (A) Uma parcela está inicialmente no ponto A e as forças atuantes (FGP, FC e FCe) estão em equilíbrio. (B) Ao mover-se para norte, a parcela se distancia do centro de baixa pressão, a FCe diminui e a força resultante faz com que a parcela retorne ao seu raio original pontilhado em vermelho. (C) Quando a parcela retorna ao seu raio original, as três forças se equilibram novamente. (D) Esse processo continua, fazendo com que o ar se mova paralelamente às isóbaras*
Fonte: adaptado de Gradient... (s.d.).

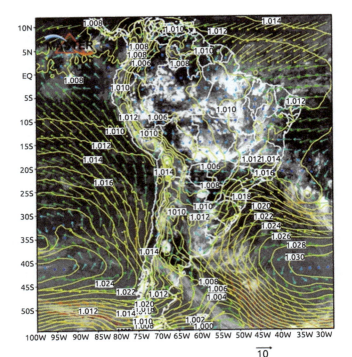

Fig. 6.21 *Análise de PNMM (em hPa) e campo de vento (em m s⁻¹) em 1.000 hPa sobrepostos a uma imagem de satélite no canal infravermelho para o dia 19 de fevereiro de 2014, a 00 UTC. As isóbaras são representadas pelas linhas em amarelo, e o vento, pelos vetores coloridos. Os vetores com o mesmo tamanho do vetor preto localizado na parte inferior da figura indicam ventos com intensidade de 10 m s⁻¹*
Fonte: Master (s.d.).

olhando-se o topo da figura, nota-se que o vento em níveis afastados da superfície, acima de 1.000 m, escoa paralelamente às isóbaras, uma vez que a FGP está em equilíbrio com a FC. Perto da superfície, o balanço entre essas duas forças é rompido pelo atrito. O atrito reduz a velocidade do vento, o que, por sua vez, reduz a FC. Com isso, há um rompimento do balanço entre a FC e a FGP e o vento tenderá a cruzar as isóbaras na direção das menores pressões. No hemisfério Sul, em superfície, o vento escoa para dentro e no sentido horário nos sistemas de baixa (Fig. 6.22B) e flui para fora e no sentido anti-horário nas altas pressões (Fig. 6.22C). No hemisfério Norte, em superfície, ele escoa para dentro e no sentido anti-horário nos sistemas de baixa (Fig. 6.22E) e flui para fora e no sentido horário nas altas pressões (Fig. 6.22F). Um exemplo do vento em superfície sobre a América do Sul é dado na Fig. 6.23.

A Fig. 6.24 apresenta uma síntese do escoamento em sistemas de alta e baixa pressão, tanto em baixos quanto em altos níveis da atmosfera, em ambos os hemisférios.

6.6 Movimento vertical

Na seção anterior, mostrou-se que os ventos em superfície convergem (dirigem-se) para o centro de baixa pressão e divergem (saem) do centro de alta pressão.

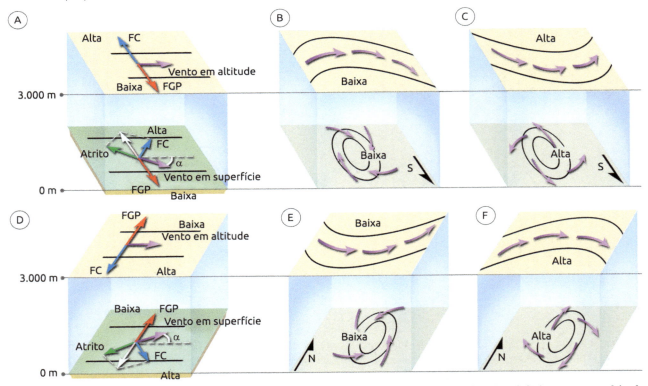

Fig. 6.22 *Efeito do atrito nos ventos em superfície (A), (B) e (C) no hemisfério Sul e (D), (E) e (F) no hemisfério Norte. Em altitude, o efeito é nulo*
Fonte: adaptado de Ahrens (2009).

A Fig. 6.25 exemplifica esse processo para os hemisférios Norte e Sul. No lado esquerdo das figuras, estão representados os centros de baixa pressão em superfície. Independentemente do hemisfério, à medida que converge para o centro da área de baixa pressão, o ar sobe lentamente na atmosfera. Acima da baixa em superfície, a ~6.000 m, o ar começa a divergir. Quando o escoamento divergente em altos níveis se iguala ao convergente em superfície, a pressão no centro da baixa não se altera. Mas, quando esses escoamentos deixam a situação de equilíbrio, a pressão na superfície muda. Por exemplo, se a divergência em altos níveis for

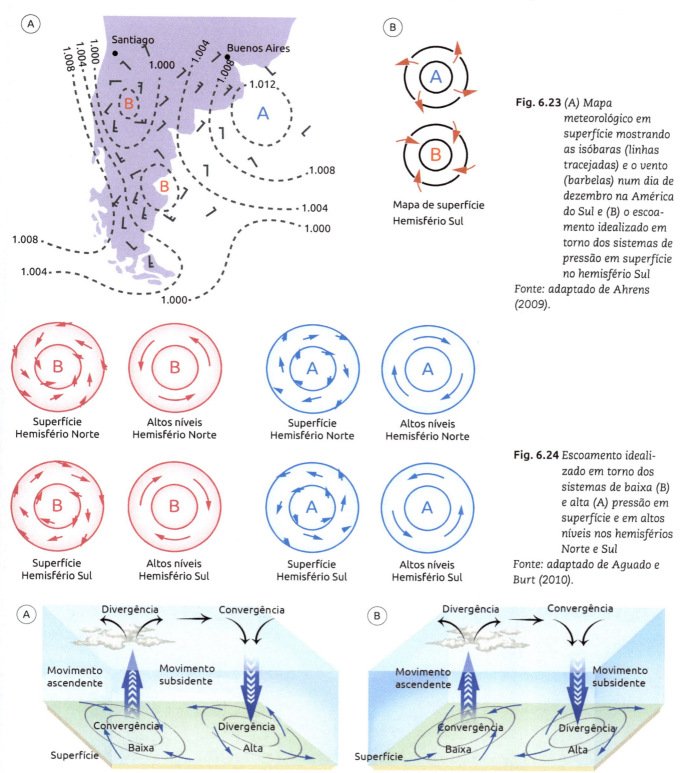

Fig. 6.23 (A) Mapa meteorológico em superfície mostrando as isóbaras (linhas tracejadas) e o vento (barbelas) num dia de dezembro na América do Sul e (B) o escoamento idealizado em torno dos sistemas de pressão em superfície no hemisfério Sul
Fonte: adaptado de Ahrens (2009).

Fig. 6.24 Escoamento idealizado em torno dos sistemas de baixa (B) e alta (A) pressão em superfície e em altos níveis nos hemisférios Norte e Sul
Fonte: adaptado de Aguado e Burt (2010).

Fig. 6.25 Centros de alta e baixa pressão e movimentos do ar associados (A) para o hemisfério Sul e (B) para o hemisfério Norte
Fonte: adaptado de Ahrens (2009).

maior do que a convergência em superfície, a pressão decrescerá no centro da baixa em superfície.

A mesma análise pode ser realizada com base nos sistemas de alta pressão em superfície (lado direito das figuras). Nesses sistemas, o vento se move para fora do centro de alta pressão (diverge). Para substituir o ar que sai em superfície, o ar em níveis mais altos converge e desce (subside) lentamente.

É importante destacar que o ar que ascende favorece a formação de nebulosidade e precipitação, enquanto o que subside inibe esses processos e promove condições de céu limpo.

Na seção 6.3.2, foi mencionado que a atmosfera está em equilíbrio hidrostático, isto é, as camadas da atmosfera não se deslocam verticalmente. Aparentemente, essa informação está em desacordo com os parágrafos anteriores, que revelam a existência de movimentos verticais. Na realidade, o equilíbrio hidrostático é uma teoria que facilita/simplifica os estudos dos processos atmosféricos. Ressalta-se, portanto, que os movimentos verticais ocorrem e são responsáveis pela formação de diferentes sistemas atmosféricos, como alguns dos que serão apresentados no Cap. 9.

7
Dados atmosféricos

A maior parte do conhecimento sobre a estrutura física e dinâmica da atmosfera e dos oceanos é baseada em observações locais (*in situ*). Um exemplo de observação *in situ* é o registro diário da precipitação acumulada em 24 horas num pluviômetro instalado num determinado local. Entretanto, com o avanço tecnológico, surgiram outras formas de observação das variáveis meteorológicas e oceanográficas, como satélites e estações de coleta de dados automáticas. Este capítulo descreve os vários tipos de observação que existem para o registro de dados atmosféricos.

7.1 Tipos de observação

7.1.1 Observações de superfície

A Organização Meteorológica Mundial (OMM) possui uma rede com mais de 11 mil estações meteorológicas distribuídas pelo globo que fazem observações da atmosfera próximo à superfície (WMO, 2011), conforme mostra a Fig. 7.1. Entre essas estações, têm-se as situadas em aeroportos, identificadas pela sigla METAR, as instaladas em navios, identificadas pela sigla SHIP, e as demais estações convencionais, representadas pela sigla SYNOP.

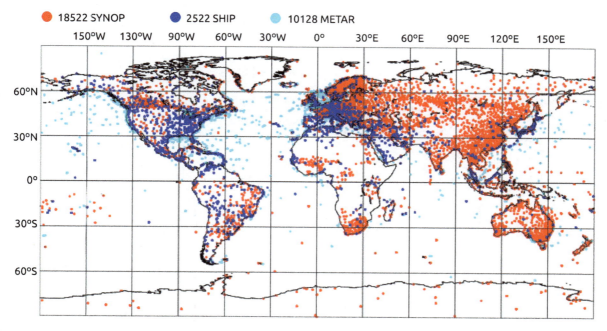

Fig. 7.1 *Localização das estações meteorológicas de superfície pertencentes à rede da OMM*
Fonte: adaptado de WMO (2011).

Uma estação meteorológica abriga um conjunto de instrumentos que medem as variáveis atmosféricas e pode ser convencional ou automática. Na primeira, o observador, um técnico treinado para realizar observações meteorológicas e que trabalha na estação, faz a leitura dos instrumentos de medida, pelo menos três vezes ao dia, em horários padrão definidos pela OMM (00, 06, 12 ou 18 UTC). Já na segunda, os dados são registrados automaticamente e armazenados em computadores.

As informações registradas simultaneamente nas estações meteorológicas são utilizadas em muitas áreas da Meteorologia. Na Meteorologia Sinótica, por exemplo, com base nos dados observados num determinado horário, são confeccionados os mapas sinóticos, que permitem identificar as condições da atmosfera e inferir o tempo futuro.

Estação meteorológica convencional

As estações meteorológicas convencionais são compostas de vários instrumentos dotados de sensores que registram as variáveis atmosféricas, tais como pressão atmosférica, temperatura e umidade relativa do ar, precipitação, radiação solar e direção e velocidade do vento (Fig. 7.2). Alguns instrumentos ficam expostos ao ar livre, como o pluviômetro, o pluviógrafo e o heliógrafo, enquanto outros ficam localizados dentro de um abrigo meteorológico, como o psicrômetro, termômetros de máxima e mínima, o termógrafo, o barógrafo e o evaporímetro (medidor de evaporação à sombra) (Figs. 7.3 e 7.4).

Os abrigos meteorológicos evitam que a luz do Sol incida diretamente sobre os instrumentos de medida das variáveis atmosféricas e os mantém num ambiente com ventilação adequada. De acordo com Varejão-Silva (2006), a geometria e os materiais empregados na fabricação dos abrigos variam de país para país. Esse autor ainda menciona que no Brasil os abrigos são confeccionados com duas caixas de madeira, uma por dentro da outra, cujas paredes laterais possuem venezianas com inclinação oposta (Fig. 7.3). Após a instalação de um abrigo meteorológico, suas portas devem ficar orientadas para o polo do hemisfério em que se encontram, o que evita a penetração da luz direta do Sol no interior

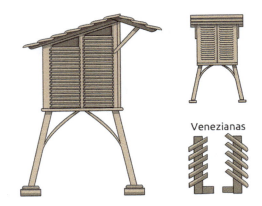

Fig. 7.3 *Abrigo de instrumentos meteorológicos usados em estações convencionais. Em detalhe, a disposição das venezianas*
Fonte: adaptado de Varejão-Silva (2006).

Fig. 7.2 *Estação meteorológica de superfície convencional*
Fonte: cortesia da Estação Meteorológica do IAG/USP.

Fig. 7.4 *Abrigo de estação meteorológica*
Fonte: cortesia da Estação Meteorológica do IAG/USP.

do abrigo quando há a abertura das portas. Além disso, os abrigos devem ser pintados, externa e internamente, com tinta branca de alta refletividade, para minimizar a absorção da radiação solar (Varejão-Silva, 1973). Os abrigos possuem um suporte com quatro pernas, de forma que os instrumentos meteorológicos fiquem a 1,5 m de altura da superfície.

As estações meteorológicas devem ser instaladas sobre vegetação rasteira e longe de obstáculos, como construções e árvores, pois elas interferem, por exemplo, na intensidade e na direção do vento. Muitas estações meteorológicas que no passado se encontravam em campos abertos ou zonas mais rurais hoje estão cercadas por grandes cidades, o que pode elevar os valores registrados de temperatura do ar. Muitos desses casos têm ocorrido e várias pessoas têm confundido esse aquecimento com o problema do aquecimento global.

No Brasil, há algumas redes de estações meteorológicas de superfície, porém a que possui o maior número de estações pertence ao Instituto Nacional de Meteorologia (Inmet). A Fig. 7.5 apresenta a localização dessas estações.

Estação meteorológica automática

Uma estação meteorológica de superfície automática, também chamada de plataforma de coleta de dados (PCD), é uma torre com vários sensores automáticos de medida dos parâmetros meteorológicos, tais como pressão atmosférica, temperatura e umidade relativa do ar, precipitação, radiação solar e direção e velocidade do vento, estando esses sensores ligados a uma unidade de memória central (Inmet, 2011) (Fig. 7.6).

Fig. 7.6 *Exemplo de plataforma de coleta de dados*
Fonte: CPTEC (s.d.-a).

As PCDs podem estar interligadas diretamente a um sistema de computadores ou a satélites de coleta de dados. Essas estações devem ser instaladas em local plano e longe de instalações elétricas e, assim como as estações convencionais, também devem estar distantes de obstáculos para o sinal do transmissor não ser obstruído. A rede de estações de superfície automáticas do Inmet é mostrada na Fig. 7.7.

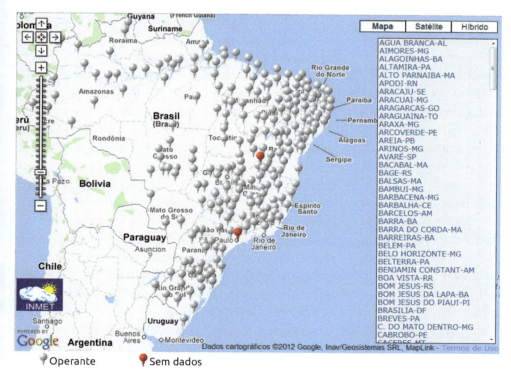

Fig. 7.5 *Localização das estações meteorológicas de superfície convencionais pertencentes ao Inmet*
Fonte: Inmet (2016).

Fig. 7.7 Localização das estações meteorológicas de superfície automáticas pertencentes ao Inmet
Fonte: Inmet (2016).

> Para mais detalhes sobre estações meteorológicas automáticas, consultar a Nota Técnica n. 001/2011/Seger/Laime/CSC/Inmet, disponível em <http://www.inmet.gov.br/portal/css/content/topo_iframe/pdf/Nota_Tecnica-Rede_estacoes_INMET.pdf>.

Padronização do horário das observações

A fim de possuir dados do globo no mesmo horário de referência para a confecção de mapas sinóticos, a OMM estabeleceu horários padrão de medidas baseados no meridiano de Greenwich. Assim, em todas as estações meteorológicas pertencentes à sua rede, as observações são realizadas no tempo médio de Greenwich (TMG), comumente chamado de tempo universal coordenado (em inglês, *coordinated universal time* – UTC) ou ainda de tempo Zulu (Z). Os horários das observações são 00, 06, 12 e 18 UTC. Por exemplo, 12 UTC corresponde às 9 horas do horário de Brasília ou às 10 horas do seu horário de verão.

A leitura do instrumento que registra a pressão atmosférica deve ser efetuada, rigorosamente, nos horários determinados. Já a observação dos demais instrumentos deve ser realizada nos dez minutos que antecedem os horários definidos. Imediatamente após a observação, os dados são codificados de acordo com o código SYNOP e transmitidos para os grandes centros de meteorologia. No Brasil, os dados sinóticos da rede de estações do Inmet são transmitidos para os distritos regionais de meteorologia, que os enviam para a sede do Inmet, em Brasília. Esta, por sua vez, processa e distribui os dados para o mundo via satélite (Inmet, s.d.-e).

Atualmente, as observações das estações meteorológicas pertencentes à rede da OMM, como as estações meteorológicas do Inmet, ficam disponíveis na internet pelo período de uma semana e qualquer pessoa que possuir o *software* Local Data Manager (LDM) é capaz de capturar os dados para seu computador.

7.1.2 Observações de ar superior

As condições atmosféricas em altitude, a até 30 km de altura, são registradas por meio de radiossondas anexadas a balões. As estações meteorológicas que fazem esse tipo de observação são designadas como de ar superior (estações aerológicas). Existem cerca de 1.300 dessas estações no globo (Fig. 7.8), segundo a OMM (WMO, 2011).

A radiossonda foi inventada em 1928, quase simultaneamente, por Väisälä, na Finlândia, e Molchanov, na União Soviética (Djuric, 1994). Esse instrumento, que abriu caminho para a exploração tridimensional da atmosfera, é um pequeno transmissor de rádio dotado de sensores para medir a temperatura, a umidade relativa e a pressão atmosférica do ar enquanto é elevado na atmosfera por um balão de borracha inflado de gás hélio (Fig. 7.9). O deslocamento da sonda é registrado por uma antena GPS (*global position system*) ou por um radar, que permitem aferir a direção e a velocidade do vento. As observações realizadas são enviadas via rádio para uma estação receptora em superfície (Inmet, s.d.-e).

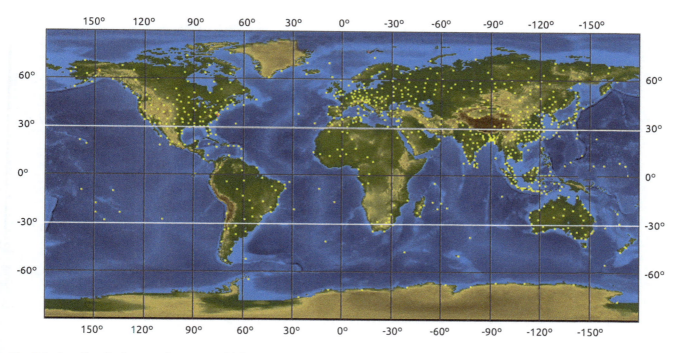

Fig. 7.8 Localização das estações meteorológicas de ar superior pertencentes à rede da OMM
Fonte: WMO (2011).

Fig. 7.9 Exemplo do lançamento de uma radiossonda. Na mão esquerda do homem, encontra-se o balão meteorológico, e na mão direita, a radiossonda
Fonte: Ucar (s.d.).

Cerca de dois terços das estações meteorológicas de ar superior fazem observações a 00 UTC e às 12 UTC, e entre 100 e 200 estações realizam-nas uma única vez por dia. Como a velocidade de ascensão das radiossondas é de aproximadamente 300 m min^{-1}, o início da sondagem normalmente ocorre uma hora antes do horário sinótico, pois esse é o intervalo de tempo necessário para um balão subir do nível do mar até 100 hPa (~16 km). Nas áreas oceânicas, as observações por meio de radiossondas são realizadas por cerca de 15 navios, que se localizam sobretudo no Atlântico Norte (WMO, 2011). O Brasil possui uma rede com aproximadamente 40 estações de medida de ar superior, que está distribuída entre o Inmet, o Departamento de Controle do Espaço Aéreo (Decea) e o Centro de Hidrografia da Marinha (CHM), que são órgãos operacionais (Inmet, 2011). A Fig. 7.10 mostra a localização de 29 estações no Brasil.

7.1.3 Observações marítimas

Sobre os oceanos, além das observações feitas por satélites, os navios instrumentados, as boias de fundeio (ancoradas) e as de deriva (Fig. 7.11) e as plataformas estacionárias medem as condições oceânicas, como temperatura da superfície do mar, altura e período das ondas e salinidade, e da atmosfera adjacente, como pressão, temperatura do ar e direção e intensidade dos ventos. De acordo com a OMM (WMO, 2011), há cerca de quatro mil navios que fazem observações, e mil deles as realizam diariamente (Fig. 7.12).

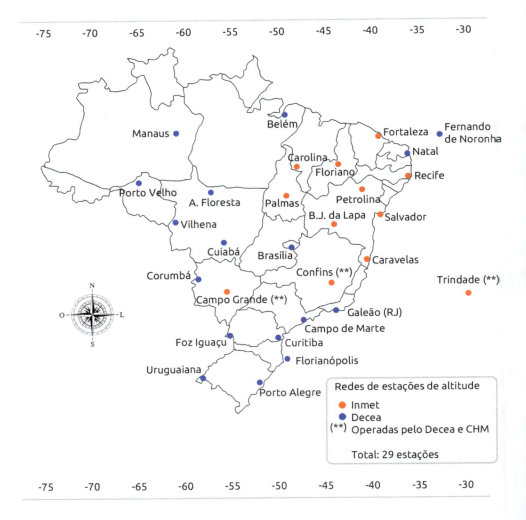

Fig. 7.10 Locais onde são realizadas as observações de ar superior no Brasil
Fonte: adaptado de Inmet (s.d.-e).

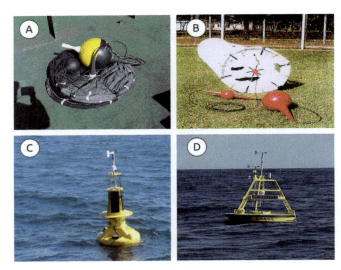

Fig. 7.11 Boias de (A, B) deriva e (C, D) fundeio

7.1.4 Observações por aeronaves

Segundo a OMM (WMO, 2011), cerca de três mil aeronaves instrumentadas fornecem relatos de pressão, ventos e temperatura do ar durante os voos. A Fig. 7.13 apresenta a rota das aeronaves que fornecem observações meteorológicas a 00 UTC.

7.1.5 Observações por satélites

Os satélites são plataformas em que sensores são instalados para obter imagens da superfície terrestre. Uma das vantagens dos satélites é não necessitarem de combustível para orbitar a Terra. Diferentemente das observações em estação de superfície e em altitude, que detectam as condições meteorológicas em pontos discretos, os quais podem distar centenas ou milhares de quilômetros, os satélites obtêm informações contínuas sobre uma área relativamente extensa. Portanto, as imagens de satélite conseguem mostrar sistemas como tempestades severas, que muitas vezes não são identificadas pela rede de estações meteorológicas. Os satélites também são utilizados para rastrear tempestades tropicais sobre os oceanos onde as observações são escassas, identificar luzes das cidades, queimadas, efeitos de poluição, tempestades de raios e poeira, superfícies cobertas por neve e gelo, limites das correntes oceânicas etc.

Os satélites são agrupados de acordo com o tipo de órbita que realizam ao redor da Terra, que pode ser geoestacionária ou polar (Fig. 7.14). Um satélite de

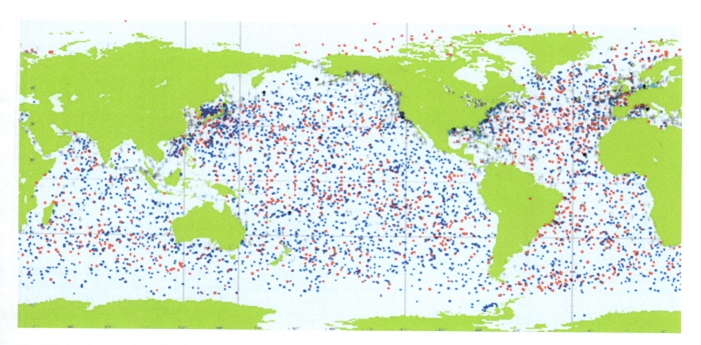

Fig. 7.12 *Locais onde são realizadas observações oceanográficas e meteorológicas por navios instrumentados*
Fonte: WMO (2011).

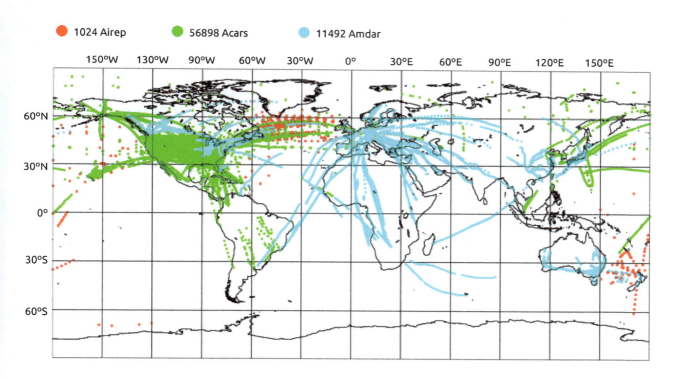

Fig. 7.13 *Rota das aeronaves que fornecem observações meteorológicas a 00 UTC*
Fonte: WMO (2011).

órbita geoestacionária, também chamada de geossíncrona, encontra-se cerca de 35.800 km acima da linha do equador, com período de órbita ao redor da Terra igual ao do movimento de rotação. Assim, o satélite e a Terra se movem juntos. Dessa forma, o satélite geoestacionário sempre está "parado" em relação ao mesmo ponto na Terra.

Os satélites de órbita polar circundam a Terra no sentido norte-sul, passando pelos polos ou próximo a eles, localizam-se a aproximadamente 850 km de altitude e completam uma órbita ao redor da Terra em cerca de uma a duas horas. Normalmente têm órbitas em sincronia com o Sol e, por isso, são denominados heliossíncronos.

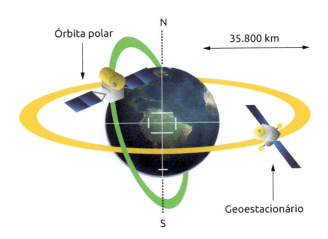

Fig. 7.14 *Exemplo de órbita geoestacionária e polar*
Fonte: adaptado de Inpe.

A Fig. 7.15A mostra uma imagem do dia 24 de janeiro de 2011, às 17:50 UTC, do canal vapor d'água do satélite geoestacionário GOES-12, que pertence à série de satélites Geostationary Operational Environmental Satellites. Nessa imagem, quanto mais intenso é o tom de branco, mais vapor d'água está presente na média-alta atmosfera. Por sua vez, a Fig. 7.15B apresenta uma imagem do mesmo dia, às 16:44 UTC, do sensor MODIS, a bordo do satélite de órbita polar Aqua. Nessa imagem, é feita uma composição com os dados obtidos em diferentes canais da faixa do visível (verde, vermelho e azul).

7.1.6 Outras plataformas de observação

Informações das variáveis meteorológicas também podem ser obtidas por meio de radares e sodares. O radar foi introduzido na Meteorologia na década de 1940, quando foi descoberto que as nuvens de chuva forneciam ecos de ondas de rádio na banda espectral de 0,4 GHz a 0,6 GHz (Djuric, 1994). O princípio de funcionamento do radar está associado à emissão de micro-ondas de alta frequência na atmosfera. Quando essas ondas são emitidas e encontram o alvo (gotículas de nuvem ou de chuva), parte da radiação é refletida de volta para o local do radar, o que também é chamado de eco. A relação entre a intensidade do sinal enviado e recebido indica a intensidade da chuva que está caindo em uma região.

Os radares podem estar instalados em plataformas fixas ou móveis. A Fig. 7.16 ilustra um radar móvel que é utilizado para pesquisas pelo Instituto de Astronomia, Geofísica e Ciências Atmosféricas da Universidade de São Paulo (IAG/USP).

Fig. 7.16 *Radar meteorológico do Instituto de Astronomia, Geofísica e Ciências Atmosféricas da Universidade de São Paulo (IAG/USP)*
Fonte: cortesia do IAG/USP.

> Uma analogia entre o sistema de navegação dos morcegos e o sistema de funcionamento dos radares pode ser encontrada no site do Sistema de Alerta a Inundações de São Paulo (Saisp) (http://www.saisp.br/site/oque.htm).

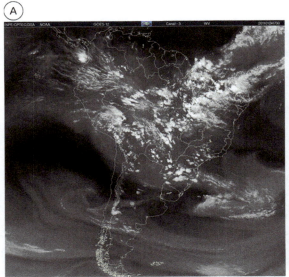
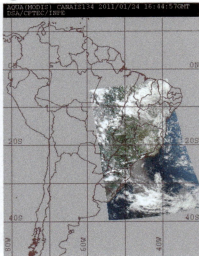

Fig. 7.15 *(A) Imagem do dia 24 de janeiro de 2011, às 17:50 UTC, do canal vapor d'água do satélite geoestacionário GOES-12 e (B) imagem na faixa do visível do mesmo dia, às 16:44 UTC, do satélite polar Aqua*
Fonte: CPTEC (2011c).

O sodar (*sonic detection and ranging*) e o lidar (*light detection and ranging*) têm princípios de funcionamento similares ao do radar, mas trabalham com ondas acústicas e visíveis, respectivamente. Esses instrumentos emitem ondas acústicas/luz ou *laser* verticalmente, e quando essas ondas encontram obstáculos na atmosfera, como nuvens, são refletidas, retornando ao equipamento, e informações meteorológicas são obtidas.

7.2 Utilização das observações ambientais

As observações das variáveis meteorológicas e oceanográficas estão sujeitas a algumas incertezas devido a limitações (ou erros) dos instrumentos de medida e também ao processamento e à transmissão das observações. Por esse motivo, antes de ser utilizado, qualquer dado observado deve passar por um controle de qualidade que identificará erros grosseiros e dados faltantes, sendo erro grosseiro o valor que uma variável nunca poderia assumir, como o valor de 60 °C para a temperatura média do ar em São Paulo (SP). Peixoto e Oort (1992) sugerem, para a eliminação de erros grosseiros em séries temporais – várias observações num determinado lugar ao longo do tempo –, a exclusão dos dados que estiverem fora do limite $\bar{x} - 4\sigma(x)$, $\bar{x} + 4\sigma(x)$, em que $\bar{x}$ é a média da série temporal, e $\sigma(x)$, o desvio-padrão, calculados no período de interesse.

Como foi mostrado anteriormente, as estações meteorológicas encontram-se distribuídas de forma irregular pela superfície do globo. Algumas regiões têm grande número de estações, como a Europa, e outras, pequeno número, como a África (Fig. 7.1). Para melhorar a representação espacial das informações meteorológicas e também oceanográficas, os dados observados podem ser interpolados para uma grade horizontal regular, com pontos com espaçamento uniforme, por exemplo, a cada 2,5° de latitude e longitude. Atualmente, existem técnicas que juntam dados provenientes de várias fontes e os distribuem em grades regulares. Essas técnicas são chamadas de assimilação de dados. Os dados dispostos em grade regular são importantes, pois, quando representados graficamente, fornecem uma "fotografia" da atmosfera ou do oceano num determinado horário (Fig. 7.17) e também são utilizados como entradas e condições de fronteira nos modelos numéricos de previsão de tempo e clima. Mais detalhes sobre o processo de entrada de dados e condições de fronteira nos modelos de tempo e clima serão apresentados no Cap. 12.

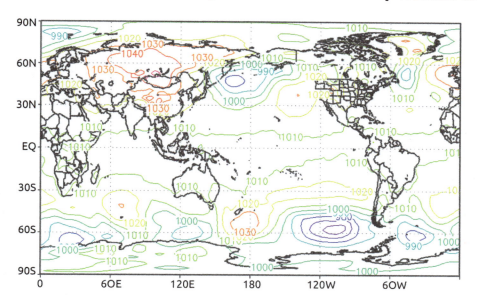

Fig. 7.17 *Pressão ao nível médio do mar (NMM) no dia 21 de janeiro de 2011, a 00 UTC (em hPa)*
Fonte dos dados: NOAA (s.d.-e).

Este capítulo apresenta a distribuição dos sistemas de alta e baixa pressão na atmosfera e o padrão dos ventos, tanto em superfície quanto em níveis mais elevados. Primeiramente, serão descritos os ventos de escala global e, depois, os ventos de menor escala espacial e temporal. O capítulo encerra com uma discussão sobre a interação oceano-atmosfera (fenômeno El Niño Oscilação Sul, Enos).

8.1 Escalas do movimento atmosférico

O vento, que é o ar em movimento, é invisível, mas há evidências dele em quase todo lugar, como o balançar das folhas de uma árvore. Há circulações de ar com diferentes escalas espaciais (tamanho) e temporais (tempo de duração) na atmosfera e que interagem entre si. Devido a essas características, os meteorologistas podem classificar as circulações atmosféricas em microescala, mesoescala e macroescala. A Fig. 8.1 exemplifica a dimensão espacial e temporal dessas escalas e cita alguns sistemas atmosféricos representativos de cada uma. A dimensão horizontal real de alguns desses sistemas pode variar e, portanto, ocupar mais de uma categoria na hierarquia.

8
Circulação geral da atmosfera

8.2 Circulação global

A circulação geral da atmosfera representa o escoamento médio do ar em torno do globo. Entretanto, os ventos num determinado ponto e instante podem diferir dessa média por várias causas, entre elas, as influências locais, o que será abordado mais adiante.

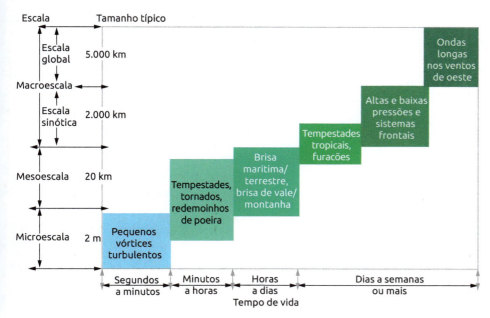

Fig. 8.1 *As escalas das circulações atmosféricas, incluindo a dimensão horizontal e o tempo de vida dos fenômenos associados*
Fonte: adaptado de Ahrens (2009).

Em escala global, a média é de grande importância, pois fornece:
- uma visão dos mecanismos que governam os ventos;
- um modelo de como o calor e *momentum* são transportados do equador para as regiões polares e como o frio dessas regiões é transportado para as menores latitudes.

8.2.1 Sol como fonte de energia

No Cap. 2, foi mostrado que a principal fonte de energia para a atmosfera é o Sol. A energia que chega aquece primeiramente a superfície, que depois, por condução, aquece uma fina camada de ar adjacente, e, por fim, há movimentos convectivos que aquecem o ar em maiores alturas, bem como absorção de radiação infravermelha emitida pela superfície. O aquecimento da superfície terrestre não ocorre de maneira uniforme entre polos e equador. No Cap. 3, foi visto que os raios solares atingem as regiões tropicais quase perpendicularmente à superfície, enquanto nas regiões mais próximas aos polos a incidência é oblíqua. Isso significa que a energia é mais concentrada por unidade de área perto do equador do que nos polos, e, portanto, as regiões tropicais são mais aquecidas pelo Sol do que as polares. Outra característica das regiões tropicais é que elas não conseguem emitir para o espaço toda a energia que recebem do Sol, em parte devido à grande quantidade de nuvens existente nessas regiões, havendo um saldo positivo de energia. Por outro lado, em razão da presença de gelo/neve, as regiões polares emitem mais do que recebem do Sol, o que acarreta um saldo negativo de energia. Então, como os polos podem emitir mais radiação do que recebem?

A circulação geral da atmosfera e dos oceanos responde a essa questão. O aquecimento diferencial da atmosfera em virtude do formato esférico da Terra induz à formação dos ventos, que transportam ar quente e úmido da região equatorial/tropical em direção aos polos e também ar frio e seco dos polos em direção à região equatorial/tropical. No oceano, há a geração das correntes marítimas, e o processo de transferência de calor entre o equador e os polos é similar ao da atmosfera. Nota-se, portanto, que existe uma redistribuição de energia para manter o equilíbrio térmico da Terra.

Embora a explanação dada pareça simples, o escoamento real do ar é bastante complexo. Com o objetivo de melhor entendê-lo, foram desenvolvidos, ao longo do tempo, alguns modelos conceituais de circulação geral da atmosfera.

8.2.2 Modelos de circulação geral da atmosfera

Modelo unicelular

Terra sem a realização do movimento de rotação
O primeiro modelo elaborado tem as seguintes características:
1. a superfície terrestre é coberta uniformemente por água, de modo que não existe o aquecimento diferencial sobre continentes e oceanos;
2. o Sol está sempre emitindo radiação perpendicularmente ao equador, o que evita o efeito das estações do ano;
3. a Terra não realiza o movimento de rotação, assim a única força que existirá é a força do gradiente de pressão (FGP);
4. só será considerada a atmosfera no lado iluminado da Terra.

Como o ar frio é mais denso do que o ar quente, surge um gradiente horizontal de pressão próximo à superfície, o qual origina a FGP, que apontará dos polos em direção ao equador. Assim, o ar advindo de ambos os polos converge no equador e ascende, depois diverge em altitude, retorna aos polos em altos níveis e "afunda" (subside) novamente nos polos. O ar que subside desloca-se novamente para o equador, o que produz uma grande célula de circulação termicamente dirigida (célula de convecção) em cada hemisfério (Fig. 8.2). Portanto, essa seria a circulação obtida com o modelo descrito.

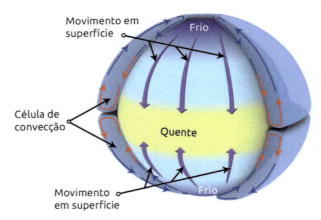

Fig. 8.2 *Circulação geral da atmosfera considerando a Terra sem a realização do movimento de rotação*
Fonte: adaptado de Lutgens e Tarbuck (2010).

Esse modelo de circulação foi elaborado por George Hadley (1685-1768) em 1735, motivo pelo qual a célula de circulação é chamada de célula de Hadley. Nesse modelo, parte do excesso de energia dos trópicos é transportada como calor sensível e calor latente pela célula de Hadley para as regiões polares com *deficit* de energia.

Terra com a realização do movimento de rotação

Considere-se que as características 1 e 2 do modelo apresentado anteriormente continuem valendo, mas agora supondo que a Terra realiza o movimento de rotação e a atmosfera envolve o planeta. Em razão desse movimento, surge a força de Coriolis, que, em superfície, desvia para a esquerda o escoamento de ar que se dirige do polo Sul para o equador e para a direita o escoamento de ar que se desloca do polo Norte para o equador. A influência da força de Coriolis no escoamento produziria ventos de leste em superfície em praticamente todas as latitudes do globo (Fig. 8.3).

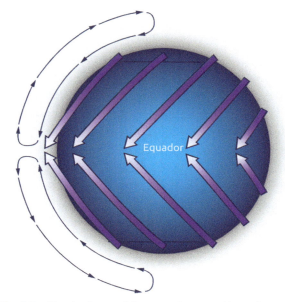

Fig. 8.3 *Circulação geral da atmosfera considerando o movimento de rotação da Terra*
Fonte: adaptado de Aguado e Burt (2010).

Esses ventos se moveriam numa direção oposta à do movimento de rotação da Terra e, devido ao atrito com a superfície, diminuiriam a velocidade de rotação do planeta. Observações meteorológicas, já realizadas na época em que esse modelo foi idealizado, mostravam que os ventos eram de oeste para leste na maioria das latitudes. Então, esse modelo não representava bem a realidade.

Modelo de três células

Como os dois modelos mencionados não representavam a circulação observada na atmosfera terrestre, um terceiro modelo foi idealizado na década de 1920 com base nos conhecimentos existentes nessa época. Com a rotação da Terra, a célula meridional de circulação mostrada nos modelos anteriores se rompe em três células de circulação em cada hemisfério (Fig. 8.4): a célula de Hadley, a célula de Ferrel e a célula polar. Essas células são exemplificadas na Fig. 8.5, em que é considerado o hemisfério Sul.

Célula de Hadley

A célula de Hadley é mostrada nas Figs. 8.4 e 8.5. O intenso aquecimento solar no equador causa ascensão do ar, que na alta troposfera se desloca em direção aos polos, em ambos os hemisférios. Quando se dirige para os polos, a circulação em altos níveis começa a subsidir numa zona entre 20° e 35° de latitude em ambos os hemisférios. Essa subsidência pode estar associada a dois fatores:

- aumento da densidade do ar em altos níveis em razão do resfriamento radiativo à medida que o escoamento se afasta da região equatorial;

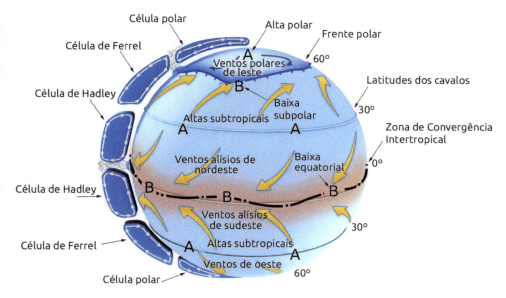

Fig. 8.4 *Circulação global idealizada baseada no modelo de circulação de três células*
Fonte: adaptado de Ahrens (2009).

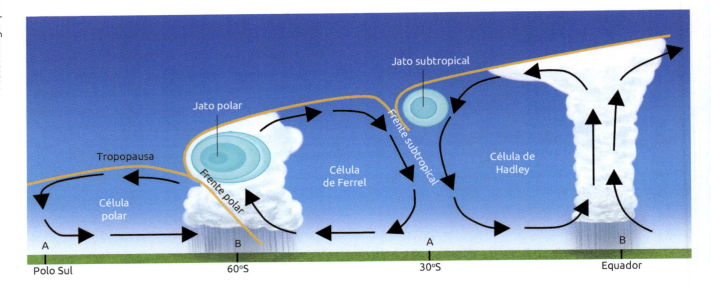

Fig. 8.5 *Representação esquemática do escoamento em superfície e em altos níveis das três células de circulação no hemisfério Sul. As letras A e B indicam regiões de alta e baixa pressão, respectivamente*
Fonte: adaptado de The Jet... (s.d.).

- convergência do ar em altitude em razão da força de Coriolis. À medida que o escoamento em altos níveis se dirige para maiores latitudes, a força de Coriolis aumenta. Assim, os ventos são desviados para uma direção quase zonal quando atingem 25° de latitude em ambos os hemisférios, o que causa uma convergência de ar em altitude.

O ar que subside por volta de 20°-35° de latitude (subtrópicos) em ambos os hemisférios forma um cinturão de alta pressão próximo à superfície. Consequentemente, é nessa zona de subsidência que se situam os grandes desertos, como o do Saara e o australiano.

> As altas subtropicais são conhecidas também como latitudes dos cavalos. Uma das versões para explicar essa denominação vem do fato de que os barcos a vela que cruzavam o Atlântico muitas vezes eram surpreendidos por calmarias, prolongando o tempo de viagem. Com a diminuição do estoque de água e comida, os cavalos eram jogados ao mar ou comidos.

A partir do centro das zonas de alta pressão subtropicais, o vento na superfície se divide em dois ramos: um segue em direção aos polos, e outro, que fecha a circulação da célula de Hadley, segue para o equador. Devido à força de Coriolis, os ventos que se dirigem para o equador têm uma deflexão para a esquerda do movimento no hemisfério Sul, formando os ventos alísios de sudeste, e para a direita do movimento no hemisfério Norte, formando os ventos alísios de nordeste. Em inglês, os ventos alísios são denominados *trade winds* (ventos de comércio), uma vez que forneciam aos barcos movidos a vela uma rota oceânica em direção ao Novo Mundo. Os ventos alísios de ambos os hemisférios convergem próximo ao equador, numa região que tem fraco gradiente horizontal de pressão. Essa região é chamada de *doldrums* (calmarias), pois possui ventos fracos e muita umidade. A convergência dos ventos alísios na região equatorial faz com que o ar quente e úmido ascenda, transportando umidade do oceano para os altos níveis da atmosfera. Essa situação favorece a formação de nuvens com grande desenvolvimento vertical e que se estendem até a alta troposfera. Essa banda de nebulosidade é a Zona de Convergência Intertropical (ZCIT) (Fig. 8.6).

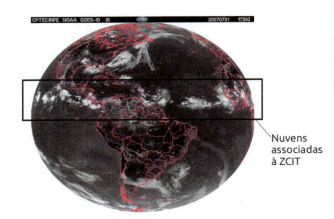

Fig. 8.6 *Zona de Convergência Intertropical (ZCIT) vista numa imagem de satélite*
Fonte: adaptado de CPTEC (2007).

Os ventos ascendem na ZCIT e, em altos níveis, divergem em direção aos polos. Concomitantemente, sofrem a ação da força de Coriolis e originam os ventos de oeste em altitude (Fig. 8.5). A ZCIT é um dos mais importantes sistemas atmosféricos de macroescala atuando nos trópicos. Condições de mau tempo e intensos volumes de precipitação (chuvas) são registrados em sua região de atuação.

Célula de Ferrel

Um dos ramos dos ventos que subsidiram a cerca de 20°-35° de latitude em ambos os hemisférios dirige-se para o polo e, devido à força de Coriolis, origina os ventos de oeste em superfície nas latitudes médias (Figs. 8.4 e 8.5). À medida que viaja na direção dos polos, o ar converge, a cerca de 60° de latitude, com o ar frio que se move dos polos em direção ao equador. Como essas duas massas de ar possuem diferentes temperaturas e umidade, a fronteira que as separa é uma superfície chamada de frente polar (Fig. 8.5). Nessa região, o ar mais quente proveniente das latitudes mais baixas ascende sobre o ar frio e origina tempestades. O ar que ascendeu na atmosfera divide-se em dois ramos: um se dirige para o polo, e outro, para o equador. O ramo que segue em direção ao equador subside a cerca de 30° de latitude e é um dos constituintes da célula de Ferrel, que é completada quando o ar da região das altas pressões subtropicais escoa novamente, em superfície, em direção aos polos.

Como a célula de Ferrel em altitude, nas latitudes médias, é dirigida para o equador, a força de Coriolis produziria ventos de leste. Entretanto, desde a Segunda Guerra Mundial, observações da atmosfera indicam que há ventos de oeste tanto em altitude quanto em superfície nessa região. Portanto, a célula de Ferrel não se ajusta completamente às observações, ou seja, há uma falha do modelo. Os ventos de oeste em altitude serão tratados mais detalhadamente na seção 8.4.

Célula polar

A circulação atmosférica nesta célula inicia-se com a subsidência sobre os polos, decorrente do ar que ascendeu em 60° de latitude, produzindo uma corrente superficial em direção ao equador, que é desviada pela força de Coriolis. Esse processo forma, em ambos os hemisférios, os ventos polares de leste em superfície. Quando esses ventos polares se movem em direção ao equador, encontram a corrente de oeste de latitudes médias, e essa é a região denominada frente polar. Nela, os ventos ascendem, e depois, em altitude, um ramo dirige-se para as latitudes mais baixas, e outro, para o polo. Este último irá constituir a célula polar (Figs. 8.4 e 8.5).

Visto que o modelo tricelular foi apresentado em detalhes, é possível fazer uma síntese da Fig. 8.4: em superfície, existem duas grandes áreas de alta pressão e duas grandes áreas de baixa pressão em cada hemisfério. As áreas de alta pressão localizam-se perto de 30° de latitude e nos polos, ao passo que as áreas de baixa pressão situam-se nas cercanias do equador e perto de 60° de latitude. Uma vez que o vento sopra em torno desses sistemas, tem-se uma visão geral dos ventos em superfície no globo. No hemisfério Sul, há os ventos alísios de sudeste na região tropical, os ventos de oeste em latitudes médias e os ventos de leste ao redor do polo Sul. Por sua vez, no hemisfério Norte ocorrem os ventos alísios de nordeste na região tropical, os ventos de oeste em latitudes médias e os ventos de leste ao redor do polo Norte. O modelo de três células concorda bastante com a distribuição real da pressão e dos ventos em superfície; já em altos níveis, a célula de Ferrel não consegue representar os ventos de oeste em latitudes médias. A próxima seção comparará a distribuição da pressão e dos ventos em superfície do modelo de três células com aquela observada na atmosfera real.

8.3 Campos médios de pressão e ventos observados na atmosfera real

O modelo de três células é uma idealização, pois as regiões de alta e baixa pressão na atmosfera real não são contínuas, como mostrado nas Figs. 8.4 e 8.7A. As descontinuidades devem-se ao fato de a superfície do planeta não ser homogênea (Fig. 8.7B). Os oceanos, os continentes, a cobertura do solo e a topografia possuem diferentes valores de atrito e taxas de aquecimento e criam diferentes gradientes horizontais de pressão, o que acaba influenciando a distribuição dos sistemas de pressão. Além disso, há variação de temperatura decorrente da inclinação do eixo da Terra e dos movimentos de rotação e translação desta (estações do ano), que fazem os sistemas migrarem meridionalmente. Portanto, o padrão da distribuição da pressão e dos ventos na atmosfera real é um tanto complexo, porque as variações sazonais de temperatura fortalecem ou enfraquecem as células de pressão, bem como promovem uma migração latitudinal delas. Assim, os padrões de pressão variam em intensidade e posição ao longo do ano. As Figs. 8.8A e 8.8B mostram os padrões médios globais de pressão e ventos nos meses de janeiro e julho, respectivamente.

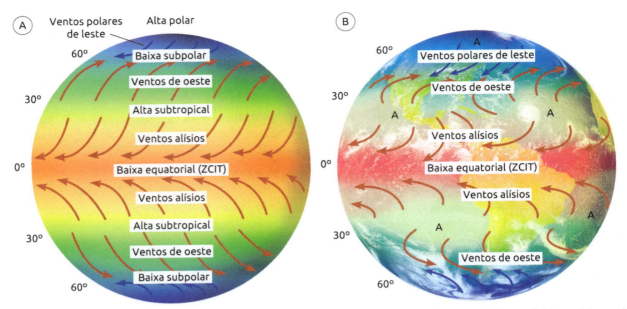

Fig. 8.7 (A) Modelo de circulação geral idealizado em superfície e (B) circulação observada na atmosfera real. Nesta, há rompimentos nos padrões zonais de pressão devido à influência dos continentes, e esses rompimentos quebram as zonas de pressão em células de alta e baixa pressão semipermanentes
Fonte: adaptado de Lutgens e Tarbuck (2010).

Quando as Figs. 8.8A e 8.8B são comparadas, nota-se que algumas células de pressão, como as altas subtropicais, não possuem intensidade constante ao longo do ano. Outras chegam a desaparecer numa dada estação do ano, como as baixas no sudoeste dos Estados Unidos em janeiro. As variações sazonais nos sistemas de pressão são mais evidentes no hemisfério Norte. Poucas variações no campo da pressão ocorrem do verão para o inverno no hemisfério Sul, em virtude do predomínio de uma superfície mais homogênea nesse hemisfério, pela maior cobertura por oceanos.

No hemisfério Norte, em janeiro (inverno boreal), há quatro sistemas de alta pressão: dois sobre os continentes (Eurásia e norte da América do Norte) e dois sobre os oceanos (Pacífico e Atlântico). Também existem duas células ciclônicas: a baixa das Aleutas e da Islândia/Groenlândia. Em julho (verão boreal), em razão das altas temperaturas, os sistemas de altas pressões continentais desaparecem e surgem sistemas de baixa pressão. Um deles se localiza no norte da Índia, e outro, a sudoeste dos Estados Unidos.

No hemisfério Sul, em janeiro (verão austral), há três centros de alta pressão subtropicais, que se localizam sobre os oceanos Atlântico, Pacífico e Índico, respectivamente. É interessante notar que esses centros quase se conectam, caracterizando uma faixa contínua de altas pressões subtropicais. Nas proximidades da zona de baixas pressões do equador, existem três centros de baixas: na América do Sul, no sul da África e na Indonésia. Em julho (inverno austral), os sistemas de alta pressão subtropicais se intensificam e aparece um quarto centro de alta localizado sobre a Austrália. Todos os sistemas de alta e baixa pressão, incluindo a ZCIT, apresentam uma migração sazonal em função do caminho aparente do Sol. Destaca-se, ainda, que o deslocamento dos sistemas de pressão é maior sobre os continentes do que sobre os oceanos, pois os oceanos possuem maior estabilidade térmica.

8.4 Ventos de oeste em altos níveis nas latitudes médias

8.4.1 Causa dos ventos de oeste

O contraste (gradiente) de temperatura entre os polos e o equador é responsável pela ocorrência de ventos de oeste em altos níveis nas latitudes médias. A Fig. 8.9 ilustra a distribuição da pressão com a altura sobre uma região polar fria (80° S) e uma região mais quente (30° S). Em razão de o ar frio ser mais denso do que o ar quente, a pressão atmosférica decresce mais rapidamente com a altura numa coluna de ar frio do que numa coluna de ar quente (ver Cap. 6). Consequentemente, numa mesma altitude acima da superfície terrestre, as maiores pressões serão encontradas em direção ao equador, e as menores, em direção aos polos. Essa informação pode ser visualizada facilmente se uma linha for traçada na horizontal sobre a Fig. 8.9 – ou seja, para uma altitude constante. Observe-se que em A", próximo ao polo, a pressão atmosférica é de 800 hPa, ao passo que em B',

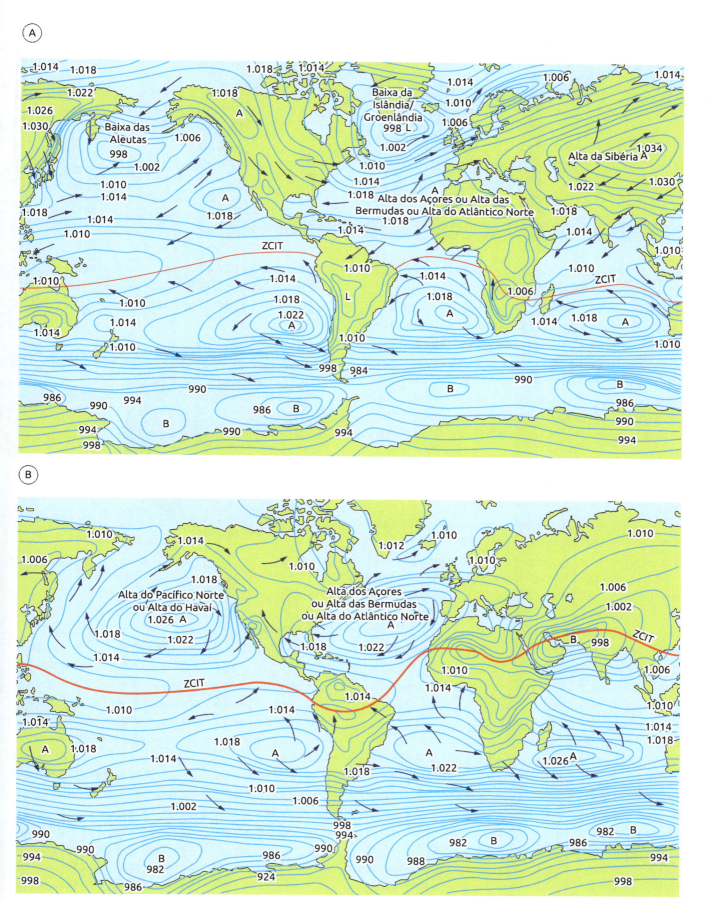

Fig. 8.8 *Média da pressão em superfície (em hPa) e da circulação do vento global associada para (A) janeiro e (B) julho*
Fonte: adaptado de Aguado e Burt (2010).

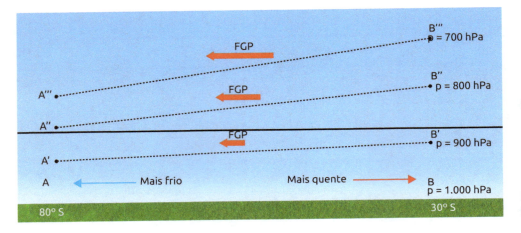

Fig. 8.9 *Distribuição da pressão com a altura sobre uma região polar fria (80° S) e uma região mais quente (30° S)*
Fonte: adaptado de Aguado e Burt (2010).

em 30° S, é de aproximadamente 880 hPa. Isso resulta numa FGP que é direcionada das baixas latitudes (área de maior pressão) para o polo (área de menor pressão). Uma vez que o ar começa a escoar dos trópicos em direção aos polos, a força de Coriolis atua mudando a direção do vento. Eventualmente, o balanço entre a FGP e a força de Coriolis é alcançado e os ventos tornam-se de oeste em altos níveis nas latitudes médias.

Ainda na Fig. 8.9, note-se que o gradiente horizontal de pressão entre as latitudes quentes e frias aumenta com a altitude, o que implica uma maior FGP e ventos mais intensos à medida que a altura cresce. O aumento da velocidade do vento com a altitude ocorre somente até a tropopausa. Após essa altitude, na estratosfera, os ventos começam a enfraquecer. Como a pressão decresce mais rapidamente com a altura nas regiões polares, a estratosfera encontra-se em menores alturas nessas regiões do que nos trópicos. Uma vez que nessa camada a temperatura do ar tende a aumentar em virtude da absorção da radiação ultravioleta pelo ozônio (ver o Cap. 1), ocorre uma inversão de temperatura: as regiões polares tornam-se relativamente mais quentes do que os trópicos, o que implica uma redução do gradiente de pressão com a altura e uma diminuição da velocidade do vento.

8.4.2 Correntes de jato

Embebidas no escoamento de oeste, em altos níveis da atmosfera, existem faixas estreitas de ventos com alta velocidade. Tais ventos são chamados de correntes de jato e ocorrem devido a intensos gradientes horizontais de temperatura em superfície. As correntes de jato têm comprimentos que variam de algumas centenas a milhares de quilômetros e possuem largura reduzida. São geralmente encontradas na tropopausa, em elevações entre 10 km e 14 km, mas podem ocorrer tanto em altitudes maiores quanto em altitudes menores, e os ventos podem exceder a 200 km h^{-1}. Na Fig. 8.5, foi indicada a presença das correntes de jato polar e jato subtropical. A Fig. 8.10 exemplifica a ocorrência dessas correntes nos hemisférios Norte e Sul.

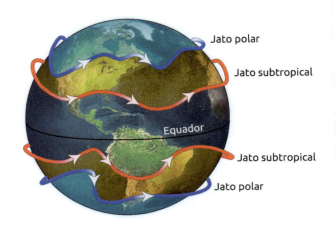

Fig. 8.10 *Posição média do jato polar (azul) e do jato subtropical (vermelho) no globo*
Fonte: adaptado de The Jet... (s.d.).

Jato polar

Como já mencionado, as correntes de jato existem em razão dos grandes contrastes de temperatura na superfície em curtas distâncias, que produzem fortes gradientes de pressão e, portanto, ventos mais intensos com o aumento da altitude. Os grandes contrastes de temperatura acontecem ao longo de zonas denominadas frentes.

A corrente de jato polar ocorre ao longo da frente polar, principal zona frontal do globo e que resulta do encontro dos ventos polares de leste com os ventos mais quentes de oeste de latitudes médias (Fig. 8.11).

A velocidade do jato polar pode exceder a 300 km h^{-1}. No inverno, sua velocidade média é de 125 km h^{-1}, e no verão se reduz quase à metade desse valor. A diferença sazonal da velocidade decorre do gradiente horizontal de temperatura, que é mais forte durante o inverno nas latitudes médias. Em virtude de a localização do jato polar coincidir com a da frente polar, a posição latitudinal desse jato migra com as estações do ano. Nos meses de junho, julho e agosto, os raios solares atuam perpendicularmente ao trópico de Câncer no hemisfério Norte. Com isso, os sistemas de tempo deslocam-se para norte, e o jato polar também. Nesse período, ele pode atingir até 30° de latitude no hemisfério Sul (~50° de latitude no hemisfério Norte). Os meses de dezembro, janeiro e fevereiro correspondem à época em que os raios solares incidem mais perpendicularmente ao trópico de Capricórnio no hemisfério Sul. Assim como outros sistemas atmosféricos, o jato polar desloca-se para sul e atua em aproximadamente 50° de latitude no hemisfério Sul (~30° de latitude no hemisfério Norte). Como tem posição latitudinal variável, ele pode ser encontrado entre 30° e 70° de latitude em ambos os hemisférios e entre 8 km e 11 km de altitude.

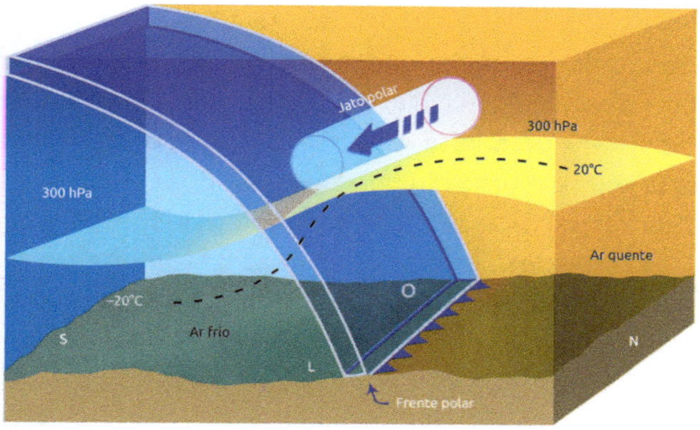

Da mesma forma que a frente polar não tem uma trajetória retilínea ao redor do globo – pensar que em alguns lugares o ar frio pode avançar mais em direção ao equador do que em outros –, o mesmo ocorre com o jato polar. Isso favorece o aparecimento de ondulações com grande componente norte-sul nele. Por causa delas, às vezes alguns trechos desse jato se unem ao jato subtropical (Fig. 8.12A). As porções do jato polar, dependendo da altitude e da latitude em que se localizam, podem receber as denominações de ramo norte (do jato polar) e ramo sul (do jato polar). A Fig. 8.12B mostra um exemplo da localização desses dois ramos sobre o sul da América do Sul.

Jato subtropical

O jato subtropical forma-se no lado polar da célula de Hadley. Ele é gerado em decorrência de o ar quente, que é carregado em altos níveis em direção ao polo por essa célula (Fig. 8.5), produzir um acentuado contraste de temperatura ao longo de uma zona chamada de frente subtropical, mais perceptível em altos níveis. Na vizinhança dessa frente, que não possui estrutura frontal estendendo-se até a superfície, o contraste de temperatura produz fortes gradientes de pressão, que, consequentemente, geram fortes ventos. Além desse mecanismo, a conservação do momento angular da Terra também contribui para a ocorrência do jato subtropical.

Fig. 8.11 *Representação da frente polar e do jato polar para o hemisfério Sul*
Fonte: adaptado de Ahrens (2009).

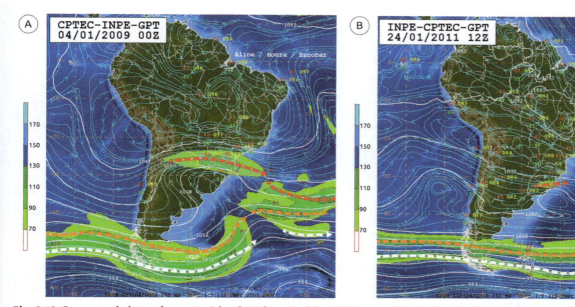

Fig. 8.12 *Correntes de jato sobre a América do Sul no nível de 250 hPa em (A) 4 de janeiro de 2009, a 00 UTC, e (B) 24 de janeiro de 2011, às 12 UTC. A linha vermelha tracejada indica a posição do jato subtropical; a linha laranja tracejada, o ramo norte do jato polar; e a linha branca tracejada, o ramo sul do jato polar*
Fonte: CPTEC (s.d.-b).

O momento angular é a quantidade de movimento associado a um objeto que executa um movimento de rotação em torno de seu eixo, e relaciona o raio de rotação com a velocidade. O princípio da conservação do momento angular é popularmente conhecido como efeito bailarina – ou patinadora de gelo –, em alusão ao fato de a bailarina começar a girar com os braços abertos e, ao fechá-los, girar mais rapidamente. Isso ocorre porque a massa estava inicialmente distribuída a uma distância maior do eixo de rotação numa velocidade inicial. Com o fechamento dos braços da bailarina, a massa se concentra próximo ao eixo de rotação e, para que haja conservação do momento angular, a velocidade de rotação deve aumentar. Tome-se agora a Terra, que realiza seu movimento de rotação ao redor de um eixo que virtualmente "fura" o planeta nos polos Norte e Sul. A distância entre a superfície terrestre e o eixo de rotação do planeta é máxima no equador e vai diminuindo à medida que se desloca para os polos, chegando a zero nos polos Norte e Sul. Assim, quando o ar se desloca do equador para as latitudes de aproximadamente 30° N ou S, a distância dessa parcela com relação ao eixo de rotação da Terra diminui, e, como no caso da bailarina, para que haja conservação do momento angular, a velocidade dessa parcela de ar deve aumentar. Esse deslocamento do equador para latitudes de 30° N ou S se dá em altos níveis, e, portanto, é nessa região que se concentra o jato subtropical.

Em média, o jato subtropical apresenta-se mais intenso no inverno, pois nessa estação do ano os gradientes de temperatura são mais intensos. Esse jato possui velocidade inferior à do jato polar e sua posição média encontra-se na latitude de 25° em ambos os hemisférios, podendo variar entre 20° e 40° de latitude, e a uma altitude de cerca de 13 km.

8.5 Circulações locais

Nas seções anteriores, foram vistos os padrões de pressão e vento em escala global. Entretanto, circulações com menor dimensão espacial e temporal também ocorrem na atmosfera. Assim, o objetivo desta seção é apresentar os ventos em escala local.

8.5.1 Brisa marítima e terrestre

Durante o dia, a superfície continental se aquece mais rapidamente do que a da água, e o aquecimento do ar acima dessa superfície produz uma baixa (pressão) térmica e rasa, isto é, com pouca extensão vertical. Como o ar sobre a água está mais frio do que aquele sobre o continente, verticalmente as isóbaras ficarão mais próximas umas das outras sobre a água do que sobre o continente. Portanto, a inclinação das isóbaras (Fig. 8.13A) produzirá uma FGP horizontal nos níveis mais acima da superfície, causando o movimento do ar da região de maior pressão para a de menor pressão. Com o deslocamento do ar do continente para o oceano, acaba ocorrendo "empilhamento" de ar sobre o oceano, o que contribui para o aumento da pressão em superfície; já no continente, ocorre decréscimo dessa pressão. Por outro lado, em superfície, a FGP aponta do oceano para o continente, e, com isso, tem-se a célula de circulação de brisa marítima – ar que escoa do mar para a terra em superfície (Fig. 8.13A). No período da tarde, ocorre o maior contraste de temperatura entre o mar e a terra, o que propicia brisas marítimas mais

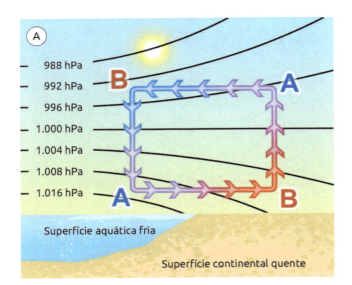
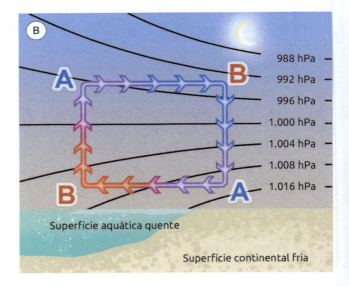

Fig. 8.13 *Representação esquemática das brisas (A) marítima e (B) terrestre*
Fonte: adaptado de Lutgens e Tarbuck (2010).

fortes nesse horário. Esse mesmo tipo de circulação se desenvolve em regiões com lago e, nesse caso, é chamado de brisa lacustre.

Durante a noite, a superfície continental se resfria mais rapidamente do que a da água, e o ar sobre a terra torna-se mais frio do que aquele sobre a água. Isso produz uma distribuição de pressão como a da Fig. 8.13B. Uma vez que as pressões são mais altas sobre o continente, o vento se inverte e origina a brisa terrestre, uma brisa que se dirige da terra para a água em superfície. Como os contrastes térmicos entre a água e a terra são menores à noite, a brisa terrestre possui menor intensidade do que a marítima. Nessas circulações locais, que têm duração de algumas horas, a atuação da força de Coriolis também deve ser considerada, ou seja, no hemisfério Sul, o vento da brisa vai girando para a esquerda com o tempo.

8.5.2 Brisa de vale e de montanha

O aquecimento e o resfriamento diferencial das encostas das montanhas e do ar sobre os vales adjacentes produzem as brisas de vale e de montanha. Na Fig. 8.14, pode-se observar que, durante o dia, o ar próximo à encosta de uma montanha se aquece mais rapidamente do que aquele na mesma altura sobre o vale adjacente (lembrar que a radiação solar primeiramente é absorvida pela superfície, e depois, devido à atuação de alguns processos físicos, o ar adjacente é aquecido; o ar perto da montanha, por ser o mais próximo de uma superfície, se aquecerá mais do que aquele que está na mesma altura, mas sobre o vale). Com isso, as isóbaras ficam mais afastadas sobre as montanhas do que sobre o vale. Assim, surge uma diferença de pressão que originará um escoamento do ar nas proximidades da montanha em direção aos níveis mais altos do vale. Perto da superfície, esse escoamento será do vale para a montanha. Esse escoamento em baixos níveis recebe o nome de brisa de vale (Fig. 8.14A). Como as brisas de vale geralmente alcançam sua máxima intensidade no início da tarde, nebulosidade e chuvas são comuns nas encostas das montanhas durante a parte mais quente do dia. À noite, o escoamento se inverte. A encosta da montanha se resfria rapidamente, esfriando o ar em contato com ela. Esse ar mais denso escoa da montanha para o vale em superfície, e, nessa situação, tem-se a brisa de montanha (Fig. 8.14B).

8.6 Circulações com variações sazonais: monções

De acordo com Ahrens (2009), a palavra *monção* deriva do árabe *mausim* (estação). Na Meteorologia, esse termo é usado para indicar uma reversão sazonal da circulação atmosférica em virtude do aquecimento diferencial entre os continentes e os oceanos (Fig. 8.15). De forma geral, as monções são similares à circulação de brisa marítima e terrestre, mas com maior dimensão espacial e intensidade. No verão, como o ar sobre o continente é mais quente do que aquele sobre o oceano, desenvolve-se um gradiente de pressão horizontal que dirige os ventos em superfície do oceano, região de mais alta pressão, para o continente, região de mais baixa pressão. O ar úmido que é transportado pelos ventos contribui para que o verão seja a estação mais chuvosa. Já no inverno, a situação se inverte e os ventos sopram do continente em direção ao oceano, definindo uma estação seca.

O sistema de monção mais conhecido é o que ocorre na Ásia (Fig. 8.15), porém a América do Sul também apresenta um sistema de monção (Vera et al., 2006; Reboita et al., 2010). A reversão dos ventos sobre o continente sul-americano, no entanto, não é observada nos mapas sazonais (Fig. 8.16), sendo notada apenas quando a média anual da direção e da intensidade do vento é extraída do valor sazonal (média sazonal – média anual). Como típico de um sistema de monção, a estação mais chuvosa é o verão, e a precipitação se estende do oeste da Amazônia até o sudeste do Brasil (Fig. 8.17).

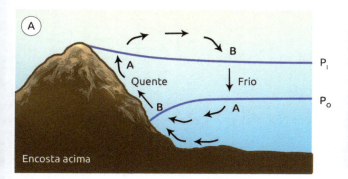
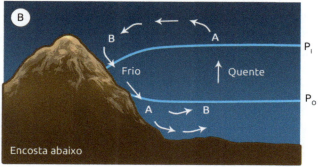

Fig. 8.14 *Representação esquemática das brisas (A) de vale e (B) de montanha*
Fonte: adaptado de Kovsky e Elias (1982).

A Fig. 8.18 mostra a evolução mensal da precipitação em toda a América do Sul. Nessa figura, em cada pequeno gráfico sobre o continente, os meses de janeiro a dezembro são representados da esquerda para a direita. Logo, nos meses de verão, a precipitação é mais elevada nas regiões Norte, Centro-Oeste e Sudeste do Brasil. Nessas regiões, a precipitação também é favorecida por um sistema atmosférico denominado Zona de Convergência do Atlântico Sul (ZCAS) (Fig. 8.19).

Típica do verão, a ZCAS é uma banda de nebulosidade que se estende, em geral, desde o noroeste da Amazônia até o sudoeste do oceano Atlântico (Kousky, 1988), passando pelo sudeste do Brasil, e que permanece estacionária sobre essas regiões por períodos iguais ou superiores a três dias, causando muita chuva. Seu processo de formação está associado à junção de fatores como o transporte de calor e umidade da região amazônica para o sudeste do Brasil por um jato em baixos níveis da atmosfera (que são os ventos que aparecem no oeste do Brasil na Fig. 8.16A); o ar úmido transportado do oceano Atlântico Sul para o continente pelos ventos do setor noroeste do sistema de alta pressão subtropical do Atlântico Sul (Fig. 8.16A); e o próprio aquecimento da superfície continental, que desencadeia movimentos convectivos na atmosfera (ver o Cap. 2). Em episódios de ZCAS, também é possível notar uma frente fria estacionária sobre o oceano Atlântico Sul conectando-se a esse sistema.

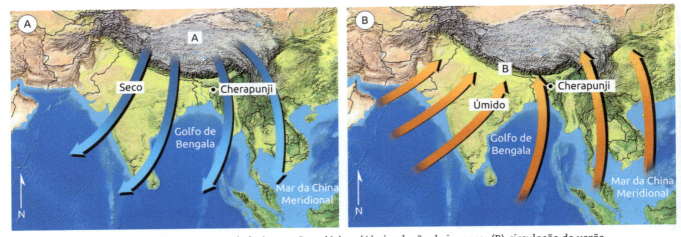

Fig. 8.15 *Reversão sazonal dos ventos associada à monção asiática: (A) circulação de inverno; (B) circulação de verão*
Fonte: adaptado de Ahrens (2009).

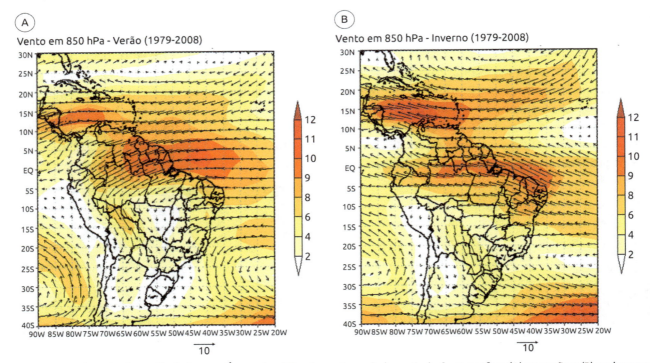

Fig. 8.16 *Direção (setas) e intensidade (em m s^{-1}; cores) médias do vento em baixos níveis da atmosfera (A) no verão e (B) no inverno*
Fonte: Reboita et al. (2012).

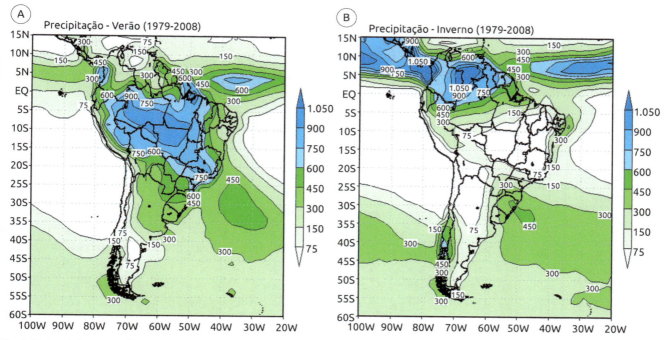

Fig. 8.17 *Precipitação média acumulada (A) no verão e (B) no inverno (em mm)*
Fonte: Reboita et al. (2012).

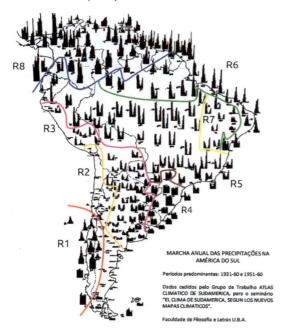

Fig. 8.18 *Evolução mensal da precipitação na América do Sul*
Fonte: Reboita et al. (2010).

8.7 Interação oceano-atmosfera

A média da pressão atmosférica em superfície e da circulação geral da atmosfera mostrada na Fig. 8.8 pode ser modificada quando a atmosfera é perturbada por forçantes de origem natural, ou seja, sem influência antropogênica. Como exemplo de forçante natural, tem-se a temperatura de superfície do mar (TSM), que é a temperatura da água do mar medida entre a superfície e a 10 μm a 10 m de profundidade, dependendo do método de medida utilizado.

Fig. 8.19 *Exemplo de episódio de Zona de Convergência do Atlântico Sul (ZCAS) no dia 13 de janeiro de 2013*
Fonte: adaptado de CPTEC (2013).

A Fig. 8.20 exemplifica a distribuição média da TSM no globo entre 1981 e 1995, e algumas considerações podem ser feitas:

- a distribuição da TSM é aproximadamente zonal e as isotermas – linhas que ligam valores de temperaturas iguais – seguem aproximadamente as linhas de latitude;
- ao redor do equador, a TSM possui seus maiores valores, em torno de 28 °C, decrescendo em

direção aos polos e chegando a cerca de –2 °C junto ao gelo, nas latitudes polares;
- perto da costa, as correntes oceânicas são desviadas (Fig. 3.14) e as isotermas tendem a seguir a direção norte-sul;
- ao longo da margem leste dos oceanos (a oeste dos continentes), podem ocorrer valores de TSM mais baixos. As circulações anticiclônicas das correntes marítimas observadas na Fig. 3.14, em ambos os hemisférios, transportam águas mais frias dos polos para essas regiões. O contrário ocorre na margem oeste dos oceanos (a leste dos continentes), com o transporte de águas mais quentes para essas regiões; e
- o ar próximo à superfície oceânica adquire lentamente a temperatura da água, de modo que a temperatura do ar sobre os oceanos fica em média com a mesma distribuição da temperatura da superfície oceânica.

Sobre o oceano Pacífico equatorial existe uma célula de circulação que ocorre no plano vertical-zonal (oeste-leste) e que está relacionada à variação da pressão atmosférica nessa região. É a denominada célula de Walker, que pode ser modificada pelas anomalias na TSM do Pacífico tropical. As variações de pressão atmosférica referem-se ao fenômeno Oscilação Sul, e as variações na TSM, ao El Niño/La Niña. A combinação de ambos é chamada de fenômeno El Niño Oscilação Sul (Enos).

> *Anomalia* significa um desvio do valor observado num dado instante (por exemplo, de TSM) em relação à média de um período longo de anos, ou média climatológica.

Quando os valores da TSM sobre o oceano Pacífico equatorial estão muito próximos da média climatológica, isso significa que não há anomalias de TSM sobre essa bacia. A Fig. 8.21 representa o que ocorre na célula de Walker quando não existem anomalias de TSM sobre a região do Pacífico equatorial, ou, em outras palavras, quando as condições são normais – águas mais quentes a oeste, perto da Indonésia, e mais frias a leste, perto da América do Sul. A configuração da TSM contribui para a presença de um sistema de alta pressão no leste do Pacífico e de baixa pressão sobre a Indonésia. Assim, configura-se um gradiente de pressão à superfície entre os setores leste e oeste ao longo do Pacífico equatorial. Isso reforça o deslocamento dos ventos alísios, que acontece de leste para oeste nas proximidades da superfície (setas brancas). A célula de Walker apresenta movimentos ascendentes do ar na região próxima da Austrália e da Indonésia, escoamento de oeste para leste em altos níveis da troposfera e movimentos descendentes perto da costa oeste da América do Sul.

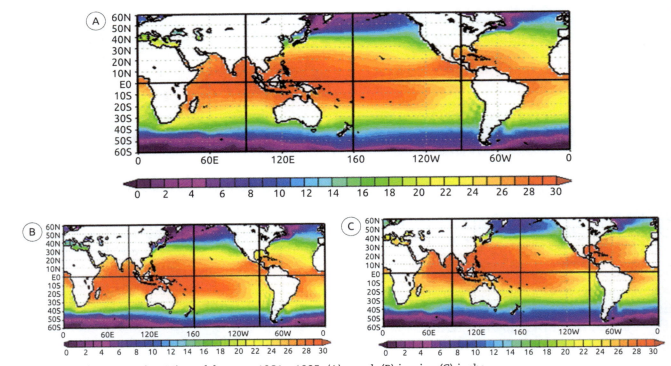

Fig. 8.20 *Média da TSM (em °C) no globo entre 1981 e 1995: (A) anual; (B) janeiro; (C) junho*
Fonte: Monthly/Seasonal... (s.d.).

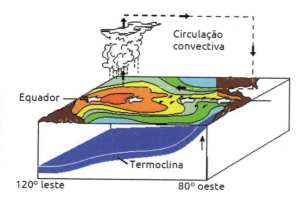

Fig. 8.21 *Representação da célula de Walker em condições normais*
Fonte: adaptado de CPTEC (s.d.-c).

8.7.1 Fenômenos El Niño e La Niña

Existem épocas em que a configuração mostrada na Fig. 8.21 é modificada, pois os valores de TSM sobre o Pacífico equatorial passam a apresentar grandes desvios em relação à média climatológica. Essas anomalias estão associadas aos fenômenos El Niño e La Niña, e a resposta atmosférica a elas se dá por meio das modificações na célula de Walker. Como resultado, há mudanças no regime de chuva e temperatura em muitas partes do globo.

A Fig. 8.22 mostra o que acontece durante um evento de El Niño. Nessa situação, há um aumento da TSM na região central e leste do Pacífico equatorial, (cores avermelhadas na figura). O máximo aquecimento ocorre durante os meses de dezembro a fevereiro. No Pacífico equatorial oeste, predominam águas mais frias.

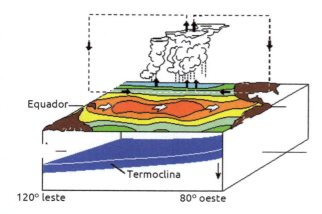

Fig. 8.22 *Circulação atmosférica em condições de El Niño sobre o oceano Pacífico equatorial*
Fonte: adaptado de CPTEC (s.d.-c).

Um processo de evaporação ocorre sobre essas águas mais quentes, seguido da redução da pressão em superfície e, consequentemente, da formação de uma baixa pressão sobre essa região. O ar quente e úmido que converge em direção à baixa pressão em superfície é levantado até altos níveis da atmosfera e ocorre a formação de nuvens convectivas sobre a região central do Pacífico equatorial. Em altos níveis, o ar diverge ao atingir a tropopausa. Uma parte subside sobre o oeste do Pacífico equatorial e outra descende sobre áreas das regiões Norte e Nordeste do Brasil. Na Fig. 8.22, pode-se observar que a célula de Walker fica deslocada para leste, como mostra a nebulosidade, e que os ventos alísios ficam enfraquecidos ou até mudam de sentido. Como consequência do deslocamento dessa célula, há mudanças na circulação geral da atmosfera e na distribuição das chuvas/temperatura em algumas regiões do globo.

Com o enfraquecimento do El Niño, o oceano Pacífico equatorial pode apresentar condições próximas da normalidade ou um resfriamento em seu setor leste. Ao resfriamento anômalo dá-se o nome de La Niña. Na condição de La Niña, mostrada na Fig. 8.23, há um resfriamento anormal das águas superficiais e subsuperficiais do oceano Pacífico equatorial leste, que algumas vezes se estende para a parte central da bacia. Uma baixa pressão fica posicionada sobre as águas mais quentes, ou seja, mais para o oeste do Pacífico equatorial, assim como em condições normais, só que agora mais intensa. As águas mais quentes sobre o oeste do Pacífico equatorial favorecem a convergência em superfície e os ventos alísios ficam intensificados nessa região. A convergência gera movimento ascendente do ar e, juntamente com a evaporação, ocorre a formação de intensas nuvens convectivas na região da Austrália e da Indonésia. Em compensação, o ar que ascendeu diverge em altos níveis atmosféricos e descende sobre a costa oeste da América do Sul, em torno do equador. Todo esse processo alonga e intensifica a célula de Walker, que tem efeito nas mudanças da circulação geral da atmosfera.

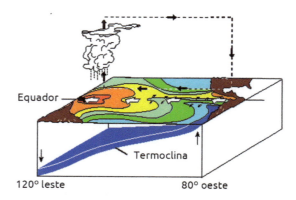

Fig. 8.23 *Circulação atmosférica em condições de La Niña sobre o oceano Pacífico equatorial*
Fonte: adaptado de CPTEC (s.d.-c).

Os eventos de El Niño e La Niña podem ocorrer com frequência de três a sete anos e podem ou não ser intercalados por condições de normalidade.

A distribuição de precipitação e temperatura no globo relativa às condições descritas anteriormente para os eventos de El Niño e de La Niña é sumarizada na Fig. 8.24. Com relação à América do Sul, em anos de El Niño (Fig. 8.24A,B), durante os meses de dezembro a fevereiro, há precipitação acima do normal no nordeste da Argentina, no Uruguai, no sul do Brasil e no oeste do Equador e do Peru. Já condições de baixa precipitação ocorrem no nordeste do Brasil. Nos meses de junho a agosto, o centro do Chile é mais úmido, enquanto o extremo norte da América do Sul apresenta precipitação abaixo da normalidade. Em eventos de La Niña (Fig. 8.24C,D), de dezembro a fevereiro, o norte da região Nordeste do Brasil exibe precipitação acima da média climatológica, e o oeste do Peru e do Equador, abaixo da média. De junho a agosto, menores taxas de precipitação são observadas no sul do Brasil, no Uruguai e no nordeste da Argentina, e maiores taxas, no extremo norte do continente.

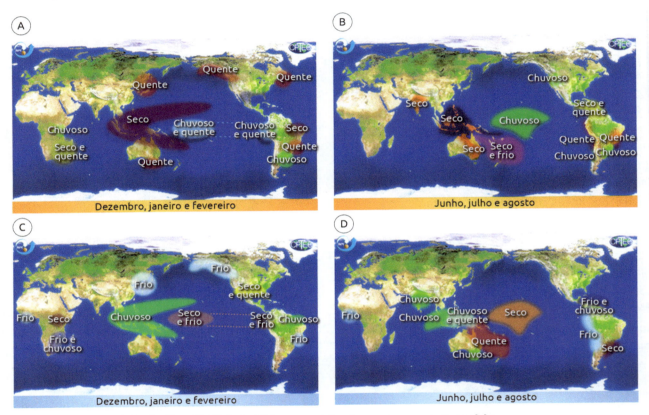

Fig. 8.24 *Impactos (A, B) do El Niño e (C, D) da La Niña na precipitação e na temperatura no globo*
Fonte: adaptado de CPTEC (s.d.-c).

O Cap. 8, além de apresentar o modelo teórico da distribuição de ventos e pressão no globo, introduziu alguns sistemas atmosféricos de natureza tropical, como a Zona de Convergência Intertropical (ZCIT) e a Zona de Convergência do Atlântico Sul (ZCAS). O enfoque deste capítulo será sobre os sistemas de natureza extratropical: massas de ar, frentes e ciclones extratropicais. Entretanto, serão vistos também os ciclones tropicais, os sistemas anticiclônicos e as tempestades severas.

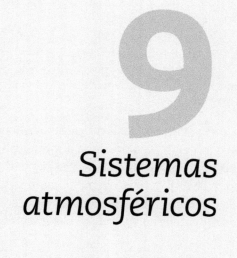

Sistemas atmosféricos

9.1 Massas de ar

As massas de ar são grandes porções horizontais de ar com propriedades termodinâmicas (temperatura e umidade) homogêneas, adquiridas da região onde se originaram, também chamada de região-fonte. Em virtude de a atmosfera ser aquecida de baixo para cima – isto é, das camadas mais próximas da superfície para as camadas em maiores altitudes – e ganhar sua umidade da evaporação da superfície terrestre (continente ou oceano), a natureza da região-fonte determina grandemente as características de uma massa de ar. Uma região-fonte ideal é aquela que apresenta duas características:

- é uma área extensa e uniforme fisicamente, isto é, não exibe topografia irregular nem intercalação de corpos d'água e de terra;
- possui uma estagnação da circulação atmosférica, ou seja, o ar permanece na região por um período suficiente para adquirir as características da superfície.

Uma parte da massa de ar, após se formar, normalmente migra da área onde adquiriu suas propriedades para uma região com características diferentes de sua região-fonte. À medida que a massa de ar se move, além de modificar as condições de tempo da área que está atravessando, também tem suas características modificadas pela superfície sobre a qual está passando.

As massas de ar podem ser classificadas de acordo com a latitude e a natureza da superfície da região-fonte (continente ou oceano). A latitude da região-fonte indica as condições de temperatura dentro da massa de ar; já a natureza da superfície indica o conteúdo de umidade do ar. A classificação é feita por códigos compostos de duas letras (Quadro 9.1). A primeira letra representa a latitude (temperatura), sendo dividida em quatro categorias: Antártica ou Ártica (A), Equatorial (E), Polar (P) e Tropical (T). A segunda letra representa a natureza da superfície da região-fonte e, portanto, as características de umidade das massas de ar, e é dividida em duas categorias: marítima (m) e continental (c). Como se formam sobre o oceano, as massas de ar marítimas são mais úmidas do que aquelas que se formam sobre o continente.

Quadro 9.1 Classificação das massas de ar

Ac	Antártica ou Ártica continental
Ec	Equatorial continental
Pc	Polar continental
Tc	Tropical continental
Em	Equatorial marítima
Pm	Polar marítima
Tm	Tropical marítima

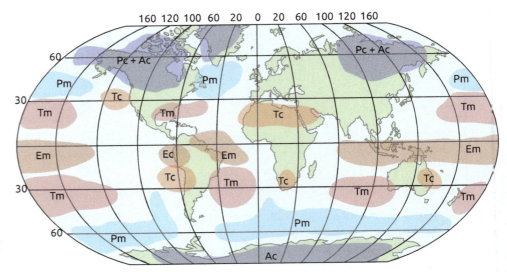

Fig. 9.1 Localização das massas de ar no globo
Fonte: adaptado de GateKeeperX (https://goo.gl/34zJgw).

A Fig. 9.1 mostra a localização das massas de ar no globo. Já a Fig. 9.2 apresenta a influência das massas de ar no clima do Brasil. Sua atuação varia ao longo do ano. A massa Ec, por exemplo, domina praticamente todo o território brasileiro durante o verão e se retrai durante o inverno, quando atua somente sobre o noroeste do País.

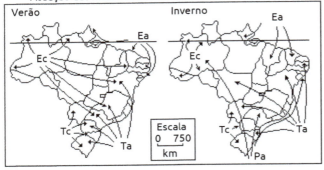

Fig. 9.2 Atuação das massas de ar sobre o Brasil e sem impacto no clima
Fonte: adaptado de IBGE (2010).

As massas de ar atuantes numa determinada região podem ser identificadas por meio de imagens de satélite no canal vapor d'água. Nessas imagens, o conteúdo de vapor d'água entre a média e a alta atmosfera é representado por cores, que variam do branco ao preto. As regiões mais secas da atmosfera são indicadas por cores escuras, e as regiões mais úmidas, por cores mais claras. A Fig. 9.3 mostra uma imagem do canal vapor d'água do satélite geoestacionário GOES-12 sobre a América do Sul no dia 29 de junho de 2010, às 12:30 UTC (9h30 locais). O centro do Brasil é dominado por tons mais escuros do que os de sua vizinhança, o que indica o predomínio de uma massa de ar seco, que no caso é a massa Tc.

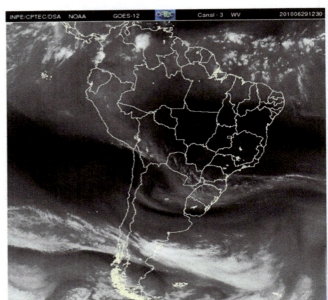

Fig. 9.3 Imagem do dia 29 de junho de 2010, às 12:30 UTC, do canal vapor d'água do satélite geoestacionário GOES-12
Fonte: CPTEC (2010).

9.2 Frentes

Uma zona ou superfície frontal é uma faixa de transição entre duas massas de ar com diferentes propriedades termodinâmicas. Em outras palavras, a zona frontal é o limite que separa duas massas de ar com diferentes temperaturas e umidades e é uma superfície tridimensional (imagine-se uma cúpula como a zona frontal entre o ar polar e o ar tropical). A denominação *frente* é usada para a intersecção entre a superfície da zona frontal e a superfície da Terra (imagine-se o círculo formado na superfície). É essa intersecção que é representada nas cartas meteorológicas de superfície. Neste livro, será adotado o termo *frente* tanto para a superfície frontal como para a frente em superfície.

O processo de formação de uma frente é denominado *frontogênese*, e o de dissipação, *frontólise*. Nas zonas frontais, é observado um valor mínimo de pressão atmosférica, bem como variações abruptas na temperatura e na umidade do ar, ventos mais fortes que mudam de direção e, em geral, a presença de nebulosidade e precipitação. A formação de nuvem na zona frontal deve-se à ascensão do ar no limite entre as duas massas de ar. As frentes podem variar de 5 km a 50 km em largura, de 500 km a 5.000 km em comprimento e de 3 km a 10 km em altura. Elas ocorrem em regiões onde há intensos gradientes horizontais de temperatura e umidade, o que explica por que a região equatorial é menos propícia à sua formação/atuação.

Em função de seu deslocamento e das mudanças de temperatura que causam, as frentes são classificadas em quentes, frias, estacionárias e oclusas.

9.2.1 Frente quente

Uma frente quente ocorre quando uma massa de ar quente se move em direção a uma superfície que antes era dominada por uma massa de ar frio. Em outras palavras, o ar frio recua, permitindo o avanço do ar quente (Fig. 9.4). À medida que o ar frio retrocede, seu atrito com o terreno atrasa o deslocamento da porção da frente quente em superfície em comparação com sua posição em níveis mais elevados da atmosfera. Consequentemente, o limite que separa as massas de ar frio e quente tem uma inclinação muito gradual. Essa inclinação é em média de 1:200, ou seja, caso uma pessoa se desloque 200 km adiante da posição na superfície de uma frente quente – isto é, em direção ao ar frio –, a superfície frontal estará 1 km acima dela.

Nos mapas sinóticos, a posição de uma frente quente em superfície é representada por uma linha vermelha, com semicírculos vermelhos apontando para a região do ar frio. Na Fig. 9.4, é possível observar que, na zona frontal, o ar quente tende a ascender sobre o ar frio, que é mais denso. À medida que ascende, esse ar expande-se, resfria-se e condensa-se, favorecendo a formação de nuvens que, frequentemente, produzem precipitação.

Essa figura também mostra a sequência típica de nuvens que precede a chegada de uma frente quente em superfície. O primeiro sinal da aproximação de uma frente quente numa determinada região é o aparecimento de nuvens *cirrus* (Ci), que podem se formar a 1.000 km ou mais adiante de uma frente quente. Em menores distâncias, essas nuvens gradativamente mudam para nuvens *cirrostratus* (Cs) e *altostratus* (As). A cerca de 300 km adiante da frente, nuvens *stratus* (St) e *nimbostratus* (Ns) aparecem, e pode ocorrer precipitação. É importante notar que a precipitação associada a uma frente quente acontece na dianteira da frente, isto é, antes de ela chegar.

Modificações no tempo ocorrem no período que antecede a chegada de uma frente quente numa determinada região (chamado de pré-frontal), no período de sua atuação e no período após sua passagem (chamado de pós-frontal). O Quadro 9.2 resume tais alterações.

9.2.2 Frente fria

Uma frente fria ocorre quando uma massa de ar frio avança em direção a uma região ocupada por ar mais quente (Fig. 9.5A). As frentes frias têm inclinação da ordem de 1:100, mais acentuada, portanto, do que as frentes quentes. Em adição, as frentes frias avançam com velocidades de 35 km h^{-1} a 50 km h^{-1}, enquanto

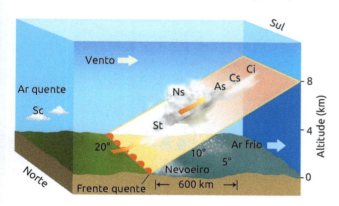

Fig. 9.4 *Ilustração esquemática de uma frente quente*
Fonte: adaptado de Ahrens (2009).

Quadro 9.2 Sucessão de tempo atmosférico durante a passagem de uma frente quente

Fenômeno	Antes	Durante	Depois
Temperatura	Aumenta vagarosamente	Aumenta	Tempo fica quente até a massa perder suas características
Pressão	Decresce	Mantém-se	Pequeno aumento seguido de decréscimo
Ventos	De quadrante sul (HS)	Variáveis com rajadas	De quadrante norte (HS)
Precipitação	Chuva	Chuva	Cessa a chuva
Nuvens	*Cirrus* (Ci), *cirrostratus* (Cs), *altostratus* (As), *nimbostratus* (Ns), *stratus* (St)	*Stratus* (St)	Céu claro com *stratocumulus* (Sc) espalhados

as frentes quentes se deslocam com velocidades de 25 km h^{-1} a 35 km h^{-1}. Como resultado dessas duas diferenças – maior inclinação e maior velocidade –, as frentes frias são acompanhadas por condições de tempo mais severas do que aquelas que acompanham as frentes quentes; em geral, os gradientes de temperatura nas frentes frias são mais intensos e produzem ventos mais fortes.

A Fig. 9.5A mostra as nuvens associadas à chegada de uma frente fria numa determinada região. Essa chegada da frente fria é precedida, às vezes, por nuvens *altocumulus* (Ac) em níveis médios, mas quase sempre por nuvens *cirrostratus* (Cs) e *cirrus* (Ci) em altos níveis. Essas nuvens são formadas a partir de nuvens *cumulonimbus* (Cb). Os ventos fortes nos altos níveis da atmosfera geralmente transportam os cristais de gelo formados no topo das nuvens Cb para locais mais afastados, originando, então, as nuvens Cs e Ci. Portanto, a presença de nuvens Ci numa determinada região pode ser o indicativo da chegada de uma frente fria.

Nos mapas sinóticos, a posição de uma frente fria é representada por uma linha azul, com triângulos também azuis apontando para a região de ar mais quente. Na Fig. 9.5B, é possível visualizar a demarcação de uma frente fria, que se estende do sudeste do Brasil ao oceano Atlântico. No interior do continente, a frente está estacionária (ver a seção seguinte).

As frentes frias também são regiões de baixa pressão. O ar quente ascende sobre a massa de ar frio, expande-se e resfria-se, favorecendo a condensação. Em comparação ao que ocorre nas frentes quentes, a precipitação nas frentes frias é mais intensa, mas menos duradoura. Isso ocorre devido à inclinação mais acentuada das frentes frias, que permite a ascensão do ar de forma mais abrupta do que nas frentes quentes.

Associada ao declínio de temperatura na ocorrência de uma frente fria, há uma mudança da direção do vento do quadrante norte para o quadrante sul no hemisfério Sul. Portanto, antes da chegada da frente fria numa determinada região, os ventos são de quadrante norte, e, com a chegada da frente, são os ventos do quadrante sul que dominam a região (Fig. 9.6). Após a frente fria passar, a massa de ar frio localizada em sua retaguarda invade a região. Como é mais frio e denso, esse ar favorece, em geral, a ocorrência de dias ensolarados e de temperaturas mais baixas. A ausência de nebulosidade pode ser visualizada na imagem de satélite da Fig. 9.7, em que há pouca cobertura de nuvens sobre o sul do Brasil.

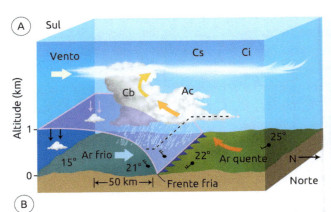

Fig. 9.5 (A) Ilustração esquemática de uma frente fria e (B) representação de uma frente fria em uma carta sinótica de superfície estendendo-se do sudeste do Brasil ao oceano Atlântico. No interior do continente, a frente está estacionária
Fonte: (A) adaptado de Ahrens (2009) e (B) CPTEC (2009a).

Observe-se ainda, na Fig. 9.5B, uma área de alta pressão na retaguarda da frente. Essa alta também pode ser visualizada na imagem de satélite no canal vapor d'água, pois, como o ar frio é mais seco, aparece com cor mais escura na imagem. O Quadro 9.3 resume as condições de tempo associadas à passagem de uma frente fria sobre uma determinada região.

9.2.3 Frente estacionária

Ocasionalmente, o escoamento atmosférico em ambos os lados de uma frente não apresenta movimento. Quando uma frente não possui movimento aparente entre dois momentos subsequentes, é chamada de estacionária, isto é, não há avanço nem do ar frio, nem do ar quente. Nos mapas sinóticos, as frentes estacionárias são representadas por triângulos azuis de um lado da linha, na região de ar quente, e por semicírculos vermelhos do outro lado, na região de ar frio, como mostrado na Fig. 9.8. Às vezes, uma frente estacionária pode permanecer por vários dias sobre uma região.

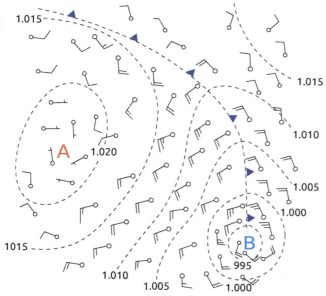

Fig. 9.6 *Direção do vento na ocorrência de uma frente fria sobre o hemisfério Sul*
Fonte: adaptado de Celemín (1984).

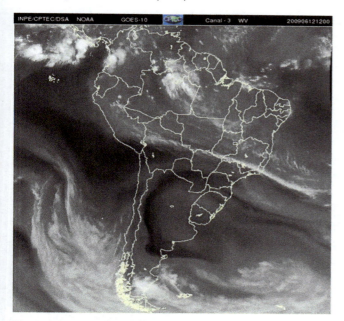

Fig. 9.7 *Imagem de satélite no canal vapor d'água associada ao mapa sinótico da Fig. 9.5B*
Fonte: CPTEC (2009b).

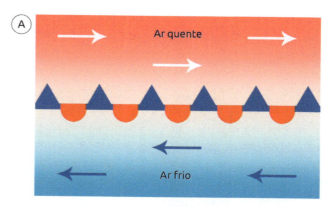

Fig. 9.8 *(A) Escoamento associado a uma frente estacionária e (B) representação de uma frente estacionária em um mapa sinótico*
Fonte: (B) CPTEC (2012a).

9.2.4 Frente oclusa

Uma frente oclusa ocorre quando uma frente fria se sobrepõe a uma frente quente. Em outras palavras, o ar da retaguarda da frente fria toma o lugar do ar da dianteira da frente quente. Há dois tipos de oclusão: a fria e a quente. Quando o ar atrás da frente fria é mais frio do que aquele que está sendo ultrapassado, ocorre a oclusão fria. Já quando esse ar é menos frio, ocorre a oclusão quente.

O desenvolvimento de uma oclusão fria é mostrado no painel esquerdo da Fig. 9.9. Num primeiro estágio, a frente fria avança em direção à frente quente (Fig. 9.9A). Com o passar do tempo, a frente fria alcança a retaguarda da frente quente (Fig. 9.9B) e, depois, passa a ocupar parte da região

Quadro 9.3 Sucessão de tempo atmosférico durante a passagem de uma frente fria

Fenômeno	Antes	Durante	Depois
Temperatura	Aumenta	Decresce subitamente	Continua a decrescer
Pressão	Decresce	Atinge um mínimo	Aumenta
Ventos	De quadrante norte (HS)	Variáveis com rajadas	De quadrante sul (HS)
Precipitação	Chuva	Chuva mais forte	Chove e depois limpa o céu, conforme a região
Nuvens	*Cirrus* (Ci), *cirrostratus* (Cs)	*Cumulus* (Cu), *cumulonimbus* (Cb)	*Cumulus* (Cu), *stratus* (St) ou sem nuvens

que era ocupada pelo ar quente (Fig. 9.9C). Nesse caso, tem-se a frente oclusa, que é indicada pela cor roxa. No painel direito da mesma figura, é possível perceber as respectivas representações, no mapa sinótico, dos estágios de desenvolvimento citados anteriormente.

9.3 Ciclones

Os ciclones são centros de circulação fechada com pressão mais baixa em seu centro do que em sua periferia. O sentido do movimento desses sistemas segue o da Terra visto acima de seu respectivo polo, isto é, giro horário no hemisfério Sul (Fig. 9.10A) e anti-horário no hemisfério Norte (Fig. 9.10B). O processo de formação ou intensificação de um ciclone é denominado ciclogênese, e o de sua dissipação, ciclólise.

Os ciclones são importantes na manutenção do clima global, pois transportam ar quente e úmido para as latitudes mais altas e ar frio e seco para as latitudes mais baixas. Portanto, mantêm o equilíbrio térmico da Terra.

Dependendo da latitude e do processo que leva à sua formação, os ciclones podem receber a denominação de extratropicais (ou de latitudes médias), tropicais ou subtropicais. A Fig. 9.11 mostra a localização e as trajetórias dos diferentes tipos de ciclones no globo.

9.3.1 Ciclones extratropicais (ou de latitudes médias)

Em geral, os ciclones extratropicais ocorrem em latitudes maiores do que 30° em ambos os hemisférios. Exemplos desses sistemas são mostrados na Fig. 9.12.

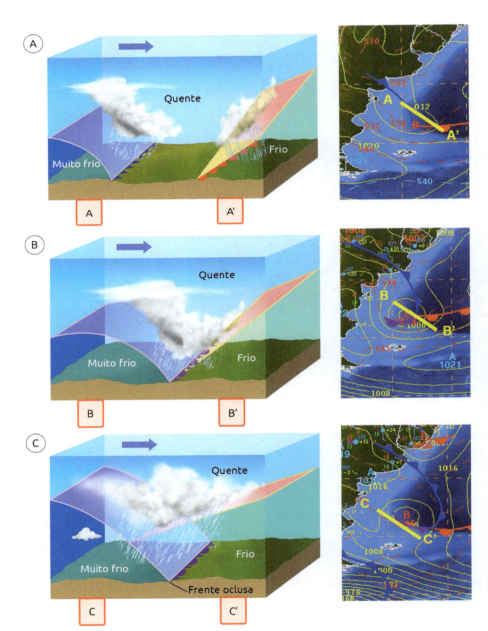

Fig. 9.9 *Desenvolvimento de uma oclusão fria e exemplo da representação numa carta sinótica*
Fonte: adaptado de Ahrens (2009) e CPTEC (2012b).

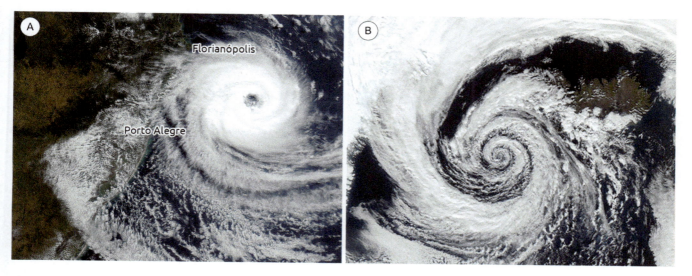

Fig. 9.10 *Exemplo de ciclones extratropicais em imagens de satélite no canal do infravermelho para (A) o hemisfério Sul, com circulação horária, e (B) o hemisfério Norte, com circulação anti-horária*
Fonte: adaptado de Knapp (2008).

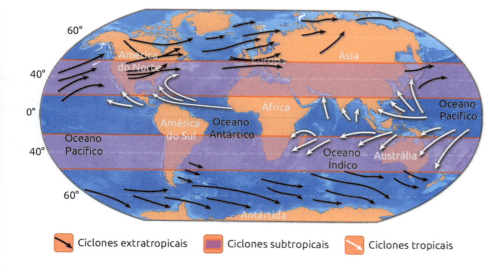

Fig. 9.11 *Regiões de ocorrência e trajetórias dos ciclones extratropicais (setas pretas) e tropicais (setas brancas). A região destacada em roxo é onde pode ocorrer a formação de ciclones subtropicais*
Fonte: Profa. Reboita, Unifei.

Os principais mecanismos que explicam a formação dos ciclones extratropicais são as regiões de gradientes horizontais de temperatura em superfície (teoria da frente polar) e a influência de ondas em médios/altos níveis da atmosfera.

Teoria da frente polar

Um ciclone extratropical pode se formar na região de transição entre duas massas de ar com propriedades físicas distintas – frentes. No Cap. 8, foi mostrado que a frente polar é um limite global semicontínuo que separa o ar frio polar do ar quente subtropical, sendo, portanto, uma região propícia à gênese de ciclones. No entanto, é importante mencionar que os ciclones também podem se formar associados com outras zonas frontais. Os estágios do desenvolvimento de um ciclone extratropical no hemisfério Sul são exemplificados na Fig. 9.13.

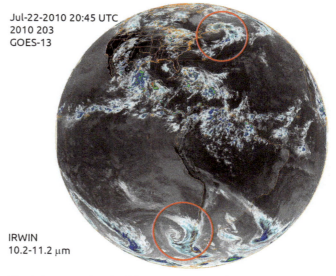

Fig. 9.12 *Exemplos de ciclones extratropicais nos hemisférios Sul e Norte. No hemisfério Sul, os ciclones possuem circulação horária, e no hemisfério Norte, anti-horária*
Fonte: adaptado de NOAA (2010).

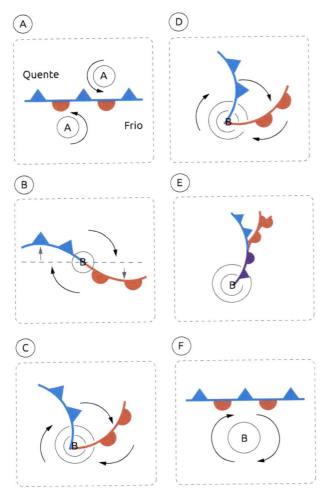

Fig. 9.13 *Exemplo do ciclo de vida de um ciclone extratropical no hemisfério Sul. A linha vermelha com semicírculos indica a frente quente; a linha azul com triângulos, a frente fria; e a linha roxa, a frente oclusa*
Fonte: adaptado de Celemín (1984).

A Fig. 9.13A mostra um segmento da frente polar com característica estacionária. Esta representa uma área de baixa pressão cercada por áreas de pressão maior em ambos os lados. As áreas de alta pressão induzem um escoamento paralelo à frente, mas com sentidos opostos. Posteriormente, a frente sofre uma ondulação, como mostrado na Fig. 9.13B. A onda que se forma é conhecida como onda frontal ou ciclone incipiente, e há vários fatores que podem produzi-la na zona frontal: irregularidades da topografia, tais como montanhas; contrastes de temperatura, tais como aqueles entre a temperatura no mar e na terra; ou influência das correntes marítimas. Acompanhar a formação de uma onda frontal num mapa sinótico é o mesmo que assistir a uma onda no mar, que tem formação, arrebentação e dissipação. A Fig. 9.13B também mostra o sentido do deslocamento das frentes fria e quente. A região de mais baixa pressão, chamada de pressão central, é a junção das duas frentes. Nesse estágio, começa a se formar o ciclone. Além disso, à medida que o ar frio se desloca, o ar quente ascende ao longo da frente fria, o que favorece a formação de uma estreita banda de precipitação. Influenciado por sua própria circulação, o ciclone tipicamente se move para leste ou sudeste e fica bem configurado entre 12 e 24 horas (Fig. 9.13C). A pressão central agora é muito menor e várias isóbaras se fecham em círculos. Isso indica que o escoamento ciclônico também é mais forte e os ventos giram no sentido horário no hemisfério Sul e com uma componente em direção ao centro da baixa. Nesse estágio, há precipitação numa ampla banda adiante da frente quente e numa estreita banda ao longo da frente fria. A região de ar quente entre as frentes fria e quente é chamada de setor quente. Nesse setor, o céu pode se apresentar parcialmente nublado, embora chuvas espalhadas possam ocorrer se o ar for condicionalmente instável.

A energia para o desenvolvimento do ciclone é derivada de várias fontes. Como a massa de ar mais quente ascende sobre a fria, energia potencial é liberada para ser transformada em energia cinética (energia do movimento). A condensação fornece energia para o sistema em forma de calor latente. Aqui, o calor aquece as parcelas de ar, que tendem a ascender cada vez mais na coluna atmosférica. Então, mais parcelas de ar se deslocam da superfície para ocupar o lugar das que ascenderam. Como a quantia de ar na coluna atmosférica está aumentando, seria esperado um aumento da pressão na coluna, mas em níveis mais elevados ocorre divergência, o que remove o ar da coluna. Esse processo induz convergência em superfície. Como o ar na superfície converge para o centro da baixa, a velocidade do vento pode elevar-se, produzindo um aumento na energia cinética.

À medida que o ciclone se move para leste, sua pressão central continua a decrescer e os ventos tornam-se mais fortes. O rápido movimento da frente fria faz com que esta se aproxime cada vez mais da frente quente, reduzindo a área do setor quente (Fig. 9.13D). A frente fria normalmente ultrapassa a frente quente, e quando isso ocorre o sistema torna-se ocluso (Fig. 9.13E). Nesse estágio, o ciclone é normalmente mais intenso e há nuvens e precipitação cobrindo uma grande área.

O centro do intenso ciclone mostrado na Fig. 9.13E dissipa-se gradualmente porque o ar frio se encontra em ambos os lados da frente oclusa. O setor quente ainda é presente, mas afastado do centro do ciclone. Sem o suprimento de energia provida pela ascensão do ar quente, o ciclone desaparece de maneira gradual (Fig. 9.13F). O ciclo de vida completo de um ciclone pode variar de poucos dias a mais de uma semana.

Nem todos os ciclones aderem perfeitamente ao modelo da teoria da frente polar. Entretanto, ela serve como boa fundamentação para o entendimento da estrutura dos ciclones.

Ondas em médios/altos níveis da atmosfera

As ondas em altos e médios níveis da atmosfera podem favorecer a formação de ciclones em superfície. O escoamento atmosférico é similar ao de um rio: onde as isóbaras se tornam mais próximas, há afunilamento do escoamento e, consequentemente, convergência de massa; e onde elas se afastam, há espalhamento do escoamento e, assim, divergência de massa. A Fig. 9.14 apresenta um exemplo para o hemisfério Sul. Os círculos roxos preenchidos representam as parcelas de ar em altos níveis movendo-se paralelas às isóbaras num mapa de pressão constante (Fig. 9.14A), contornando um cavado – região de menor pressão – (B). À medida que o escoamento em altos níveis vai se afunilando, o ar converge, mas depois diverge, ficando menos afunilado. Se, em níveis mais altos, há ar deixando uma coluna (divergindo), então o ar próximo à superfície (solo), para compensar a perda de ar da coluna em altos níveis, tenderá a subir, e com isso ocorrerá convergência em superfície; ou seja, a leste de um cavado em altitude, há contribuição para ciclogênese (Fig. 9.14B).

União das duas teorias

Normalmente, na atmosfera, observa-se a formação de ciclones extratropicais quando há a ocorrência concomitante de gradientes horizontais de temperatura em superfície e de ondas em níveis médios/altos da atmosfera. Portanto, ambas as teorias apresentadas contribuem para a formação de baixas pressões em superfície, como mostra a Fig. 9.15. Nessa figura, as frentes em superfície (linhas pretas) indicam as regiões com intensos gradientes horizontais de temperatura do ar, e as ondas em 500 hPa (linhas vermelhas) mostram o setor propício aos movimentos ascendentes na atmosfera, que é no setor a jusante (leste) do cavado, indicado com uma linha tracejada.

Ciclones extratropicais no Atlântico Sul

No oceano Atlântico Sul, há três regiões em seu setor oeste com grande frequência de ciclogêneses (Fig. 9.16): próximo à costa sul/sudeste do Brasil, à costa do Uruguai e do extremo sul do Brasil e à costa sudeste da Argentina (Reboita et al., 2010).

9.3.2 Ciclones tropicais

Os ciclones tropicais são sistemas de baixa pressão em superfície que possuem núcleo quente, ventos intensos e circulação bem organizada, sendo horária no hemisfério Sul e anti-horária no hemisfério Norte. Esses sistemas se desenvolvem sobre águas oceânicas tropicais ou subtropicais, com temperatura da superfície do mar acima de 27 °C. Conforme a intensidade do vento, os ciclones tropicais recebem o nome de depressão tropical (ventos com intensidade de até 61 km h^{-1}), tempestade tropical (ventos com intensidade de 62 km h^{-1} a 118 km h^{-1}), e furacão, tufão ou apenas ciclone (ventos com intensidade superior a 119 km h^{-1}). A denominação de furacão, tufão ou ciclone depende de sua localização no globo, como mostra a Fig. 9.17.

> Atenção: no hemisfério Norte, os cavados e as cristas possuem a mesma configuração que se aprendeu em Física, porém no hemisfério Sul a configuração é oposta. Na Fig. 9.14, seria possível pensar que existe uma crista, mas na verdade é um cavado identificado por (B). Outra forma de não se confundir com essas definições é lembrando que o cavado é uma região de menor pressão com relação às suas vizinhanças.

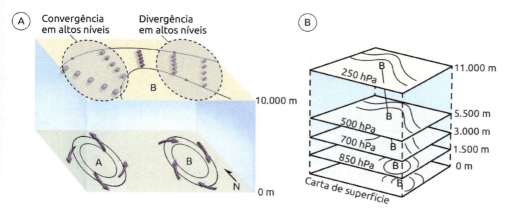

Fig. 9.14 (A) Regiões de convergência e divergência numa onda em níveis altos da atmosfera e (B) visão tridimensional de atmosfera mostrando uma onda em níveis altos e um ciclone em superfície
Fonte: adaptado de Ahrens (2009).

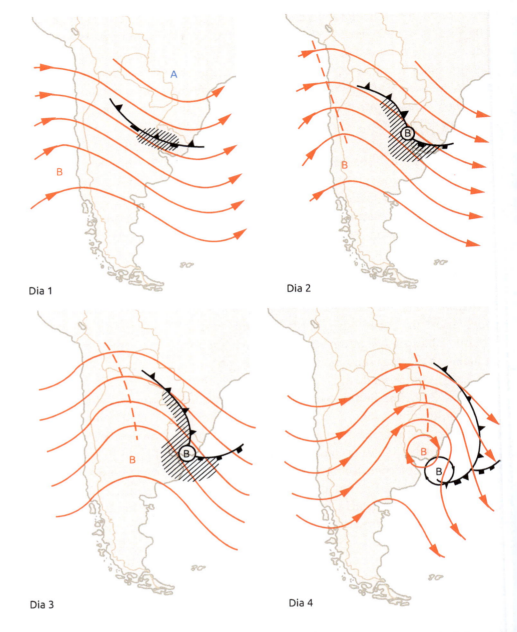

Fig. 9.15 Esquema ilustrativo da formação de um ciclone em superfície. As linhas pretas indicam os sistemas em superfície, e as vermelhas, os sistemas em 500 hPa. A letra A significa alta pressão, e a letra B, baixa pressão
Fonte: adaptado de Celemín (1984).

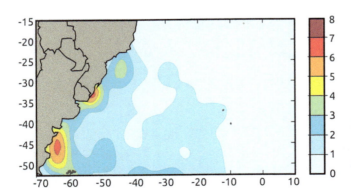

Fig. 9.16 Densidade de ciclogêneses (número total de ciclones em caixas de 5° × 5° de latitude por longitude dividido pela área das caixas; o resultado ainda é multiplicado por 10^4) no período de 1990 a 1999
Fonte: adaptado de Reboita et al. (2010).

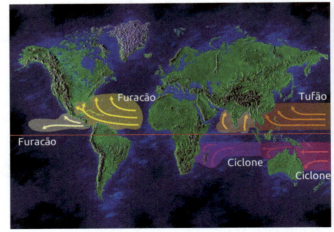

Fig. 9.17 Regiões propícias à formação de ciclones tropicais no globo e suas diferentes denominações
Fonte: adaptado de NOAA (s.d.-a).

O nome *furacão* é dado aos ciclones que ocorrem nos oceanos Atlântico e Pacífico Leste. Aqueles que acontecem no Pacífico Oeste são chamados de *tufão*, e os que ocorrem no oceano Índico, apenas de *ciclone* (Fig. 9.17).

Anatomia de um furacão

A Fig. 9.18A exibe o furacão Elena, que ocorreu sobre o golfo do México. Pelo fato de o sistema ter se originado ao norte do equador, os ventos na superfície – e as bandas de chuva – escoaram no sentido anti-horário (ciclônico) ao redor de seu centro (olho). Entretanto, as imagens de satélite mostram também as nuvens *cirrus* se movendo no sentido horário (anticiclônico). Esse sistema teve diâmetro de cerca de 500 km, que é a largura média dos furacões. A Fig. 9.18B mostra que um furacão é composto de diferentes partes: olho, parede do olho, camada de nuvens *cirrus*, bandas de precipitação e divergência na alta troposfera.

O *olho* é o centro do furacão e constitui-se como uma região relativamente calma, geralmente com pouca cobertura de nuvens e ventos que não excedem a 24 km h^{-1}. Ele se desenvolve quando o máximo da velocidade do vento sustentada (ventos que permanecem com certa intensidade por um determinado período – um a dois minutos nos Estados Unidos e dez minutos no resto do mundo) no sistema é superior a 119 km h^{-1}. De acordo com o JetStream (s.d.), a causa da formação do olho ainda não é bem entendida. Provavelmente, há a combinação da conservação do momento angular com a força centrífuga. A conservação do momento angular diz que os objetos rotacionam mais rápido à medida que se aproximam do centro da circulação. Então, o ar aumenta sua velocidade conforme se desloca para o centro do ciclone tropical (uma analogia pode ser feita com os patinadores e bailarinos, que, para girarem mais rápido, colocam seus braços perto do corpo). Entretanto, à medida que a velocidade aumenta, ocorre uma força direcionada para fora do sistema, chamada de força centrífuga. Essa força acontece porque o momento do vento quer carregá-lo numa linha reta, desviando-o da curvatura. Uma vez que o vento está girando em torno do centro do ciclone tropical, a força centrífuga o induz para fora do sistema. Quanto mais acentuada a curvatura e/ou mais rápida a rotação, maior a força centrífuga.

Num sistema com forte rotação, por exemplo, a 119 km h^{-1}, o ar que se dirige para o centro do ciclone

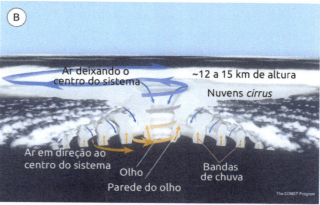

Fig. 9.18 (A) *Furacão Elena sobre o golfo do México em setembro de 1985 e (B) perfil vertical esquemático de um ciclone tropical no hemisfério Norte*
Fonte: adaptado de (A) Nasa e (B) The Comet Program (2011).

converge com aquele que está sofrendo a ação da força centrífuga, a aproximadamente 16-32 km do centro, formando a parede do olho. A forte rotação do sistema cria o olho no centro; com isso, uma parte do ar que ascende na parede do olho, em altos níveis, desloca-se em direção ao centro do sistema para compensar a perda de massa em baixos níveis. Esse ar irá subsidir e inibir a formação de nuvens.

A *parede do olho* é a região de movimentos ascendentes que promove uma banda de tempestades que cerca o olho. Os ventos mais intensos encontram-se nessa parte do sistema. O ar que ascende na parede do olho do furacão é proveniente do olho e das regiões exteriores da tempestade.

As *bandas de precipitação* são bandas de nuvens que causam precipitação afastada do olho, e também podem produzir ventos fortes e tornados.

Condições necessárias para a formação de um furacão

Embora a dinâmica dos furacões seja extremamente complexa, os meteorologistas há longo tempo conhecem as condições necessárias para seu desenvolvimento. É preciso grande quantia de calor como "combustível" para os furacões. A principal fonte dessa energia é a liberação de calor latente fornecida pela evaporação na superfície oceânica. Como as altas taxas de evaporação dependem da presença de águas quentes, os furacões se formam onde os oceanos têm camadas superficiais com temperaturas, em geral, acima de 27 °C. Assim, a maior frequência de furacões ocorre em latitudes tropicais. No hemisfério Norte, desenvolvem-se entre junho e novembro, quando as águas tropicais estão mais quentes. Já no hemisfério Sul, ao redor da Austrália e na costa de Moçambique, formam-se entre novembro e abril.

Como depende da força de Coriolis, a formação dos furacões só ocorre em latitudes superiores a 5° em ambos os hemisférios. Outro requisito para sua formação é a presença de instabilidade por toda a troposfera (condicionalmente instável – rever o Cap. 5). Como, próximo à costa oeste dos continentes, as correntes frias e o fenômeno de ressurgência fazem com que a baixa troposfera seja estaticamente estável, inibindo movimentos verticais, essas regiões não são favoráveis a esses sistemas. Finalmente, a formação dos furacões também requer a ausência de forte cisalhamento vertical do vento – vento aumentando de intensidade e/ou variando sua direção com a altitude –, pois este destrói o transporte vertical de calor latente.

Uma vez formado, um furacão se autoalimenta. A liberação de calor latente dentro das nuvens *cumulus* faz com que o ar se aqueça e ascenda. A expansão do ar gera uma alta pressão nos altos níveis da atmosfera, razão pela qual se vê o movimento anticiclônico das nuvens *cirrus* associadas com as paredes do furacão. Essa alta pressão mantém a divergência em altos níveis da atmosfera, que favorece movimentos ascendentes e a convergência na superfície. Isso leva a movimentos ascendentes contínuos, à condensação e à liberação de calor latente. Assim, surge a questão: os furacões podem se intensificar indefinidamente até atingirem velocidades supersônicas?

A resposta é não. Eles são limitados pelo suprimento de calor latente, que, por sua vez, é limitado pela temperatura do oceano e pelo processo de evaporação e condensação. Ao atingirem o continente ou se deslocarem para o oceano, com temperatura mais fria, esse suprimento de calor latente é cortado e os furacões se dissipam. A temperatura do oceano é importante, uma vez que, se ela aumentar, os furacões serão mais intensos. Estudos já têm mostrado essa relação entre a temperatura do oceano e a intensidade dos ciclones tropicais ao longo das últimas décadas.

Escala de intensidade dos furacões

A escala Saffir-Simpson classifica os furacões em cinco categorias, que são baseadas na média da intensidade do vento desses sistemas durante um minuto (velocidade do vento máximo sustentado) (Tab. 9.1). Em geral, as maiores categorias indicam furacões com menor pressão central e que produzem ressacas em zonas costeiras. A escala Saffir-Simpson também está associada a prejuízos econômicos que cada categoria de furacão pode produzir – remoção de telhas, desabamento de casas etc.

Nome dos ciclones tropicais

A ideia de fornecer nomes individuais aos ciclones tropicais foi do meteorologista australiano Clement Wragge (1852-1922), no final do século XIX (The Comet Program, 2011).

No Atlântico Sul, o primeiro furacão registrado foi o Catarina (Fig. 9.19), que ocorreu em março de 2004. A literatura não afirma que esse sistema foi o único existente, apenas que foi o primeiro registrado em virtude da maior quantidade de dados meteorológicos disponíveis desde 1970.

Tab. 9.1 Escala Saffir-Simpson

Categoria Saffir-Simpson	Velocidade do vento máximo sustentado (V_{MAX}; média de um minuto)		Pressão central mínima (P_{MIN})
	m s^{-1}	km h^{-1}	hPa
1	33-42	119-153	> 980
2	43-49	154-177	979-965
3	50-58	178-209	964-945
4	59-69	210-249	944-920
5	+70	+250	< 920

Fonte: adaptado de Meted (s.d.).

Clement Wragge usou o alfabeto grego e nomes de políticos de que não gostava para nomear os furacões. Nos anos 1960, a Organização Meteorológica Mundial (OMM) desenvolveu uma convenção de nomes para cada bacia oceânica. As listas iniciais consistiam apenas de nomes de mulheres, mas, nos anos 1970, as listas passaram a incluir também nomes masculinos. Atualmente, os nomes são definidos por comitês de ciclones tropicais coordenados pela OMM e são atribuídos aos ciclones que atingem a categoria de tempestade tropical. O Quadro 9.4 mostra a convenção de nomes até 2019 para os ciclones tropicais na bacia do Atlântico Norte.

9.3.3 Ciclones subtropicais

Os ciclones subtropicais são sistemas que têm características de ciclones tanto tropicais quanto extratropicais ao longo de seu ciclo de vida e ocorrem, geralmente, entre 20° e 40° de latitude em ambos os hemisférios. Esses sistemas apresentam um núcleo quente em baixos níveis, similar aos ciclones tropicais, e um núcleo frio em altos níveis, similar aos extratropicais; por isso, também são chamados de sistemas híbridos. Além disso, podem se originar com as características típicas de subtropicais ou adquiri-las

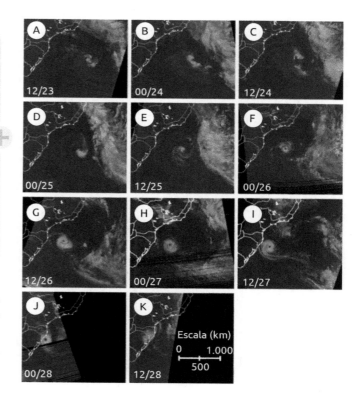

Fig. 9.19 *Sequência de imagens de satélite mostrando o ciclo de vida do furacão Catarina, ocorrido no Atlântico Sul em março de 2004*
Fonte: McTaggart-Cowan et al. (2006).

Quadro 9.4 Lista de nomes para os ciclones que atingem a categoria de tempestade tropical na bacia do oceano Atlântico Norte

2014	2015	2016	2017	2018	2019
Arthur	Ana	Alex	Arlene	Alberto	Andrea
Bertha	Bill	Bonnie	Bret	Beryl	Barry
Cristobal	Claudette	Colin	Cindy	Chris	Chantal
Dolly	Danny	Danielle	Don	Debby	Dorian
Edouard	Erika	Earl	Emily	Ernesto	Erin
Fay	Fred	Fiona	Franklin	Florence	Fernand
Gonzalo	Grace	Gaston	Gert	Gordon	Gabrielle
Hanna	Henri	Hermine	Harvey	Helene	Humberto
Isaias	Ida	Ian	Irma	Isaac	Imelda
Josephine	Joaquin	Julia	Jose	Joyce	Jerry
Kyle	Kate	Karl	Katia	Kirk	Karen
Laura	Larry	Lisa	Lee	Leslie	Lorenzo
Marco	Mindy	Matthew	Maria	Michael	Melissa
Nana	Nicholas	Nicole	Nate	Nadine	Nestor
Omar	Odette	Otto	Ophelia	Oscar	Olga
Paulette	Peter	Paula	Philippe	Patty	Pablo
Rene	Rose	Richard	Rina	Rafael	Rebekah
Sally	Sam	Shary	Sean	Sara	Sebastien
Teddy	Teresa	Tobias	Tammy	Tony	Tanya
Vicky	Victor	Virginie	Vince	Valerie	Van
Wilfred	Wanda	Walter	Whitney	William	Wendy

Fonte: adaptado de NOAA (s.d.-b).

quando os ciclones extratropicais sofrem transição (mudam suas características) para subtropicais ou ainda evoluem para tropicais. O mesmo é válido para a transição dos ciclones tropicais para extratropicais.

Em imagens de satélite, a aparência dos ciclones subtropicais é muito similar à dos extratropicais. Um exemplo disso é dado na Fig. 9.20, que mostra o ciclone subtropical Anita, ocorrido no oceano Atlântico Sudoeste no dia 9 de março de 2010.

Fig. 9.20 *Imagem de satélite do ciclone subtropical Anita, ocorrido no oceano Atlântico Sul no dia 9 de março de 2010*
Fonte: Earth Data (2010).

Ciclones subtropicais no Atlântico Sul
No oceano Atlântico Sul, a região propícia à formação de ciclones subtropicais localiza-se entre a costa sul e sudeste do Brasil, como mostra a Fig. 9.21. Já a estação preferencial de ocorrência desses sistemas é o verão.

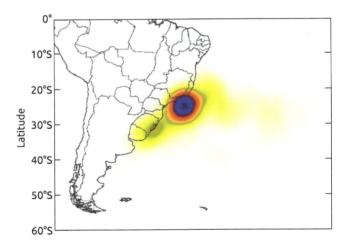

Fig. 9.21 *Região propícia à formação de ciclones subtropicais no oceano Atlântico Sul*
Fonte: Gozzo et al. (2014).

9.4 Anticiclones

Os anticiclones são centros de circulação fechada com pressão mais alta em seu centro do que em sua periferia e possuem circulação anticiclônica: anti-horária no hemisfério Sul e horária no hemisfério Norte. Isso se deve ao fato de que, em superfície, o ar está saindo do centro do anticiclone em direção às suas extremidades, e com a atuação da força de Coriolis, que deflete o escoamento para a esquerda do movimento no hemisfério Sul, resultando em uma circulação anti-horária.

9.4.1 Classificação dos anticiclones

Existem dois tipos de anticiclones: os *migratórios* e os *semipermanentes* (Fig. 9.22). Os primeiros, de natureza eventual, têm um curto período de vida, de 2-3 dias, e alteram as condições de tempo dos locais por onde passam. Os do segundo tipo persistem por quase todo o ano sobre uma determinada área.

Já foi mencionado que nos níveis médios e altos da atmosfera existem ondas e que, em geral, no setor a leste dos cavados ocorre divergência. Entretanto, no setor a oeste deles ocorre convergência. Na existência de convergência, o ar acaba subsidindo e aumentando a pressão na superfície. Portanto, esses mecanismos explicam a formação dos anticiclones migratórios.

Com relação aos anticiclones semipermanentes, no hemisfério Sul há três desses sistemas localizados nas latitudes subtropicais no verão: o do Atlântico Sul, o do Índico e o do Pacífico Sul (Fig. 9.23A). Já no inverno aparece um quarto sistema sobre a Austrália (Fig. 9.23B). A localização geográfica desses centros semipermanentes varia ligeiramente com as estações do ano.

No Cap. 8, foi descrito o mecanismo de formação dos anticiclones semipermanentes. Aqui é apresentado um breve resumo. A radiação solar absorvida nos trópicos excede a radiação infravermelha perdida, gerando um acúmulo de aquecimento. O oposto ocorre nos polos. Como o ar na região tropical é mais quente e, portanto, mais leve do que em sua vizinhança, ele vai induzir a convergência dos ventos em superfície de ambos os hemisférios para a região equatorial e favorecer a ascendência deles. Na troposfera superior, os ventos divergem, subsidindo em ambos os hemisférios por volta de 30°. Com isso, originam o cinturão das altas subtropicais semipermanentes. Nessas latitudes, os ventos são fracos e as calmarias são frequentes próximo à superfície.

A Fig. 9.23 mostra que o Anticiclone Subtropical do Atlântico Sul (ASAS; sistema localizado no Atlântico Sul) ocupa uma área maior no inverno do que no verão, o que acaba influenciando as regiões Sudeste e

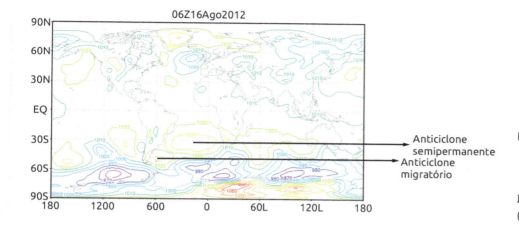

Fig. 9.22 *Pressão ao nível médio do mar (NMM) no dia 16 de agosto de 2012, às 6 UTC*
Fonte: adaptado de NOAA (s.d.-e).

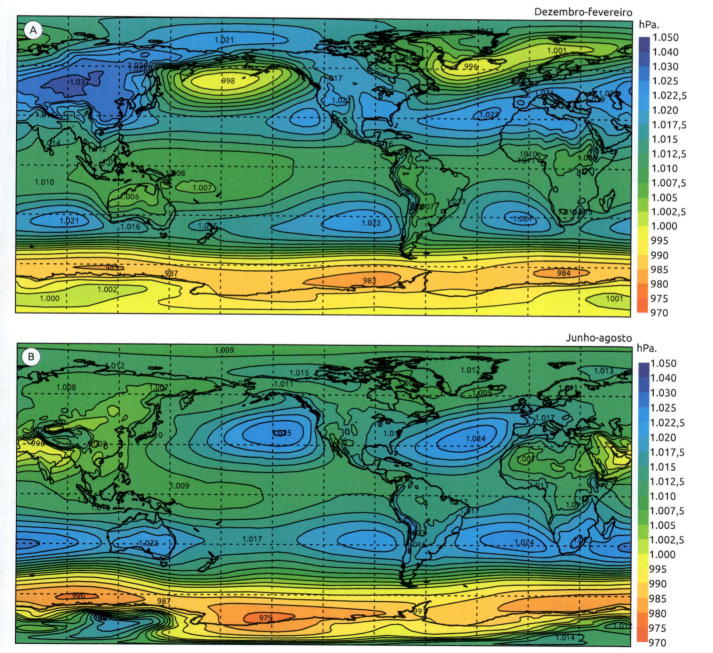

Fig. 9.23 *Climatologia da pressão atmosférica ao NMM (em hPa) (A) no verão e (B) no inverno*
Fonte: ECMWF (s.d.-b).

Nordeste do Brasil. Assim, no inverno, o ASAS inibe a influência/formação de outros sistemas atmosféricos e a precipitação na região Sudeste do País. Por outro lado, no verão, como esse sistema está afastado da costa brasileira, sua circulação contribui para o transporte de umidade do oceano Atlântico para o interior do continente e favorece a precipitação.

9.5 Tempestades severas

Uma tempestade é um fenômeno formado por uma única nuvem *cumulonimbus* com grande extensão vertical ou por um aglomerado de nuvens desse tipo. Quando uma tempestade é severa, produz muita chuva, raios, trovões, ventos fortes, granizo e, às vezes, tornados. Alguns dos fenômenos de tempo mais perigosos, como tornados, podem ser produzidos em uma supercélula, que é uma única nuvem *cumulonimbus*, porém que pode ser maior do que um aglomerado de nuvens desse tipo, e que pode se estender a mais de 20 km na atmosfera.

O ciclo de vida de uma tempestade é composto de três fases: estágio de *cumulus*, estágio maduro e estágio de dissipação. No primeiro estágio, o aquecimento da superfície favorece a ocorrência de movimentos ascendentes, que vão contribuir para a formação de nuvens *cumulonimbus* (Fig. 9.24A). Nesse estágio, o ar dentro da nuvem é dominado por correntes ascendentes. No estágio maduro, começam a ocorrer, ao lado das correntes ascendentes, correntes descendentes de ar que saem da base da nuvem, bem como precipitação (Figs. 9.24B e 9.25). O estágio de dissipação acontece quando as correntes descendentes de ar dominam na nuvem (Fig. 9.24C). Note-se que a própria nuvem se dissipa, pois as correntes descendentes inibem a ascensão de ar úmido, que é seu "combustível".

De acordo com Lutgens e Tarbuck (2010), o Serviço Meteorológico Nacional dos Estados Unidos classifica uma tempestade como severa quando produz ventos acima de 93 km h^{-1} ou granizo com diâmetro maior do que 1,9 cm ou, ainda, quando gera tornado.

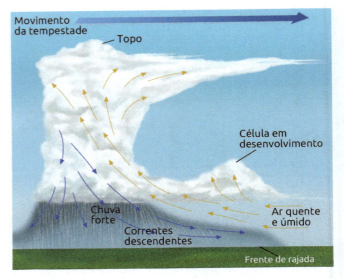

Fig. 9.25 *Exemplo de uma nuvem* cumulonimbus *bem desenvolvida e com fortes correntes ascendentes e descendentes*
Fonte: adaptado de Lutgens e Tarbuck (2010).

9.5.1 Tornados

Gerados por tempestades severas, os tornados têm diâmetro inferior a 1 km e duração de poucos minutos. Esses sistemas também recebem a denominação de *twisters* e geralmente começam como uma nuvem em forma de funil, que lembra a tromba de um elefante pendendo de uma enorme nuvem *cumulonimbus* (Fig. 9.26). Essa nuvem afunilada, chamada de tuba, só recebe o nome de tornado a partir do momento em que toca a superfície. Em virtude dos ventos fortes, com intensidades que variam de 105 km h^{-1} (mais fracos) a 450 km h^{-1} (mais intensos), e de sua rápida formação, os tornados causam grande destruição nos locais por onde passam. É importante destacar que sistemas com tais características que ocorrem sobre corpos d'água são denominados trombas-d'água.

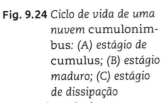

Fig. 9.24 *Ciclo de vida de uma nuvem* cumulonimbus: *(A) estágio de cumulus; (B) estágio maduro; (C) estágio de dissipação*
Fonte: adaptado de Lutgens e Tarbuck (2010).

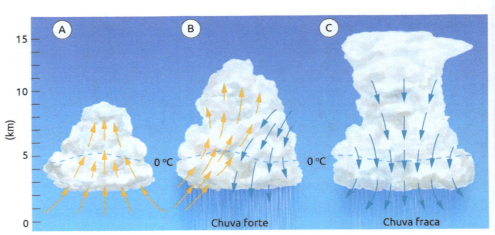

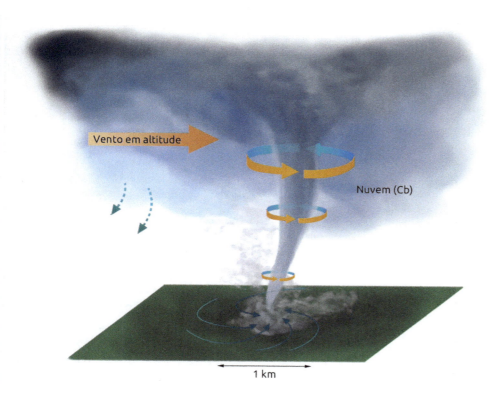

Fig. 9.26 Representação esquemática de um tornado
Fonte: adaptado de Tornados (s.d.).

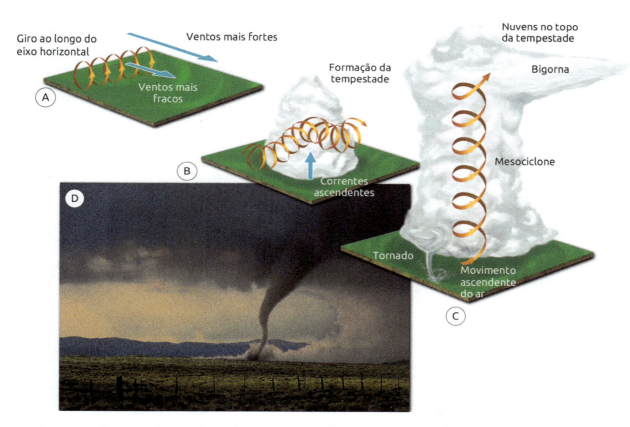

Fig. 9.27 Representação esquemática da formação de um tornado: (A) os ventos são mais intensos em maiores alturas e produzem um movimento em forma de rolo sobre o eixo horizontal; (B) fortes correntes ascendentes na tempestade inclinam o ar que estava girando horizontalmente; (C) estabelece-se o mesociclone, um tubo vertical de ar em rotação; (D) se a parede de nuvem tocar o chão, forma-se um tornado
Fonte: adaptado de Lutgens e Tarbuck (2010).

Formação dos tornados

De modo geral, os tornados se formam onde há intensos movimentos ascendentes e descendentes do ar numa supercélula.

A formação de um tornado geralmente ocorre durante o final da tarde, quando a atmosfera está mais instável. Numa supercélula, primeiramente ocorre rotação horizontal do ar (Fig. 9.27A) que precede em cerca de 30 minutos a formação do tornado e está associada à presença de cisalhamento vertical do vento (vento que varia de intensidade conforme a altura; em geral, o vento aumenta de intensidade com a altura). As fortes correntes de ar ascendentes na tempestade inclinam o ar que está girando horizontalmente, de forma que o eixo de rotação se torna quase vertical (Fig. 9.27B). O tubo que se forma é chamado de mesociclone.

Para a intensificação do mesociclone, é preciso que a área de rotação diminua, o que conduz a um aumento na velocidade do vento. A coluna estreita de ar, girando, alonga-se em direção à superfície, e uma porção da base da nuvem se projeta para baixo e forma uma parede de nuvem (Fig. 9.27C). A formação da parede de nuvem ocorre onde o ar úmido e frio, devido às zonas de precipitação, está subsidindo em direção às correntes ascendentes que alimentam a nuvem. O ar úmido e frio se condensa numa altura menor do que o ar que alimenta o resto da nuvem. As nuvens em forma de funil são formadas quando um vórtice estreito e com rápida rotação emerge da base da parede de nuvem, e a aparência dessas nuvens é escura porque o ar que é atraído para cima, na zona de rotação, favorece a condensação e também importa poeira e outros detritos da superfície. Uma nuvem em forma de funil tem todas as características e a intensidade de um tornado; a única diferença entre ambos é o fato de que a nuvem em forma de funil não toca a superfície. Apenas 20% de todos os mesociclones geram tornados, e o motivo pelo qual isso acontece ainda é alvo de pesquisa.

Regiões de ocorrência de tornados

Os tornados acontecem em várias partes do mundo (Fig. 9.28). Cerca de mil deles atingem os Estados Unidos por ano. No sul desse país, ocorrem preferencialmente de maio a junho, e, no norte e no centro-oeste, de junho a julho. Entretanto, podem acontecer em qualquer época do ano, bem como em qualquer hora do dia, apesar de haver uma preferência pelo horário entre 16 e 21 horas, quando a atmosfera, em geral, é mais instável. No Brasil, há registros de ocorrência de tornados nos Estados do Rio Grande do Sul, Santa Catarina, Paraná e São Paulo. Com relação a Santa Catarina, Oliveira, Oliveira e Estivallet (2012) documentaram 77 casos de tornados entre 1976 e 2000.

> Para visualizar os tornados que aconteceram em Santa Catarina e São Paulo, acessar os *links* <http://noticias.terra.com.br/brasil/noticias/0,,OI448408-EI306,00-Tornados+destroem+casas+em+Criciuma.html> e <http://www.apolo11.com/tornados.php?titulo=Tornado_em_Indaiatuba_produziu_ventos_de_250_km.h-1&posic=dat_20050526-193053.inc>.

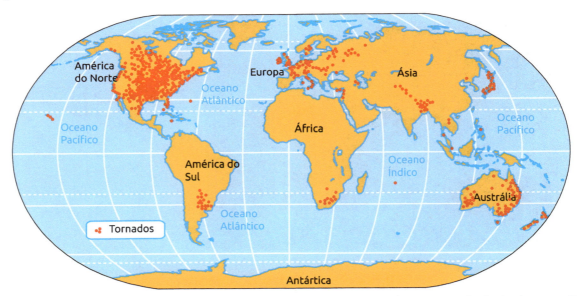

Fig. 9.28 *Localização das regiões propícias à ocorrência de tornados. As áreas com maior concentração de círculos vermelhos são aquelas com frequência mais elevada de tornados*
Fonte: adaptado de Aguado e Burt (2010).

Escala Fujita (ou escala Fujita-Pearson)

De acordo com McDonald (2001), em 1971, Fujita estabeleceu categorias de intensidade do vento para descrever os danos que seriam observados com a ocorrência de tornados.

Os danos causados em cada escala de Fujita-Pearson são esquematizados na Fig. 9.29. Para as escalas de F6 a F12, não mostradas na figura, que apresentam ventos superiores a 143 m s^{-1}, os danos causados pelos tornados são considerados inconcebíveis.

O Serviço Meteorológico Nacional dos Estados Unidos aceitou a escala Fujita para uso em 1973. A essa escala, Allen Pearson, diretor do Centro Nacional de Previsão de Tempestades Severas (National Severe Storms Forecast Center), adicionou a escala Pearson, que indica a distância e a amplitude do caminho percorrido pelos tornados, criando assim a escala Fujita-Pearson.

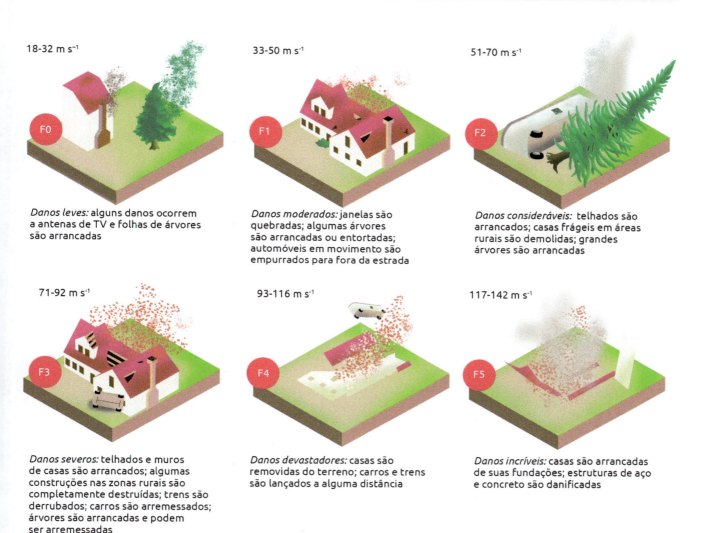

Fig. 9.29 *Danos causados por tornados com diferentes intensidades segundo a escala Fujita-Pearson*
Fonte: adaptado de Formación... (2011).

10 Poluição atmosférica

Este capítulo trata da poluição atmosférica. Inicialmente, serão apresentadas as definições de poluentes atmosféricos e os principais compostos presentes numa atmosfera urbana poluída: material particulado, monóxido de carbono, óxidos de nitrogênio e de enxofre e ozônio. Nesse momento, será oportuno distinguir o ozônio troposférico do ozônio estratosférico e introduzir o conceito de camada de ozônio, mostrando como ela está sendo destruída. É importante destacar que os poluentes atmosféricos estão concentrados nas camadas mais próximas da superfície da Terra, na baixa troposfera – pois as atividades urbanas têm se destacado como principais fontes de poluição –, ao passo que a camada de ozônio se encontra na estratosfera. Os principais fatores meteorológicos que afetam a poluição do ar nas camadas mais baixas da troposfera também serão discutidos. Outro tema abordado neste capítulo são os efeitos da poluição nos ambientes urbanos: as ilhas de calor e a deposição ácida.

10.1 Tipos e fontes de poluentes atmosféricos

No Brasil, o órgão responsável pela deliberação e consulta de toda a Política Nacional do Meio Ambiente é o Conselho Nacional do Meio Ambiente (Conama), que define poluente atmosférico da seguinte forma:

> Entende-se como poluente atmosférico qualquer forma de matéria ou energia com intensidade e em quantidade, concentração, tempo ou características em desacordo com os níveis estabelecidos, e que tornem ou possam tornar o ar:
> I. impróprio, nocivo ou ofensivo à saúde;
> II. inconveniente ao bem-estar público;
> III. danoso aos materiais, à fauna e flora;
> IV. prejudicial à segurança, ao uso e gozo da propriedade e às atividades normais da comunidade. (Conama, 1990).

10.1.1 Classificação dos poluentes

No Cap. 1, estudaram-se os principais gases que compõem a atmosfera. Entretanto, a variedade de substâncias que podem ser encontradas na atmosfera é muito grande, compreendendo, além dos gases, os aerossóis – também denominados material particulado ou partículas –, que podem estar na fase líquida ou sólida. Em consequência, há várias formas de classificar os poluentes. Normalmente, eles são divididos em:

- *poluentes primários*: aqueles que são diretamente emitidos por uma fonte;
- *poluentes secundários*: aqueles que são formados na atmosfera, por exemplo, por reações químicas entre poluentes primários e constituintes naturais da atmosfera.

Os poluentes também podem ser divididos com relação à sua origem, podendo ser emitidos por fontes naturais, como vegetação, oceanos e vulcões, ou antropogênicas, quando emitidos por processos industriais ou relacionados a atividades humanas, como chaminés de indústrias, escapamentos de veículos, navios, aviões, cigarro, fornos a lenha etc.

10.1.2 Principais poluentes atmosféricos

Antes de iniciar a descrição dos poluentes atmosféricos, é importante destacar que nem todos os gases poluentes são de efeito estufa, e vice-versa. Por exemplo, o dióxido de carbono (CO_2) é um gás de efeito estufa, mas não é considerado poluente atmosférico; por sua vez, o ozônio pode ser tanto um gás de efeito estufa quanto um poluente.

Entre outras competências, o Conama estabelece normas, critérios e padrões relativos ao controle e à manutenção da qualidade do meio ambiente. Esse órgão define os padrões de qualidade do ar da seguinte maneira:

> [...] as concentrações de poluentes atmosféricos que, ultrapassadas, poderão afetar a saúde, a segurança e o bem-estar da população, bem como ocasionar danos à flora e à fauna, aos materiais e ao meio ambiente em geral.
>
> I. Padrões Primários de Qualidade do Ar são as concentrações de poluentes que, ultrapassadas, poderão afetar a saúde da população.
>
> II. Padrões Secundários de Qualidade do Ar são as concentrações de poluentes abaixo das quais se prevê o mínimo efeito adverso sobre o bem-estar da população, assim como o mínimo dano à fauna, à flora, aos materiais e ao meio ambiente em geral. (Conama, 1990).

A Tab. 10.1 resume os padrões de qualidade do ar para os poluentes atmosféricos legislados no Brasil, conforme a Companhia de Tecnologia de Saneamento Ambiental de São Paulo (Cetesb, 2009).

Material particulado (MP)

Sob a denominação geral de material particulado (MP), encontra-se um conjunto de poluentes constituídos de poeiras, fumaças e todo tipo de material na fase líquida ou sólida que se mantém suspenso na atmosfera por causa de seu tamanho pequeno. As propriedades do MP variam em função de seu tamanho, composição química e origem. O tamanho das partículas, cujo diâmetro pode variar de alguns nanômetros (nm = 10^{-9} m) a dezenas de micrômetros (μm = 10^{-6} m = 10^3 nm), está diretamente associado ao seu potencial para causar problemas à saúde: quanto menores elas forem, maiores serão os efeitos provocados. O MP também provoca redução de visibilidade e impactos no clima. Com relação ao clima, os efeitos podem ser divididos em duas classes:

- *Efeitos diretos*: são decorrentes do espalhamento e da absorção da radiação solar. É o mesmo processo que ocorre com a redução de visibilidade.
- *Efeitos indiretos*: acontecem quando o MP atua como núcleo de condensação de nuvens.

O Conama classifica o MP em três diferentes categorias, que recebem da Cetesb (2009) as seguintes definições:

- *Partículas inaláveis* (MP_{10}): podem ser definidas de maneira simplificada como aquelas cujo diâmetro aerodinâmico é menor do que 10 μm. As partículas inaláveis podem ainda ser subdivididas em partículas inaláveis finas ($MP_{2,5}$), com diâmetro aerodinâmico menor do que 2,5 μm, e partículas inaláveis grossas, com diâmetro aerodinâmico entre 2,5 μm e 10 μm. As

Tab. 10.1 Padrões nacionais de qualidade do ar (Resolução Conama nº 3, de 28 de junho de 1990)

Poluente	Tempo de amostragem	Padrão primário (μg/m^3)	Padrão secundário (μg/m^3)	Método de medição
Partículas totais em suspensão	24 horas[1]	240	150	Amostrador de grandes volumes
	MGA[2]	80	60	
Partículas inaláveis	24 horas[1]	150	150	Separação inercial/filtração
	MAA[3]	50	50	
Fumaça	24 horas[1]	150	100	Refletância
	MAA[3]	60	40	
Dióxido de enxofre	24 horas[1]	365	100	Pararosanilina
	MAA[3]	80	40	
Dióxido de nitrogênio	1 hora[1]	320	190	Quimiluminescência
	MAA[3]	100	100	
Monóxido de carbono		40.000	40.000	Infravermelho não dispersivo
	1 hora[1]	35 ppm	35 ppm	
	8 horas[1]	10.000	10.000	
Ozônio	1 hora[1]	160	160	Quimiluminescência

1 - Não deve ser excedido mais do que uma vez ao ano; 2 - média geométrica anual; 3 - média aritmética anual.

Fonte: adaptado de Cetesb (2009).

partículas finas, devido ao seu tamanho diminuto, podem atingir os alvéolos pulmonares; já as grossas ficam retidas na parte superior do sistema respiratório.

- *Partículas totais em suspensão (PTS)*: podem ser definidas de maneira simplificada como aquelas cujo diâmetro aerodinâmico é menor do que 50 μm, incluindo as partículas inaláveis.
- *Fumaça (FMC)*: está associada ao material particulado suspenso na atmosfera proveniente dos processos de combustão. O método de determinação da fumaça é baseado na medida de refletância da luz que incide na poeira (coletada em um filtro), o que confere a esse parâmetro a característica de estar diretamente relacionado ao teor de fuligem na atmosfera.

O MP pode ser primário, quando emitido diretamente por fontes naturais e antropogênicas. Vulcões e oceanos emitem grandes quantidades desse material; os ventos no deserto do Saara, por exemplo, suspendem grande quantidade de areia, uma parte da qual atinge a Amazônia. Nessa categoria também estão incluídos os bioaerossóis, como pólen, esporos e microrganismos. Esses materiais particulados primários naturais normalmente têm diâmetros relativamente grandes, ou seja, são encontrados no material particulado grosso. Já os emitidos diretamente por fontes antropogênicas, como a fumaça que sai do escapamento de caminhões e ônibus ou de chaminés industriais, são normalmente partículas de tamanhos menores. Grande parte do material particulado fino, com diâmetro menor do que 2,5 μm, é secundária, ou seja, é formada a partir de reações químicas de outros compostos já presentes na atmosfera, como óxidos de enxofre, óxidos de nitrogênio e compostos orgânicos voláteis. Por vezes, essas reações dependem da radiação solar, e o poluente secundário, nesse caso, recebe também o nome de poluente fotoquímico.

O tempo de permanência do MP na atmosfera varia, dependendo de seu tamanho e da precipitação. Partículas grandes e mais pesadas, com diâmetro maior do que 10 μm, tendem a ficar suspensas na atmosfera por volta de um dia antes de se depositarem nas superfícies. Esse processo é chamado de deposição seca e ocorre, por exemplo, com a poeira que se acumula nos móveis de casa. Entretanto, quanto menor a partícula, mais tempo ela tende a ficar na atmosfera. Partículas menores do que 1 μm podem ficar suspensas por várias semanas. Além da deposição seca, os processos de deposição úmida também auxiliam na remoção desse MP da atmosfera. Essa deposição está associada a processos com água (vapor ou em forma líquida) na atmosfera e pode ser dividida em duas classes: *dentro de nuvens* (in cloud) e *fora de nuvens* (below cloud). A remoção de MP por processos dentro de nuvens ocorre quando o MP age como um núcleo de condensação e, ao seu redor, a água é incorporada, originando uma gota de nuvem. A remoção fora de nuvens acontece quando o MP é carregado por gotas de nuvem ou chuva já formadas.

Monóxido de carbono (CO)

É o principal poluente em áreas urbanas. Trata-se de um gás incolor e inodoro que resulta da queima incompleta de combustíveis de origem orgânica – combustíveis fósseis, biomassa etc. Assim, sua principal fonte é a frota veicular. Altas concentrações de monóxido de carbono são encontradas em áreas de intensa circulação de veículos.

Dióxido de enxofre (SO$_2$)

É um gás incolor que resulta principalmente da queima de combustíveis que contêm enxofre, como carvão, óleo diesel, óleo combustível industrial e gasolina. Nas cidades, é emitido sobretudo por veículos pesados, ou seja, caminhões e ônibus que utilizam o diesel como combustível. Compostos contendo enxofre podem ser emitidos naturalmente, tanto em erupções de vulcões como em partículas de sulfato nos *sprays* marinhos. Na atmosfera, o dióxido de enxofre é rapidamente oxidado, formando poluentes secundários, como o ácido sulfúrico, que é um dos principais componentes da chuva ácida.

Compostos orgânicos voláteis (COVs)

Apesar de não serem poluentes legislados pelo Conama, os compostos orgânicos voláteis (COVs) são importantes no estudo da química atmosférica. Representam uma classe de compostos orgânicos formados principalmente de hidrocarbonetos leves (compostos de átomos de carbono e hidrogênio), aldeídos, cetonas e álcoois que participam de reações fotoquímicas na atmosfera. À temperatura ambiente, podem ser encontrados na forma de gás, ou ainda na forma sólida ou líquida – e, neste caso, é preciso que tenham como propriedade evaporar facilmente. A variedade de compostos é enorme, mas o COV mais abundante é o metano, que se encontra na forma gasosa, é emitido também por fontes naturais e não apresenta risco à saúde. Assim, neste livro, quando se fizer referência aos COVs, estarão sendo considerados os compostos orgânicos voláteis com exceção do metano. Nas cidades, esses gases e vapores resultam da queima incompleta ou evaporação de combustíveis e de outros produtos orgânicos voláteis. Diversos hidrocarbonetos, como o benzeno, são cancerígenos e mutagênicos, não havendo uma concentração no ambiente totalmente segura. Eles participam ativamente das reações de formação da *névoa fotoquímica*, também chamada de *smog fotoquímico*, que recebe tal denominação por causar a diminuição de visibilidade na atmosfera.

Óxidos de nitrogênio (NOx)

São as somas de óxido de nitrogênio (NO) e dióxido de nitrogênio (NO_2), que são gases formados durante processos de combustão em altas temperaturas, quando o gás nitrogênio (N_2) do ar reage com o oxigênio (O_2). Em grandes cidades, os veículos geralmente são os principais responsáveis pela emissão dos óxidos de nitrogênio. O NO é oxidado rapidamente na atmosfera para NO_2 e tem papel importante na formação de oxidantes fotoquímicos, como o ozônio. Dependendo das concentrações, o NO_2 pode causar prejuízos à saúde.

Ozônio (O_3)

Oxidantes fotoquímicos é a denominação que se dá à mistura de poluentes secundários formados pela reação entre os óxidos de nitrogênio e os COVs na presença de luz solar. Tais poluentes formam a névoa fotoquímica. Por ser o principal produto dessa reação, o ozônio é utilizado como parâmetro indicador da presença de oxidantes fotoquímicos na atmosfera.

O ozônio encontrado na faixa de ar próxima ao solo – na troposfera, onde respiramos – é chamado de *mau ozônio*, pois é tóxico, e, além de prejuízos à saúde, pode causar danos à vegetação. Entretanto, na camada de ozônio, localizada na estratosfera, a cerca de 25 km de altitude, esse gás tem a importante função de proteger a Terra dos raios ultravioleta emitidos pelo Sol, como se fosse um filtro.

10.2 Ozônio na troposfera

O ozônio é formado naturalmente na atmosfera, tanto na estratosfera, onde forma a camada de ozônio, quanto na troposfera. Nesta seção será descrita a química do ozônio troposférico, e na seção 10.3, a do ozônio estratosférico.

10.2.1 Química básica do ozônio

A luz solar com radiação de comprimentos de onda menores do que 0,41 μm, aqui representada como $h\nu$, dissocia o dióxido de nitrogênio em óxido nítrico e oxigênio atômico:

$$NO_2 + h\nu \rightarrow NO + O \quad (10.1)$$

O oxigênio atômico, por sua vez, combina-se com um oxigênio molecular na presença de uma terceira molécula (M, normalmente nitrogênio, N_2, pois é a molécula mais abundante na atmosfera), formando o ozônio:

$$O + O_2 + M \rightarrow O_3 + M \quad (10.2)$$

O ozônio é, então, destruído ao reagir com o óxido de nitrogênio:

$$O_3 + NO \rightarrow NO_2 + O_2 \quad (10.3)$$

Havendo radiação solar, o dióxido de nitrogênio se dissocia novamente, voltando à reação apresentada na Eq. 10.1. Portanto, nesse ciclo, há equilíbrio entre a formação e o consumo de ozônio, o que caracteriza uma condição de estado fotoestacionário. Porém, em determinadas condições de concentração dos NO_x e presença dos COVs emitidos, podem ocorrer eventos de *smog fotoquímico*. Nas grandes cidades, esses eventos acontecem na forma de um grande acúmulo de ozônio, principalmente durante as primeiras horas da tarde de um dia bastante ensolarado. O acúmulo desse gás na atmosfera urbana ocorre porque o NO reage com os COVs, produzindo NO_2 e outros produtos, e, assim, deixa de consumir O_3. De maneira bastante simplificada, a reação apresentada na Eq.10.3 é substituída pela reação a seguir, esquematizada na Fig. 10.1:

$$COV + NO \rightarrow NO_2 + outros\ COVs \quad (10.4)$$

10.3 Ozônio na estratosfera

A camada de ozônio encontra-se na estratosfera, a aproximadamente 25 km de altura. Ela protege os seres vivos na Terra dos danos causados pela radiação ultravioleta do Sol. Raios ultravioleta em excesso que atinjam a superfície terrestre, sobretudo na faixa do UV-B (de 0,28 μm a 0,32 μm de comprimento de onda) e de comprimentos de onda menores, podem acarretar sérios prejuízos à saúde do homem e ao meio ambiente em geral.

O ozônio forma-se naturalmente na estratosfera, num ciclo descoberto por Sydney Chapman (1888-1970) em 1930, como mostra a Fig. 10.2. Segundo Chapman (1930), na reação 1 a radiação solar ultravioleta na estratosfera, com comprimentos de onda inferiores a 0,24 μm, lentamente dissocia o oxigênio (O_2). Na reação 2, o oxigênio atômico (O) reage de maneira rápida com o O_2 na presença de uma terceira

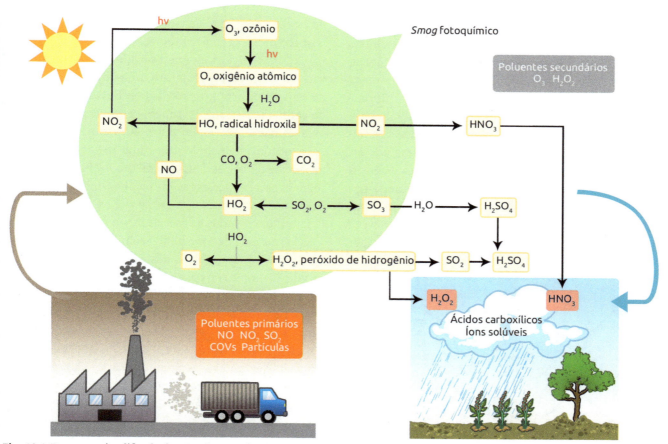

Fig. 10.1 *Esquema simplificado das reações que formam eventos de smog fotoquímico*
Fonte: adaptado de Fornaro (2011).

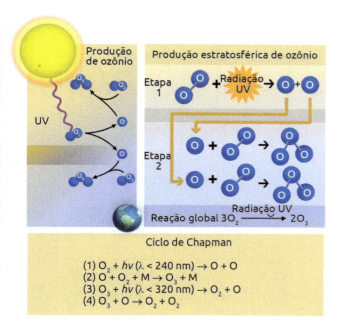

Fig. 10.2 *Ozônio estratosférico*
Fonte: adaptado de Tanimoto e Soares (2003).

molécula (M, que pode ser outro O_2 ou N_2) para formar o ozônio (O_3). Na reação 3, o O_3 formado passa a absorver rapidamente a radiação com comprimentos de onda inferiores a 0,32 μm, voltando a se decompor em O_2 e O. Na reação 4, o O_3 também pode reagir com o oxigênio atômico, produzindo novamente duas moléculas de O_2. O resultado final é uma reação global em que $3O_2 \rightarrow 2O_3$ ou $2O_3 \rightarrow 3O_2$.

Com relação à química do ozônio na estratosfera e na troposfera, é importante ter em mente que ela é ligeiramente diferente nos dois casos. Na estratosfera ocorre a fotólise (dissociação de moléculas por efeito da radiação eletromagnética) do oxigênio, enquanto na troposfera ocorre a fotólise do dióxido de nitrogênio (NO_2).

10.3.1 Buraco da camada de ozônio

O primeiro clorofluorcarbono (CFC) foi sintetizado no final da década de 1920, composto de um átomo de carbono, dois de cloro e dois de flúor (CCl_2F_2). Entre as principais características dos CFCs, pode-se citar o fato de não serem reativos, inflamáveis ou tóxicos. Sob pressão normal, encontram-se na forma gasosa, mas, com um pequeno aumento na pressão, condensam-se, liberando calor e resfriando. Ao evaporarem, reabsorvem calor, esquentando. Assim, na década de 1960, a industrialização do CFC permitiu acelerar a produção de geladeiras e aparelhos de ar condicionado.

Em 1972, dois cientistas da Universidade da Califórnia, Sherwood Rowland (1927-2012) e Mario Molina (1943-), conduziram experimentos para determinar se os CFCs, com suas características de persistência, poderiam causar algum problema por permanecerem indefinidamente na atmosfera. Seus testes confirmaram que os CFCs, estáveis na troposfera, gradualmente atingiam a estratosfera, onde estavam sujeitos à radiação UV que não chegava à superfície da Terra por ser absorvida pelo ozônio estratosférico. Na estratosfera, a radiação UV quebra a molécula de CFC, liberando um átomo de cloro, que, por sua vez, ataca o ozônio estratosférico (Fig. 10.3). O átomo de cloro age como um catalisador, ou seja, acelera uma reação química sem ser consumido por ela. Como podem durar de 40 a 100 anos na estratosfera, os CFCs têm o potencial de quebrar um número muito grande de moléculas de ozônio.

Em 1985, alguns cientistas britânicos que trabalhavam na Antártica reportaram uma diminuição de 50% na camada de ozônio acima do polo Sul. Assim, o buraco da camada de ozônio, também chamado de buraco de ozônio, não é exatamente um buraco na estratosfera no qual inexiste ozônio, mas uma região onde a concentração do gás está abaixo de um limite médio. Essa região aparece, por exemplo, sobre a Antártica, principalmente nos meses de setembro e outubro. Também já foram observados buracos sobre o Ártico e a Sibéria.

O Protocolo de Montreal, assinado em 1987, exigiu cortes de 50% em relação aos níveis de 1986, tanto na produção quanto no consumo de cinco principais CFCs até 1999. A Fig. 10.4 mostra a concentração do CFC-11 entre 1977 e 1996. É interessante observar que a redução na produção desse CFC – e, portanto, em sua emissão para a atmosfera – fez com que as concentrações se estabilizassem em um patamar. Entretanto, esse CFC que continua disponível na troposfera ainda poderá ser transportado para a estratosfera e destruir moléculas de ozônio.

10.3.2 Medida da concentração de O_3 na camada de ozônio

Para o cálculo da média de ozônio na atmosfera, supõe-se uma coluna desde a superfície da Terra até o espaço (Fig. 10.5). Se todas as moléculas de ozônio contidas nessa coluna fossem concentradas em uma camada próxima à superfície, às condições normais

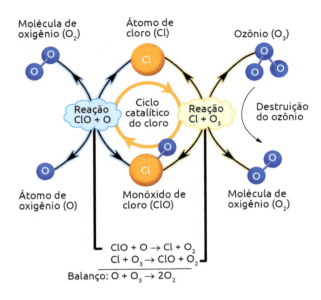

Fig. 10.3 *Ciclo de destruição do ozônio*
Fonte: adaptado de Stratospheric... (s.d.).

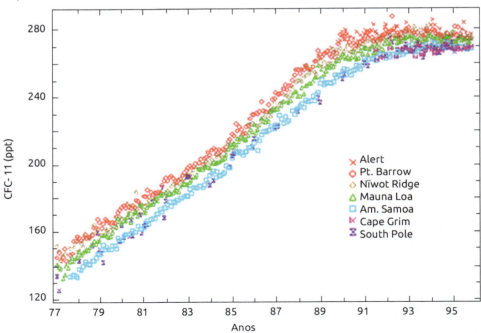

Fig. 10.4 *Medidas das concentrações atmosféricas de CFC-11 entre 1977 e 1996 em partes por trilhão (ppt)*
Fonte: adaptado de Stratospheric... (s.d.).

de temperatura e pressão (0 °C e 1.013,25 hPa), essa camada teria 3 mm de altura. Como uma unidade Dobson corresponde a 0,01 mm, a média de ozônio na atmosfera equivaleria a 300 unidades Dobson ou 300 DU (Dobson units). Para se ter noção de quão tênue é a camada de ozônio, se o mesmo procedimento fosse realizado para toda a coluna atmosférica, sua altura final seria de 8 km.

As regiões onde a concentração desse gás é inferior a 220 DU são caracterizadas como buracos de ozônio.

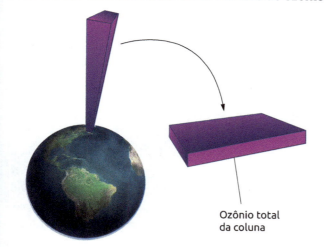

Fig. 10.5 *Medida da concentração média de ozônio em unidades Dobson*
Fonte: adaptado de Nasa... (s.d.).

A Fig. 10.6 mostra a variação do buraco de ozônio no polo Sul (regiões delimitadas pelo azul-claro) nos meses de setembro entre 1995 e 2007. Nota-se que há anos em que o buraco é maior e outros, como 2002, em que ele é menor.

Além disso, observando a Fig. 10.7, percebe-se que, mesmo com a estabilização das concentrações de CFCs na troposfera a partir do início da década de 1990 (Fig. 10.4), a área do buraco de ozônio aumenta a cada ano, com esse aumento começando cada vez mais cedo, em meados de agosto, e terminando cada vez mais tarde, em dezembro.

10.4 Fatores atmosféricos que afetam a poluição

Episódios de poluição do ar estão intimamente ligados às condições atmosféricas. Na sequência, serão abordadas algumas variáveis atmosféricas importantes para a dispersão desses poluentes.

10.4.1 Vento

O vento tem influência fundamental na dispersão de poluentes atmosféricos, pois determina o quão rápido os poluentes emitidos por uma determinada fonte serão misturados com o ar ao seu redor e qual distância atingirão. Normalmente, não se espera que

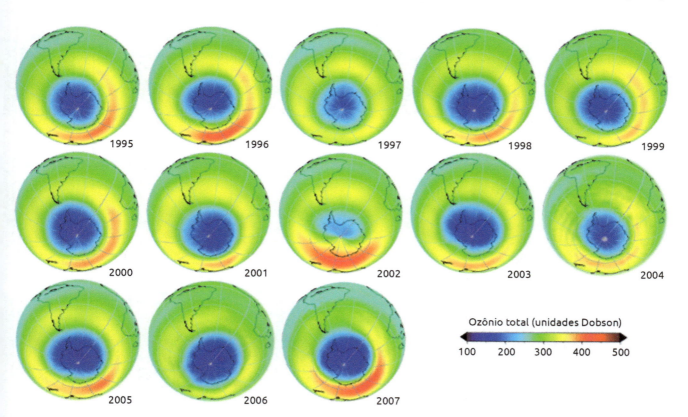

Fig. 10.6 *Média mensal do ozônio total no polo Sul para o mês de setembro entre 1995 e 2007*
Fonte: adaptado de Loyola et al. (2009).

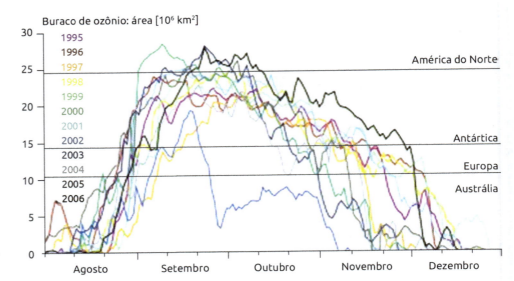

Fig. 10.7 *Variação da área do buraco de ozônio em diferentes regiões entre 1995 e 2006 comparadas com áreas dos continentes*
Fonte: adaptado de Loyola et al. (2009).

ocorrem episódios de altas concentrações de poluentes quando há vento forte. Essas altas concentrações só acontecem quando os poluentes se acumulam, ou seja, quando não há vento ou ele é muito fraco.

10.4.2 Estabilidade e inversão térmica

Relembrando os conceitos de estabilidade atmosférica, abordados no Cap. 5, a estabilidade da atmosfera determina a extensão a que uma parcela de ar poderá ascender na camada de ar. Uma atmosfera instável promove movimentos verticais, ao passo que uma atmosfera estável os inibe. Em consequência, uma pluma de fumaça lançada numa atmosfera estável tende a se espalhar horizontalmente, havendo pouca mistura na vertical.

Muito comum durante o inverno na região metropolitana de São Paulo, a inversão térmica ocorre em noites com céu sem nuvens e ventos muito fracos. Nesse fenômeno, a superfície da Terra perde muita radiação, esfriando mais do que a atmosfera acima dela (Fig. 10.8B). Assim, a temperatura acaba aumentando com a altura ao invés de diminuir, como normalmente acontece. Daí o termo *inversão térmica*. Esse tipo de perfil de temperatura – que aumenta com a altura – torna a atmosfera extremamente estável, inibindo qualquer tipo de movimento vertical. Nessas condições, toda a poluição emitida pelos veículos e por outras fontes vai se acumulando nessa camada estável, que se torna visível ao adquirir uma coloração amarronzada, como mostrado na Fig. 10.9 para uma região urbana poluída.

Na ocorrência de inversão térmica, é interessante observar a altura de sua base e sua intensidade (pelo perfil vertical da temperatura ambiente) e investigar sua origem (suas causas). Algumas das causas de inversão térmica são as seguintes:

- *Radiação*: numa noite clara e com céu limpo, a superfície se resfria continuamente devido à emissão de radiação e por processos de condução. Pela manhã, o aquecimento da superfície

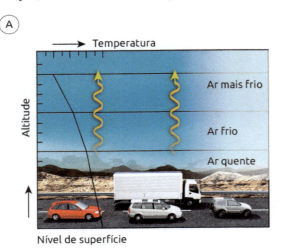
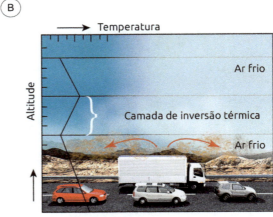

Fig. 10.8 *(A) Atmosfera instável e (B) atmosfera estável, caracterizando uma inversão térmica*
Fonte: adaptado de Indriunas (s.d.).

Fig. 10.9 *Acúmulo da poluição emitida pelos veículos e por outras fontes em uma região metropolitana*
Fonte: Capmo (CC BY-SA 2.0) (https://goo.gl/9BF7RY).

faz com que a inversão desapareça. Contudo, a presença de neblina pode retardar o aquecimento da superfície e o desaparecimento da inversão.

- *Frente fria*: uma frente fria faz com que o ar frio penetre por baixo do ar quente, causando uma inversão acima da superfície frontal.
- *Brisa marítima*: a brisa marítima pode fazer com que o ar relativamente mais frio vindo do mar penetre sob o ar quente sobre a terra.
- *Anticiclones*: são sistemas de alta pressão que favorecem movimentos descendentes de ar em seu centro, o que inibe a formação de nuvens. Esses movimentos descendentes aquecem o ar, e podem ocorrer inversões térmicas na média troposfera. Entretanto, mais próximo à superfície, as regiões sob a atuação de anticiclones possuem grande perda radiativa no período noturno, o que favorece a ocorrência de inversão térmica por radiação.

10.5 Poluição atmosférica e ambientes urbanos

10.5.1 Ilha de calor

Ilha de calor é uma anomalia térmica em que o ar da cidade se torna mais quente do que o ar das regiões vizinhas. Seus efeitos constituem bons exemplos das modificações causadas pelo homem na atmosfera. As ilhas de calor surgem a partir do momento em que se altera o uso do solo, ou seja, quando superfícies "naturais" são pavimentadas e ocupadas por edifícios e outros tipos de infraestrutura. Algumas modificações que contribuem para que as temperaturas urbanas sejam maiores são:

- a retirada de árvores e vegetação, que implica a diminuição das causas naturais de resfriamento, como sombreamento e evapotranspiração;
- a construção de prédios altos e ruas estreitas, que pode fazer com que o ar quente fique preso entre eles, diminuindo a circulação do ar;
- a emissão de calor por veículos, indústrias e diversos equipamentos (ar-condicionado, por exemplo), que pode aquecer o ar mais próximo, intensificando o efeito da ilha de calor;
- a presença de uma grande quantidade de poluentes na atmosfera (dióxido de carbono), que faz com que a radiação terrestre seja mais absorvida.

O ar frio rodeia a ilha de calor: a zona rural, com sua vegetação natural, torna-se uma região mais fria; a zona urbana, com seu material característico na construção de prédios e áreas comerciais e residenciais, cria uma região mais quente (Fig. 10.10B). Esse contraste térmico pode gerar circulações locais, intensificando movimentos verticais sobre as ilhas de calor, como mostrado na figura. O acoplamento entre movimentos verticais mais intensos e a entrada da brisa marítima em uma região urbana – como a região metropolitana de São Paulo, por exemplo – pode levar a uma maior precipitação sobre essa região quando comparada à região mais periférica. Essa região urbana, quase totalmente pavimentada e sem superfícies de infiltração, acaba sofrendo com alagamentos ao receber uma grande quantidade de chuva, como é sempre noticiado nos meses de verão.

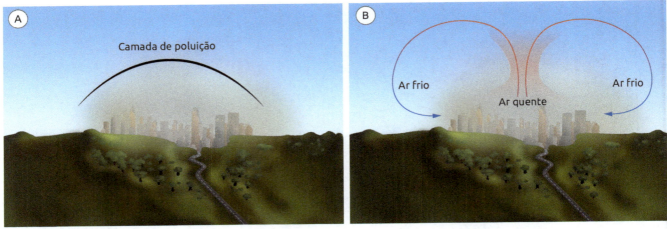

Fig. 10.10 (A) *Impacto da poluição na ilha de calor e (B) influência dessa ilha de calor nas circulações locais*
Fonte: adaptado de Ilhas... (2009).

10.5.2 Deposição ácida

Poluentes emitidos por fontes antropogênicas – principalmente os óxidos de enxofre e de nitrogênio – ou suas partículas resultantes podem ser removidos da atmosfera por deposição seca ou por deposição úmida. O termo *deposição ácida* compreende tanto a deposição úmida (conhecida como chuva ácida) quanto a seca (sem a presença de água na forma líquida).

A precipitação já é naturalmente ácida, com pH de 5,6. Isso ocorre porque o dióxido de carbono da atmosfera se dissolve nas gotas de chuva, formando o ácido carbônico.

Fig. 10.11 *Efeito da chuva ácida sobre uma plantação*
Fonte: Thinkstock.

> Assim, a chuva só será considerada ácida se seu pH for menor do que 5.

Os óxidos de enxofre e de nitrogênio emitidos para a atmosfera pelas atividades humanas, diferentemente do dióxido de carbono, formam ácidos fortes, aumentando a acidez da água da chuva.

Altas concentrações de deposição ácida podem danificar plantas e recursos hídricos. A chuva ácida afeta florestas, sobretudo aquelas em altas altitudes, pois a água acidificada dissolve os nutrientes que estão no solo e rapidamente os arrasta antes que as plantas possam utilizá-los para crescer. Também pode ocorrer a liberação de algumas substâncias tóxicas no solo, como o alumínio, prejudicando sua fertilidade. Um exemplo é mostrado na Fig. 10.11.

O impacto dessa chuva em monumentos históricos também é grande, como pode ser visto na estátua de arenito da Fig. 10.12. A chuva ácida produzida pela poluição do ar na região, que provavelmente é bastante industrializada, explica esses graves danos.

Fig. 10.12 *Efeito da chuva ácida sobre um monumento histórico*
Fonte: Thinkstock.

Este capítulo apresenta a definição de clima e sua diferença em relação ao tempo atmosférico, os fatores que o controlam e, por fim, um resumo de algumas das diferentes classificações climáticas existentes.

11.1 Definição de tempo e clima

O termo *tempo* é utilizado para se referir ao estado momentâneo da atmosfera (uma manhã ensolarada, uma tarde nublada ou chuvosa etc.), enquanto o termo *clima* se refere ao estado médio da atmosfera, que é obtido pela média dos eventos de tempo durante um longo período (meses, anos, séculos).

As informações utilizadas para determinar o clima são obtidas principalmente de estações meteorológicas, que registram as variáveis atmosféricas, como temperatura do ar, umidade relativa, pressão atmosférica e precipitação. A Organização Meteorológica Mundial (OMM) define como clima a média dessas variáveis em períodos de 30 anos (WMO, 1983), bem como estabelece tais períodos (1931-1960, 1961-1990, 1991-2020 etc.), que são denominados normais climatológicas e possibilitam a comparação entre os dados coletados em diversas partes do planeta.

11.2 Fatores ou controles climáticos

Se a superfície terrestre fosse completamente homogênea, o mapa dos climas do globo seria composto de uma série de bandas latitudinais mostrando as temperaturas mais frias nos polos e as mais quentes no equador. Como a superfície terrestre não é homogênea, diferentes fatores ou controles climáticos fazem com que numa mesma latitude ocorram climas variados. Embora correspondam aos mesmos "controles de temperatura" apresentados no Cap. 3, os fatores climáticos são novamente apresentados, mas de forma resumida:

- *Latitude*: as regiões mais próximas do equador recebem mais energia do que as mais afastadas, em razão do ângulo de incidência dos raios solares sobre a superfície do planeta

11

Classificação climática

(Fig. 11.1). Portanto, as latitudes tropicais são mais quentes do que as polares.

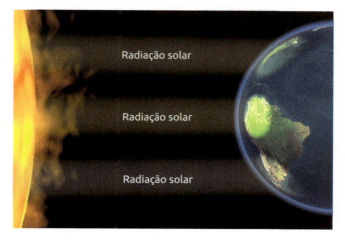

Fig. 11.1 *Distribuição da radiação solar em função da latitude*
Fonte: adaptado de UV radiation... (s.d.).

- *Altitude*: regiões mais afastadas do nível médio do mar (NMM) são mais frias do que aquelas próximas a tal nível. Isso ocorre em virtude de a temperatura do ar decrescer com a altitude até aproximadamente 10 km de altura. A superfície terrestre é aquecida durante o dia pela energia proveniente do Sol. Por meio de alguns processos físicos (radiação, condução, convecção e turbulência), a superfície transfere parte da energia para as camadas de ar acima, aquecendo a atmosfera das camadas mais baixas para as mais altas. Assim, menor quantidade de energia chega até as camadas mais afastadas da superfície, que também são mais rarefeitas, e o aquecimento acaba sendo menor do que naquelas próximas ao NMM. Nesse contexto, pode surgir a seguinte questão: se no topo de uma montanha a radiação solar também aquece a superfície, que transfere energia para o ar adjacente, por que essas regiões são mais frias do que aquelas perto do NMM? As regiões montanhosas são mais frias porque estão inseridas em regiões de menor pressão atmosférica, isto é, em regiões mais rarefeitas rodeadas apenas por ar. Como a densidade da atmosfera é menor, o aquecimento também será menor.

Regiões montanhosas também causam influência nos ventos e na distribuição de precipitação, pois uma corrente de ar, ao encontrar uma barreira topográfica, tende a ascender, e nesse processo pode ocorrer a formação de nuvens e precipitação (Fig. 11.2). Normalmente, na presença de topografia elevada, ocorre chuva a barlavento da montanha, em que o vento tende a ascender devido ao encontro com a topografia elevada, e condições secas a sotavento, em que o vento escoa das maiores para as menores alturas. Essas condições secas são decorrentes:

- do ar ter perdido parte de sua umidade a barlavento;
- do aquecimento adiabático (ver Cap. 5) do ar quando ele desce a topografia, pois isso diminui sua umidade relativa, o que o torna mais seco, desfavorecendo a formação de nuvens.

- *Distância dos oceanos*: a capacidade térmica da água é bem maior do que a da superfície continental. O calor específico da água a 15 °C é de 4,18 J g^{-1} °C^{-1}, ao passo que o da terra varia entre 0,8 e 1,3 J g^{-1} °C^{-1}. Ou seja, para uma mesma quantidade de massa, a água necessita de três a cinco vezes mais energia para se aquecer do que a terra, o que faz com que o tempo necessário para aquecer e esfriar a água seja maior do que para a terra. Assim, a grande capacidade térmica dos corpos d'água reduz as variações de temperatura ao longo do dia nas áreas continentais vizinhas, tanto pela proximidade como pela grande quantidade de vapor d'água que é proveniente do oceano e se distribui pelas regiões próximas (Silva Dias; Justi da Silva, 2009). Uma maior quantidade de vapor d'água significa uma maior absorção de radiação infravermelha ou efeito estufa, e, assim, as temperaturas não baixam muito. Também é válido mencionar o efeito das correntes oceânicas. Uma corrente quente pode ter um efeito moderador sobre um clima frio, como é o caso da corrente do Atlântico Norte, que torna o clima europeu menos frio.

- *Tipo de superfície*: algumas superfícies refletem mais energia solar do que outras; portanto, as que mais refletem se aquecerão menos. Um exemplo é o caso de superfícies cobertas por neve e gelo, que refletem aproximadamente 85% da radiação solar incidente. Já superfícies florestadas refletem cerca de 5% a 20% da energia solar incidente. É interessante ressaltar que a relação entre a quantidade de radiação solar refletida pela superfície de um objeto e o

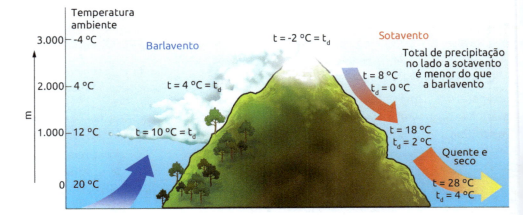

Fig. 11.2 *Influência da topografia no escoamento atmosférico e na distribuição de precipitação*
Fonte: adaptado de Lutgens e Tarbuck (2010).

total de radiação incidente sobre ele recebe o nome de albedo.

- *Sistemas predominantes de pressão e ventos*: a distribuição da precipitação no globo mostra uma relação muito próxima com a distribuição dos principais sistemas de pressão e ventos da Terra (rever o Cap. 8 para mais detalhes). Embora a distribuição latitudinal desses sistemas não seja exatamente em forma de um "cinturão", é possível verificar um arranjo zonal da precipitação (Fig. 11.3). Na região próxima ao equador, a convergência dos ventos quentes e úmidos favorece a formação de nuvens e grandes volumes de chuva ao longo do ano (Zona de Convergência Intertropical, ZCIT). Nas regiões dominadas pelos anticiclones subtropicais, geralmente prevalecem condições áridas. Já nas latitudes médias, os intensos gradientes horizontais de temperatura favorecem o desenvolvimento de frentes e ciclones, que, por sua vez, contribuem para a precipitação. Finalmente, nas regiões polares, onde as temperaturas são muito baixas, o ar só consegue manter pequena quantidade de umidade, o que desfavorece a precipitação. O deslocamento sazonal dos "cinturões" de pressão e ventos, que segue o movimento aparente do Sol, afeta significativamente áreas em posições intermediárias. Tais áreas são influenciadas por dois regimes diferenciados. Por exemplo, um local entre a baixa equatorial e a região dos anticiclones subtropicais no hemisfério Sul terá uma estação chuvosa quando a baixa equatorial migrar em direção ao polo e se posicionar perto do local e, uma estação seca quando esse sistema se distanciar, retornando ao equador. O deslocamento latitudinal das áreas de pressão é grandemente responsável pela sazonalidade da precipitação em muitas regiões do globo.

11.3 Modelos de classificação climática

Como o clima de um determinado lugar é dependente dos controles, apresentados na seção anterior, logo se tem uma grande variedade de climas ou de tipos climáticos sobre a superfície terrestre. Embora dois lugares no globo não tenham climas idênticos, é possível definir áreas em que o clima é relativamente uniforme entre diversos lugares (Ayoade, 2010). Para facilitar o mapeamento das regiões com climas semelhantes, são definidos critérios – também chamados de esquemas ou modelos – de classificação climática.

De acordo com Ayoade (2010), existem vários esquemas de classificação climática, os quais podem estar inseridos em uma das duas abordagens fundamentais: a abordagem genética e a abordagem genérica ou empírica. Na primeira, a classificação está baseada nos fatores que determinam ou causam os diferentes climas, como altitude e circulação geral da atmosfera. Já na segunda, a classificação está relacionada aos próprios elementos climáticos observados, como medidas de temperatura e precipitação. Como os controles climáticos são muito mais difíceis de medir do que os elementos climáticos, a maior parte das classificações climáticas adotou a abordagem empírica, para a qual há maior disponibilidade de informações (Ayoade, 2010).

Em 1972, Terjung e Louie fizeram um levantamento dos esquemas de classificação climática existentes e encontraram 169 deles, dos quais 21 foram considerados genéticos, e 148, empíricos. A seguir serão apresentados alguns modelos de classificação de ambas as abordagens.

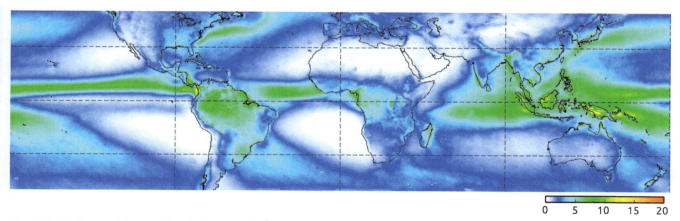

Fig. 11.3 *Média anual da precipitação (em mm dia^{-1}) no período de 1998 a 2009 com base nos dados de satélite do programa Tropical Rainfall Measuring Mission (TRMM)*
Fonte: *Huffman, Pendergrass e NCAR Staff (s.d.).*

11.3.1 Modelos de classificação genética

Ayoade (2010) apresenta quatro exemplos de modelos de classificação climática que adotam a abordagem genética. Desses, dois se baseiam nos sistemas dinâmico-sinóticos, e os outros dois, no balanço de energia.

Classificação genética de Flohn

Proposta em 1950 por Flohn, essa classificação apresenta sete tipos climáticos e baseia-se na circulação geral da atmosfera e na distribuição da precipitação (Quadro 11.1). A temperatura não aparece de maneira explícita.

Classificação genética de Strahler

Em 1951, Strahler propôs uma classificação baseada no movimento das massas de ar e zonas frontais. Com isso, definiu três categorias climáticas principais: os climas de latitudes baixas, os de latitudes médias e os de latitudes altas. Além disso, há uma categoria extra para os climas de terras altas (montanhas). As três categorias são ainda subdivididas. Essa classificação climática é apresentada em detalhes em Strahler e Strahler (1997) e sintetizada no Quadro 11.2 e na Fig. 11.4.

Classificação genética de Budyko

Uma classificação climática baseada no balanço de energia foi proposta por Budyko em 1956. Para tal, foi utilizado o índice radiativo de aridez $I_d = R_n/L \cdot r$, em que R_n é a quantidade de radiação disponível para evaporação a partir de uma superfície úmida, L é o calor latente de evaporação e r é a precipitação média anual. O valor desse índice é menor do que 1 em áreas úmidas e maior do que 1 em áreas secas. Com base nesse índice, Budyko definiu cinco tipos climáticos (Tab. 11.1).

Classificação genética de Terjung e Louie

Em 1972, Terjung e Louie propuseram uma classificação baseada nos fluxos de energia e umidade. Para essa classificação, foi empregada a equação do balanço de energia na superfície – para mais detalhes, ver Ayoade (2010, p. 229). Esses autores definiram seis grupos climáticos principais e 62 tipos climáticos. Os seis grupos climáticos principais são:

- climas macrotropicais;
- climas subtropicais;
- climas continentais de latitudes médias;
- climas mesotropicais;
- climas ciclônico-marítimos;
- climas polares.

Quadro 11.1 Classificação genética de Flohn

	Tipo climático	Características
I.	Zona equatorial	Constantemente úmida
II.	Zona tropical (ventos alísios)	Precipitação no verão
III.	Zona subtropical seca (alta pressão subtropical)	Condições secas predominam durante o ano todo
IV.	Zona subtropical de chuva de inverno (do tipo de Mediterrâneo)	Precipitação no inverno
V.	Zona extratropical (ventos de oeste)	Precipitação durante o ano todo
VI.	Zona subpolar	Precipitação reduzida durante o ano todo
VII.	Subtipo continental boreal	Precipitação limitada no verão e precipitação de neve no inverno
VIII.	Zona polar	Precipitação escassa; precipitação no verão; precipitação de neve no início do inverno

Fonte: adaptado de Ayoade (2010).

Quadro 11.2 Classificação genética de Strahler

Grupo I: climas de latitudes baixas – controlados pelas massas de ar equatoriais e tropicais	Grupo II: climas de latitudes médias – controlados pelas massas de ar tropicais e polares
1. Equatorial úmido	5. Subtropical seco
2. Monção e ventos alísios	6. Subtropical úmido
3. Tropical úmido seco	7. Mediterrâneo
4. Tropical seco	8. De costa oeste marítimo
	9. De latitudes médias seco
	10. Continental úmido
Grupo III: climas das latitudes altas – controlados pelas massas de ar polar e ártica/antártica	**H: clima de terras altas**

Fonte: adaptado de Strahler e Strahler (1997).

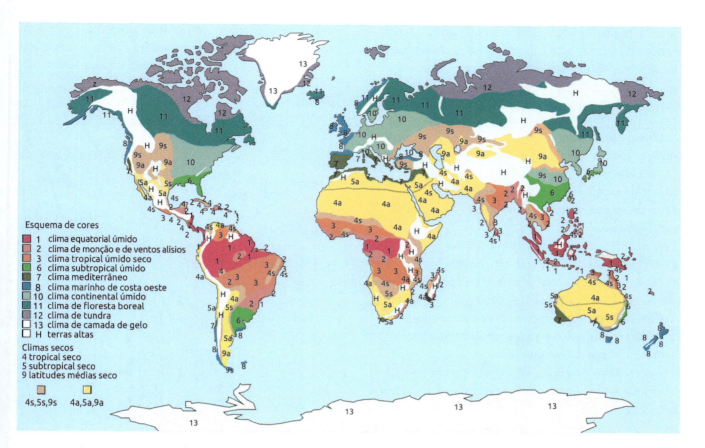

Fig. 11.4 *Classificação climática genética de Strahler*
Fonte: adaptado de Strahler e Strahler (1997).

Tab. 11.1 Classificação genética de Budyko

Tipo climático		Índice radiativo de aridez (I_d)
I.	Deserto	> 3,0
II.	Semideserto	2,0-3,0
III.	Estepe	1,0-2,0
IV.	Floresta	0,33-1,0
V.	Tundra	< 0,33

Fonte: adaptado de Ayoade (2010).

11.3.2 Modelos de classificação empírica

Apesar de existirem vários modelos de classificação climática que adotam a abordagem empírica, neste livro só serão apresentados três deles, de forma resumida: o de Köppen, de 1918; o de Thornthwaite, de 1948; e o de Trewartha, de 1954.

Classificação empírica de Köppen

O modelo de classificação climática elaborado por Köppen em 1918, ou alguma de suas versões adaptadas, é muito utilizado em livros didáticos de Meteorologia, Climatologia e Geografia Regional. Nesse modelo, cada clima é definido de acordo com os valores de temperatura e precipitação calculados em termos anuais ou mensais. É possível identificar o grupo climático e o subgrupo de qualquer posto (localidade) somente com base em seus registros de temperatura e precipitação (Strahler; Strahler, 1997). Köppen acreditava que a distribuição natural da vegetação era o que melhor expressava os diferentes climas. Assim, os limites climáticos que definiu foram grandemente baseados na abrangência espacial de certas plantas (Lutgens; Tarbuck, 2010).

Esse autor definiu cinco grupos climáticos principais, identificados por letras maiúsculas (Quadro 11.3 e Fig. 11.5). Tais grupos ainda são subdivididos em outros, que têm como base a distribuição sazonal de precipitação e características adicionais de temperatura do ar (Quadros 11.4 e 11.5).

A Fig. 11.7 apresenta os climas do Brasil de acordo com a classificação de Köppen. No Norte predomina o clima A (Af, Am); no Sul, o Cf (Cfa e Cfb); e no Sudeste, o Cw (Cwa e Cwb). Boa parte da região Centro-Oeste e parte do oeste da região Nordeste estão sob a influência do clima Aw. No Nordeste ainda aparecem os climas As e BSh.

A evolução mensal da temperatura do ar e da precipitação para as capitais do Brasil é mostrada na Fig. 11.8. Assim, para saber como é a evolução dessas variáveis atmosféricas em cada clima mostrado na Fig. 11.7, basta escolher uma capital brasileira localizada na região em que predomina tal clima (Fig. 11.7) e encontrá-la na Fig. 11.8. Por exemplo, para o clima Cfa, tem-se Porto Alegre (RS). Nessa cidade, a temperatura do ar mostra uma grande amplitude térmica, com verões quentes e invernos frios, e os totais mensais de precipitação oscilam pouco ao longo do ano.

Quadro 11.3 Os cinco grupos climáticos de Köppen. Os grupos A, C, D e E são definidos com base na temperatura, e somente o grupo B tem a precipitação como seu critério principal

A. Climas tropicais úmidos
Todos os meses possuem temperatura média maior do que 18 °C
Quase todos os meses são quentes
Não existe estação de inverno "de verdade"
A precipitação anual é grande e excede a evaporação no mesmo período
B. Climas secos
A precipitação anual é menor do que 500 mm
A evaporação potencial e a transpiração excedem a precipitação
C. Climas úmidos de latitudes médias com invernos amenos
Verões quentes a muito quentes, com invernos amenos
A temperatura média do mês mais frio é menor do que 18 °C e maior do que –3 °C
D. Climas úmidos de latitudes médias com invernos severos
Verões quentes, com invernos frios
A temperatura média do mês mais quente excede 10 °C
A temperatura média do mês mais frio é menor do que –3 °C
E. Climas polares
Invernos e verões extremamente frios
A temperatura do mês mais quente é menor do que 10 °C
Não há verão "de verdade"

Fonte: adaptado de Ayoade (2010).

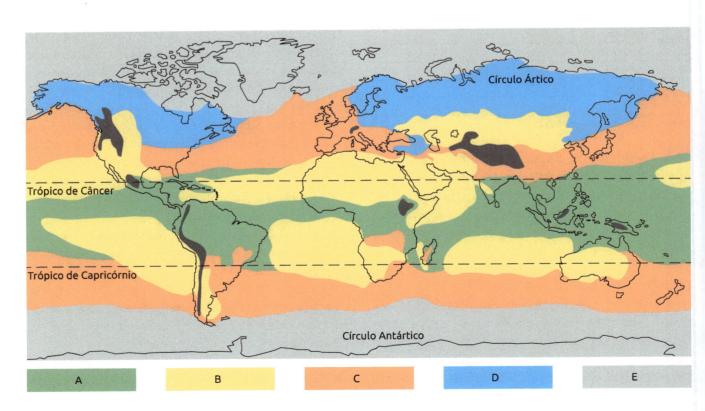

Fig. 11.5 *Os cinco grupos climáticos de Köppen*
Fonte: adaptado de Strahler e Strahler (1997).

Quadro 11.4 Subgrupos do modelo climático de Köppen

A. Climas tropicais úmidos

Af – clima tropical chuvoso de floresta

Aw – clima de savana

Am – clima tropical de monção

B. Climas secos

BSh – clima quente de estepe

BSk – clima frio de estepe

BWh – clima quente de deserto

BWk – clima frio de deserto

C. Climas úmidos de latitudes médias com invernos amenos

Cfa – úmido em todas as estações, verão quente

Cfb – úmido em todas as estações, verão moderadamente quente

Cfc – úmido em todas as estações, verão moderadamente frio e curto

Cwa – chuva de verão, verão quente

Cwb – chuva de verão, verão moderadamente quente

Csa – chuva de inverno, verão quente

Csb – chuva de inverno, verão moderadamente quente

D. Climas úmidos de latitudes médias com invernos severos

Dfa – úmido em todas as estações, verão quente

Dfb – úmido em todas as estações, verão frio

Dfc – úmido em todas as estações, verão moderadamente frio e curto

Dfd – úmido em todas as estações, inverno intenso

Dwa – chuva de verão, verão quente

Dwb – chuva de verão, verão moderadamente quente

Dwc – chuva de verão, verão moderadamente frio

Dwd – chuva de verão, inverno intenso

E. Climas polares

ET – tundra

EF – neve e gelo perpétuos

Fonte: adaptado de Ayoade (2010).

Quadro 11.5 Significado das letras que acompanham a classificação principal de Köppen

Segunda letra – minúscula, representa as particularidades do regime de chuva de uma região (vale apenas para os casos A, C e D)

f – sempre úmido (mês menos chuvoso com precipitação superior a 60 mm)

m – monçônico, com uma breve estação seca e chuvas intensas durante o resto do ano

s – chuvas de inverno (mês menos chuvoso com precipitação inferior a 60 mm); a estação seca é o verão

w – chuvas de verão (mês menos chuvoso com precipitação inferior a 60 mm)

Segunda letra – maiúscula (apenas para o caso B)

S – clima semiárido (chuvas anuais entre 250 mm e 500 mm)

W – clima árido ou desértico (chuvas anuais inferiores a 250 mm)

Segunda letra – maiúscula (apenas para o caso E)

T – clima de tundra (pelo menos um mês com temperatura média entre 0 °C e 10 °C)

F – clima de calota de gelo (todos os meses do ano com média inferior a 0 °C)

Terceira letra – minúscula, representa a temperatura característica de uma região (apenas para os casos C e D)

a – verões quentes (mês mais quente com média igual ou superior a 22 °C)

b – verões brandos (mês mais quente com média inferior a 22 °C)

c – frio o ano todo (no máximo três meses com médias acima de 10 °C)

d – inverno muito frio (mês mais frio com média inferior a –38 °C)

Terceira letra – minúscula (apenas para o caso B)

h – deserto ou semideserto quente (temperatura anual média igual ou superior a 18 °C)

k – deserto ou semideserto frio (temperatura anual média inferior a 18 °C)

Fonte: adaptado de Ayoade (2010).

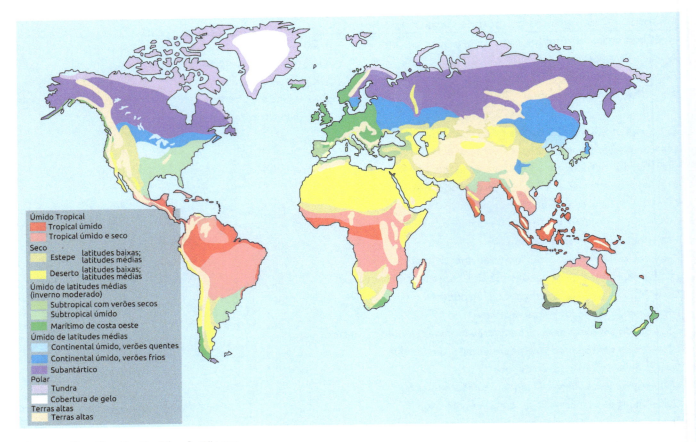

Fig. 11.6 *Classificação climática de Köppen*
Fonte: adaptado de Lutgens e Trabuck (2010).

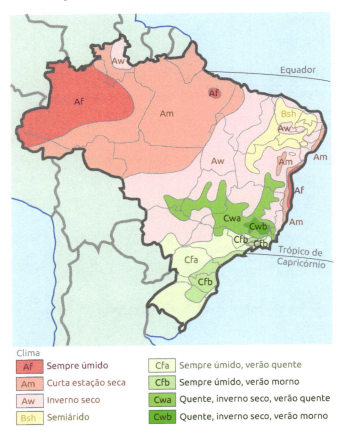

Fig. 11.7 *Classificação climática de Köppen aplicada ao Brasil*
Fonte: adaptado de Alvares et al. (2013).

Uma classificação climática ainda mais regional foi feita para o Estado de São Paulo por Setzer (1966), por meio da metodologia proposta por Köppen, e está ilustrada na Fig. 11.9.

Classificação empírica de Thornthwaite

Em 1948, Thornthwaite propôs uma classificação contendo 120 tipos climáticos, baseada no conceito de evapotranspiração potencial, no balanço hídrico e num índice de umidade. Esse método é bastante difícil de manejar e, de acordo com o próprio autor, deficiente quanto ao refinamento matemático. Um resumo dessa classificação climática é apresentado em Ayoade (2010, p. 237-238).

Classificação empírica de Trewartha

A classificação climática de Köppen, de 1918, sofreu numerosas e substanciais revisões pelo próprio autor e por outros climatologistas. Uma dessas modificações foi realizada por Trewartha em 1954 e adaptada por Trewartha e Horn em 1980. Nesse modelo, há sete grupos climáticos principais (Quadro 11.6 e Fig. 11.10), sendo cinco baseados na temperatura e um na precipitação; além disso, um aplica-se às regiões montanhosas.

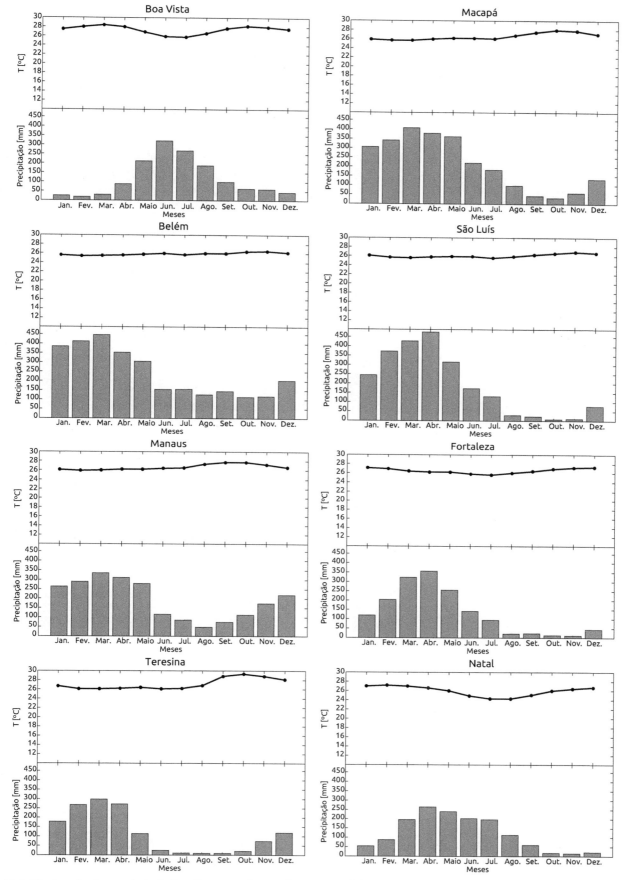

Fig. 11.8 Climógrafos das capitais do Brasil mostrando a evolução mensal da temperatura média do ar (linha dos gráficos superiores) e da precipitação (barras dos gráficos inferiores). As figuras foram construídas com base nas normais climatológicas do período de 1961 a 1990 determinadas pelo Inmet (2010)

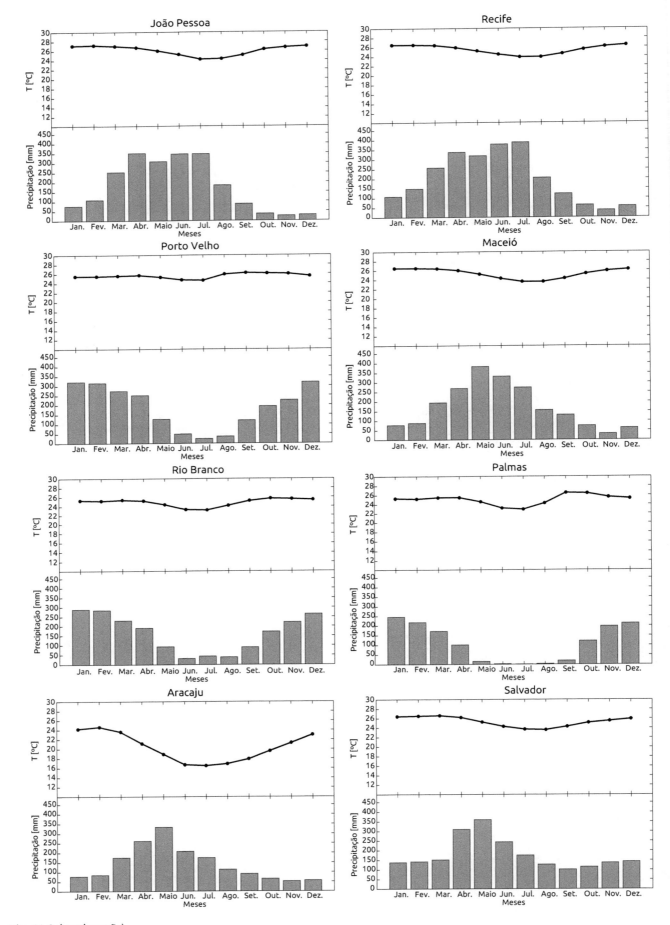

Fig. 11.8 *(continuação)*

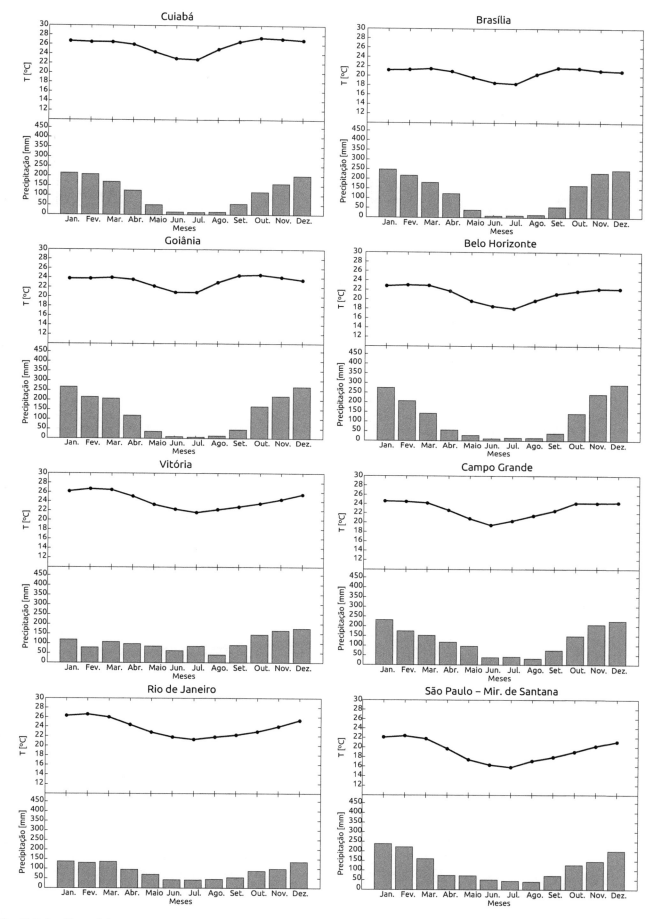

Fig. 11.8 *(continuação)*

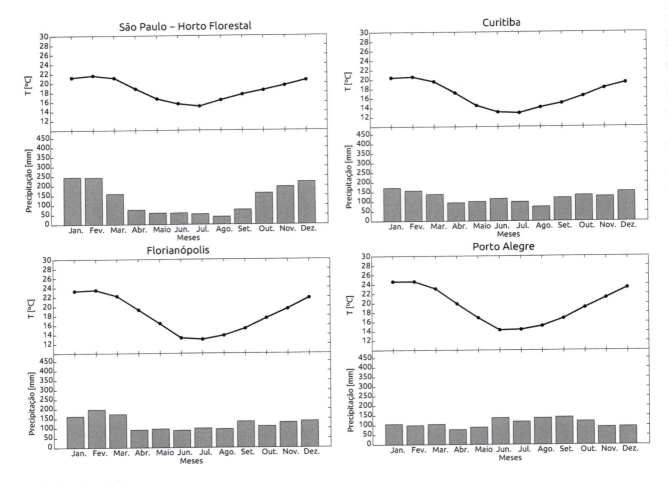

Fig. 11.8 *(continuação)*

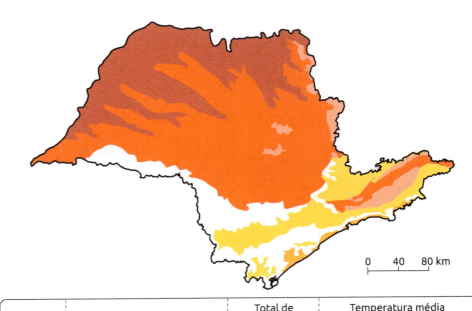

Fig. 11.9 *Classificação climática de Köppen para o Estado de São Paulo*
Fonte: adaptado de Setzer (1966).

Convenção	Climas úmidos		Total de chuvas do mês mais seco	Temperatura média	
				do mês mais quente	do mês mais frio
	Tropical	Sem estação seca	mais de 60 mm	acima de 22 °C	acima de 18 °C
	Tropical	Inverno seco	menos de 30 mm	acima de 22 °C	acima de 18 °C
	Quente	Inverno seco	menos de 30 mm	acima de 22 °C	abaixo de 18 °C
	Temperado	Inverno seco	menos de 30 mm	abaixo de 22 °C	abaixo de 18 °C
	Quente	Sem estação seca	mais de 30 mm	acima de 22 °C	abaixo de 18 °C
	Temperado	Sem estação seca	mais de 30 mm	abaixo de 22 °C	abaixo de 18 °C

Quadro 11.6 Classificação empírica de Trewartha adaptada por Trewartha e Horn

Grupo climático	Tipo climático	Precipitação
a. Tropical úmido	Ar – tropical úmido	No máximo dois meses secos
	Aw – tropical úmido e seco	Verão úmido e inverno seco
b. Seco	BS – Semiárido (estepe)	
	BSh (quente) – tropical-subtropical	A estação úmida é curta
	BSk (frio) – temperado-boreal	Precipitação escassa, e a maior parte ocorre no verão
	BW – árido (desértico)	
	BWh (quente) – tropical-subtropical	Seco
	BWk (frio) – temperado-boreal	Seco
c. Subtropical	Cs – subtropical com verão seco	Verão seco e inverno chuvoso
	Cf – subtropical úmido	Chuvoso em todas as estações do ano
d. Temperado	Do – oceânico	Chuvoso em todas as estações do ano
	Dc – continental	Chuvoso em todas as estações do ano e no inverno ocorre cobertura de neve
e. Boreal	E – boreal	Precipitação escassa o ano todo
f. Polar	Ft – tundra	Precipitação escassa o ano todo
	Fi – cobertura de gelo	Precipitação escassa o ano todo
g. Terras altas	H – variável	Variável

Fonte: adaptado de Moran e Morgan (1994).

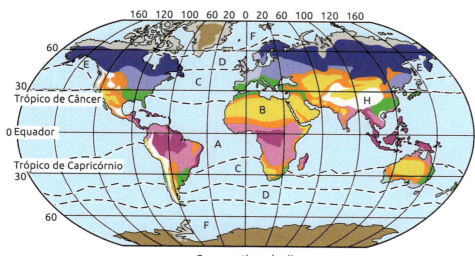

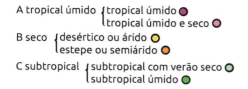

Fig. 11.10 *Classificação empírica de Trewartha adaptada por Trewartha e Horn*
Fonte: *adaptado de Moran e Morgan (1994).*

Este capítulo mostrou que há diferentes classificações climáticas; portanto, quando se trabalha com esse assunto, é necessário mencionar o modelo de classificação climática abordado e o autor responsável pela classificação.

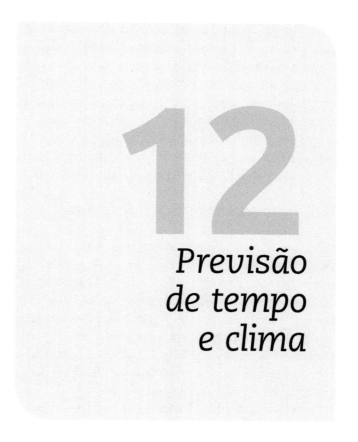

12 Previsão de tempo e clima

Nos capítulos anteriores, foram apresentados vários sistemas de tempo que atuam na atmosfera, bem como as definições de tempo e clima. Por meio de equações físicas e métodos matemáticos e computacionais, é possível prever numericamente tanto o tempo quanto o clima, ou seja, prognosticar se daqui a três ou seis dias choverá ou não (previsão de tempo) ou se uma dada estação do ano será mais quente ou mais fria do que a média climatológica (previsão de clima). Diante do exposto, o objetivo deste capítulo é apresentar uma introdução sobre as etapas envolvidas na previsão numérica de tempo e clima.

12.1 Breve histórico

A história da previsão numérica de tempo iniciou-se em 1904 com Vilhelm Bjerknes (1862-1951), que mencionou que o estado futuro da atmosfera poderia ser obtido pela integração das equações diferenciais que governam seu comportamento. As condições iniciais utilizadas, isto é, os dados que serviriam como entrada para as equações diferenciais, seriam os dados que descrevem um estado observado da atmosfera (observações realizadas em estações meteorológicas). Porém, foi o cientista britânico Lewis Fry Richardson (1881-1953) que realizou a primeira integração numérica de fato dessas equações. Ele calculou manualmente as equações em pontos definidos numa grade com resolução horizontal de cerca de 200 km, centrada sobre a Alemanha, e considerando quatro níveis verticais (Charney, 1951). Com base nos dados meteorológicos das 7 UTC do dia 20 de maio de 1910, Richardson calculou a derivada temporal da pressão na Alemanha Central. A variação prevista na pressão no período de seis horas foi de 146 hPa, valor muito maior do que aquele realmente observado. Entretanto, nem todo o trabalho de Richardson foi perdido, pois alguns dos obstáculos a serem percorridos para a realização da previsão numérica de tempo foram revelados. Para fazer a previsão de uma variável atmosférica para apenas um dia, era – e ainda é – necessário um enorme número de cálculos, os quais precisavam ser feitos com rapidez. Além disso, os dados utilizados para representar o estado inicial da atmosfera não eram suficientes. Verificou-se também que, se não fossem bem aplicadas, as técnicas matemáticas utilizadas poderiam resultar em pequenos erros que iriam se propagar e amplificar durante os cálculos.

Em 1950, nos Estados Unidos, os cientistas Jule Charney (1917-1981), Ragnar Fjørtoft (1913-1998) e John von Neumann (1903-1957) realizaram a primeira bem-sucedida previsão de tempo para um dia com o auxílio de um computador. Eles utilizaram um dos primeiros computadores eletrônicos – o Electronic Numerical Integrator and Computer (Eniac). A partir de 1955, também nos Estados Unidos, teve início a execução das previsões por computadores e de maneira contínua. Desde então, melhorias nas previsões vêm ocorrendo graças à evolução dos computadores, que permite o uso de modelos cada vez mais complexos e, consequentemente, favorece uma melhor representação da atmosfera.

O surgimento da Organização Meteorológica Mundial (OMM), em 1963, também é um acontecimento importante, pois desde sua fundação vem possibilitando um maior conhecimento das condições iniciais da atmosfera devido à melhoria da quantidade e da qualidade dos dados observados em todo o globo.

Há aproximadamente 50 anos, os modelos numéricos globais de tempo começaram a ser utilizados também em previsões climáticas, sendo possível prever a evolução da atmosfera em longo prazo. Como o tempo atmosférico e o clima possuem escalas temporais distintas, alguns ajustes nos modelos se tornaram necessários para a representação dos processos físicos que regem cada escala de tempo. A previsão de tempo e clima é um ramo altamente especializado da Meteorologia e em constante evolução.

12.2 Princípios da previsão de tempo e clima

Anteriormente, foi mencionado que a previsão de tempo é realizada para poucos dias consecutivos, fato que se deve ao conhecimento limitado das condições iniciais (estado observado da atmosfera) fornecidas aos modelos numéricos e a algumas simplificações nas equações que regem a atmosfera. Então, como é possível fazer uma previsão climática, em que é preciso deixar o modelo resolvendo as equações prognósticas para semanas, anos ou séculos?

A resposta dessa questão é que, na previsão climática, ao contrário da previsão de tempo, não se tem interesse em prever com exatidão o local e o momento da ocorrência de um sistema atmosférico, mas sim que o fenômeno seja simulado pelo modelo para uma região. Por exemplo, se o objetivo é prever como será a precipitação no outono austral, uma simulação é feita para essa estação; depois é calculado o total acumulado de precipitação e, por fim, este é comparado com o valor climatológico, que é proveniente da média de um longo período de precipitação tanto observada quanto simulada. Assim, é possível saber se tal estação será mais úmida ou mais seca do que a climatologia.

A principal ferramenta utilizada para as previsões de tempo e clima são os modelos numéricos conhecidos como modelos numéricos de circulação geral (MCG), que são constituídos por um conjunto de equações físicas descritas em forma numérica e calculadas com o auxílio de computadores. Para entender o que um modelo numérico faz, considere-se a equação da aceleração média:

$$a = \frac{\Delta v}{\Delta t} \quad (12.1)$$

Essa é uma equação física e pode ser escrita numericamente como:

$$a = \frac{\Delta v}{\Delta t} = \frac{v - v_0}{t - t_0} \quad (12.2)$$

em que v_0 é a velocidade inicial de um objeto no instante de tempo inicial t_0 e v é sua velocidade final no instante de tempo final t.

Nos modelos numéricos, as equações são representadas como a Eq. 12.2 e são fornecidos os valores iniciais para as variáveis; o computador é utilizado para realizar os cálculos. Por exemplo, considere-se que um carro esteja parado ($v_0 = 0$) no instante de tempo t_0 ($t_0 = 0$) e que começou a se movimentar e adquiriu velocidade de $v = 5$ m s^{-1} cinco segundos após iniciar o movimento (t = 5 s). Dessa forma, a aceleração corresponde a 1 m s^{-2}:

$$a = \frac{\Delta v}{\Delta t} = \frac{5-0}{5-0} = 1 \text{ m s}^{-2} \quad (12.3)$$

O que poderia acontecer com a aceleração média dez segundos depois? O valor que se deseja conhecer é aquele proveniente de uma previsão.

É possível prever o tempo e o clima com base no seguinte princípio: a partir de um estado inicial (condições iniciais e de contorno), pode-se obter um estado futuro (previsão) por meio de um conjunto de equações que representam os processos físicos e dinâmicos da atmosfera (modelo numérico).

12.3 Etapas da previsão de tempo e clima

Os procedimentos gerais para uma previsão de tempo ou de clima incluem três etapas – análise, previsão e pós-processamento –, que estão descritas a seguir e esquematizadas na Fig. 12.1.

12.3.1 Análise

Na fase da análise, as observações meteorológicas são fornecidas a programas computacionais, que preparam os dados para os modelos de previsão. Uma vez que a rede de observação global de dados não cobre regularmente a superfície da Terra, as observações meteorológicas são submetidas a métodos matemáticos para se tornarem uniformes, isto é, valores iniciais com espaçamento horizontal regular sobre o globo. Embora isso seja somente um passo preparatório, a tarefa é difícil, pois há milhões de dados provenientes de diferentes fontes (satélites, navios, estações meteorológicas de superfície etc.) e que não necessariamente foram medidos no mesmo horário. Além disso, nenhuma das medidas é completamente livre de erros. Assim, é necessário eliminar o máximo possível dos erros para produzir campos atmosféricos consistentes.

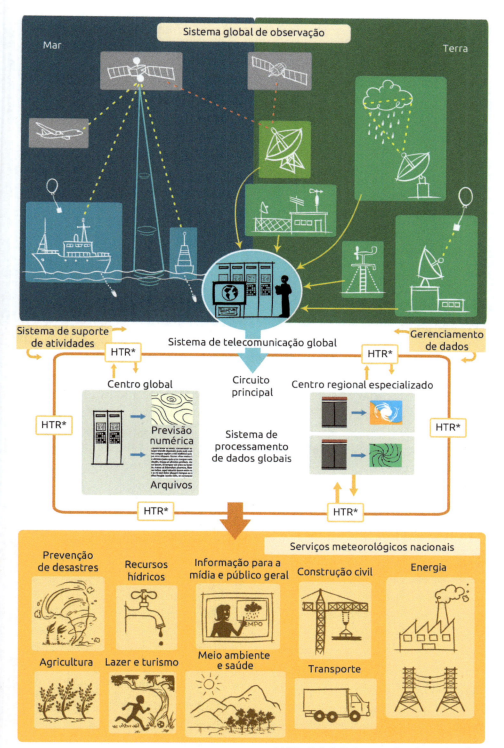

Fig. 12.1 *Representação esquemática das etapas envolvidas nas previsões de tempo e clima*
Fonte: adaptado de Cavalcanti (s.d.).

O procedimento da análise também inclui a junção dessas condições iniciais observadas com previsões de curto prazo de modelos numéricos. Em síntese, a fase da análise tem como objetivo criar um conjunto de dados com espaçamento horizontal uniforme e fisicamente consistente para ser fornecido aos modelos de previsão como condição inicial. Terminada a etapa da análise, o modelo pode ser executado para produzir as previsões.

12.3.2 Previsão

O trabalho de um modelo numérico é resolver as equações básicas que descrevem o comportamento da atmosfera. O Quadro 12.1 sumariza as principais equações. Vale a pena lembrar que o vento possui três componentes nas direções ortogonais x (leste-oeste), y (norte-sul) e z (vertical), ou seja, $\vec{V}=(u,v,w)$. Informações detalhadas dessas equações podem ser obtidas em Kalnay (2003).

Quadro 12.1 Breve enumeração das equações que descrevem os processos fundamentais que ocorrem na atmosfera

Equação	Descrição
$\frac{\partial \vec{V}}{\partial t} + \vec{V} \cdot \vec{\nabla} \vec{V} = -\frac{\vec{\nabla} p}{\rho} - 2\vec{\Omega} \times \vec{V} + \vec{g} + \vec{F}_V$	*Conservação do movimento* Descreve como o movimento horizontal do ar (o vento meridional, norte-sul, e o vento zonal, leste-oeste) evolui ao longo do tempo cronológico.
$C_p(\frac{\partial T}{\partial t} + \vec{V} \cdot \vec{\nabla} T) = -\frac{1}{\rho} \frac{dp}{dt} + Q + F_T$	*Conservação da energia* Descreve que mudanças na temperatura do ar resultam da adição/subtração de calor ou da expansão/compressão do ar.
$\frac{\partial \rho}{\partial t} + \vec{V} \cdot \vec{\nabla} \rho = -\rho \vec{\nabla} \cdot \vec{V}$	*Conservação de massa* Descreve que a densidade do volume de ar varia com a adição/subtração de massa de ar dentro desse volume.
$\frac{\partial q}{\partial t} + \vec{V} \cdot \vec{\nabla} q = \frac{S_q}{\rho} + F_q$	*Conservação de água* Descreve o complexo transporte de água em suas diversas formas e estágios dentro do ciclo hidrológico.
$p = \rho \cdot R \cdot T$	*Equação do estado* Descreve a relação entre a pressão, o volume, a temperatura e a quantidade de um gás ideal.

As equações nos modelos de previsão de tempo e clima são comumente resolvidas em pontos de grade, formados pela interseção das latitudes e longitudes em que a superfície do planeta pode ser dividida. Já a distância entre dois pontos de grade vizinhos indica a resolução horizontal do modelo (Fig. 12.2). A atmosfera também é dividida em níveis verticais, o chamado espaçamento vertical, que indica a resolução vertical. No lado esquerdo da Fig. 12.2A é mostrado um volume utilizado para representar parte da atmosfera, e o conjunto desses volumes é mostrado na Fig. 12.2B, representando toda a extensão horizontal e vertical da atmosfera no globo. Em cada um dos vários volumes são calculados os valores de temperatura, pressão, umidade, componentes do vento, entre outros, para um determinado intervalo de tempo futuro.

Para uma previsão do futuro, o modelo é iniciado com as condições iniciais que já passaram pela análise para aquele momento. Também é informado o intervalo de tempo (resolução temporal previamen-

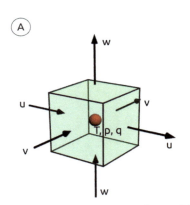

T, p, q = Temperatura, pressão e umidade

Para um modelo com resolução de 50 km, cada ponto de grade representa uma área de 2.500 km²

○ Ponto de grade do modelo
● Pontos com dados observados

Fig. 12.2 *(A) Volume representando parte da atmosfera (lado esquerdo) e ponto de grade e observações vizinhas (lado direito); (B) Vários volumes representando toda a extensão horizontal e vertical da atmosfera no globo*

Fonte: adaptado de Meted (s.d.).

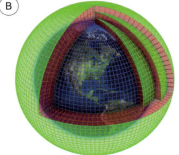

te determinada) do qual o modelo fará a integração das equações até chegar ao final do tempo desejado. Por exemplo, para um intervalo de tempo de 0,5 h ($\Delta t = 0,5$ h na Eq. 12.1), serão necessários dois cálculos para se ter a previsão de uma hora, ou ainda 48 cálculos para a previsão de 24 horas. Com isso, é elaborado um conjunto de previsões: para algumas horas, um dia ou alguns dias etc.

12.3.3 Pós-processamento

Embora os modelos numéricos façam cálculos para intervalos de tempo da ordem de alguns minutos, os arquivos de saída com os resultados dos cálculos são gerados apenas para intervalos regulares de horas – por exemplo, a cada seis horas. Com os arquivos de saída dos modelos, os meteorologistas constroem mapas de diferentes variáveis atmosféricas e, após o estudo desses mapas, elaboram os boletins da previsão de tempo ou de clima, dependendo do modelo utilizado. Essas atividades são chamadas de pós-processamento. Os boletins são importantes para o planejamento de várias atividades, como ilustra a Fig. 12.1.

12.4 Tipos de modelo

Os modelos utilizados para a previsão de tempo e clima podem ser globais ou regionais (Fig. 12.3). Os modelos globais simulam as condições atmosféricas de todo o planeta. A maioria deles tem grade com espaçamento horizontal em torno de 200 km e 30 níveis verticais e são inicializados com as análises (condições iniciais de todo o globo) descritas na seção anterior. Esses modelos são eficientes para simular as características gerais da circulação atmosférica de grande escala, mas não as características locais, como brisas de vale e de montanha ou tempestades que geram tornados. O aumento da resolução horizontal de tais modelos envolve alto custo computacional devido ao maior tempo de processamento das previsões.

Para a obtenção de informações mais detalhadas da atmosfera, são utilizados os modelos regionais (ou de área limitada), que simulam as condições atmosféricas em pequenas porções do planeta e possuem grade com resolução horizontal que varia de dezenas a poucas centenas de quilômetros. Esses modelos, por terem resolução horizontal maior do que os globais, representam melhor a superfície e os fenômenos mais regionais. E, além das condições iniciais, precisam de condições de fronteira lateral, já que abrangem pequenas porções do globo.

As fronteiras laterais podem ser provenientes das saídas de modelos de circulação geral da atmosfera.

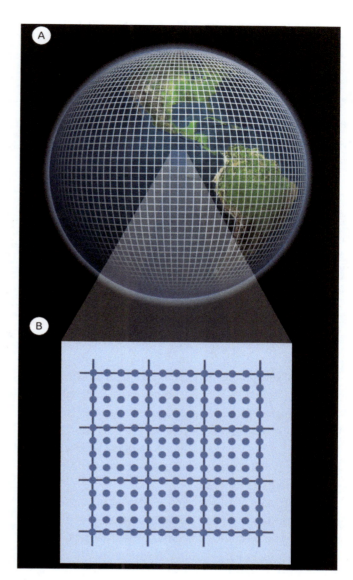

Fig. 12.3 *Representação esquemática do domínio (A) de um modelo global e (B) de um modelo regional*
Fonte: adaptado de Meted (s.d.).

Imagine-se que se queira fazer uma previsão numérica apenas para o Sudeste do Brasil utilizando um modelo regional. Como a atmosfera é dinâmica, os sistemas de tempo se deslocam e mudam de intensidade a todo instante. Suponha-se que uma frente fria que esteja no Estado do Paraná avançará para a região Sudeste. Como o modelo regional conhecerá essa informação se ele não abrange a área além da região Sudeste? Nesse caso, as saídas dos modelos globais que correspondem às bordas (fronteiras) da região que está em estudo são fornecidas ao modelo regional a determinados intervalos de tempo.

12.5 Previsão de tempo

O cientista Edward Norton Lorenz (1917-2008) contribuiu muito para o avanço da previsão numérica de tempo. Em 1963, ele observou que pequenas diferenças nas condições iniciais podem levar a diferentes soluções (diferentes saídas das simulações numéricas). Em 1972, publicou o artigo "Previsibilidade: o bater de asas de uma borboleta no Brasil desencadeia um tornado no Texas?", em que ressaltou a ideia de que pequenas diferenças nas condições iniciais podem produzir resultados diferentes nas simulações. Como as observações da atmosfera não são livres de erros, estes e os arredondamentos nos cálculos nos modelos podem produzir previsões errôneas quando são simulados vários dias consecutivos (mais de uma semana), pois os erros vão se propagando ao longo do tempo. Assim, a previsão de tempo é um problema de condição inicial e tem limite de dias para a simulação ser a mais representativa possível da realidade. Isso implica que a atmosfera é caótica e que a confiabilidade nas previsões decai com o passar do tempo (isto é, com os dias de simulação).

Agora serão analisados alguns produtos de previsão de tempo disponibilizados gratuitamente na internet (Figs. 12.4 e 12.5) pelo Instituto Nacional de Meteorologia (Inmet), órgão vinculado ao Ministério da Agricultura, e pelo Centro de Previsão de Tempo e Estudos Climáticos do Instituto Nacional de Pesquisas Espaciais (CPTEC/Inpe), órgão vinculado ao Ministério da Ciência e Tecnologia.

Na Fig. 12.4A é mostrada a previsão de precipitação acumulada no período de 24 horas (em mm dia^{-1}) pelo modelo regional COSMO, utilizado pelo Inmet, com alta resolução horizontal e espaçamento da grade horizontal de 7 km × 7 km. O modelo foi inicializado a 00 UTC de 20 de agosto de 2016 e a figura mostra a saída para 00 UTC de 21 de agosto de 2016 (ver as informações contidas no topo da Fig. 12.4). Com base nessa simulação, prevê-se que os totais de precipitação sobre os Estados de Santa Catarina e Paraná poderão exceder a 70 mm em 24 horas. Já a Fig. 12.4B mostra a precipitação acumulada em 24 horas (em mm) prevista pelo modelo regional BRAMS, do CPTEC/Inpe, com resolução horizontal de 5 km × 5 km. O modelo também foi inicializado a 00 UTC de 20 de agosto de 2016 e a figura mostra a saída para 00 UTC de 21 de agosto de 2016. Assim como o COSMO, o BRAMS indica possibilidade de precipitação acumulada superior a 70 mm em Santa Catarina e no Paraná.

A previsão de tempo não é divulgada apenas com base na informação gerada por um único modelo numérico. Em geral, os meteorologistas analisam os resultados provenientes de vários modelos e utilizam sua experiência sobre como diversos fenômenos atmosféricos podem ser alterados nas simulações numéricas. Só depois de análises e discussões é que as previsões são divulgadas ao público.

Fenômenos como geada e nevoeiro também são previstos pelo CPTEC/Inpe. A previsão de geada é mostrada na Fig. 12.5A juntamente com uma legenda indicativa das condições de ocorrência do fenômeno: círculos vermelhos indicam condições favoráveis, círculos verdes, pouca condição, e círculos azuis, nenhuma condição de ocorrência de geada. Já a previsão de nevoeiro é apresentada na Fig. 12.5B, sendo a ocorrência desse fenômeno indicada pelas regiões destacadas em amarelo.

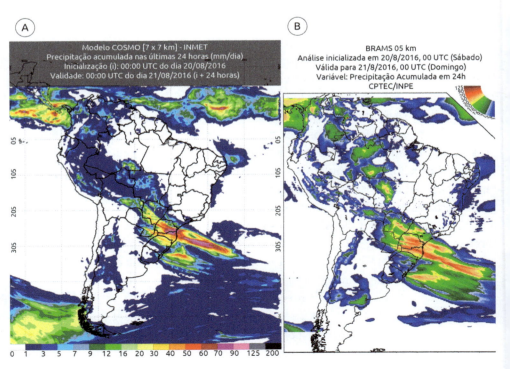

Fig. 12.4 *Previsão de chuva acumulada em 24 horas pelos modelos (A) COSMO, do Inmet, e (B) BRAMS, do CPTEC/Inpe. Ambas as previsões foram inicializadas a 00 UTC do dia 20/8/2016 e as figuras mostram a previsão para 00 UTC do dia 21/8/2016*

Fonte: CPTEC (2016).

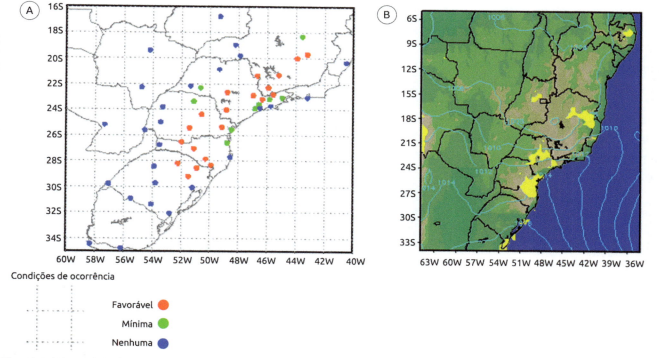

Fig. 12.5 (A) *Previsão de geada para a madrugada de 3/9/2011 e* (B) *previsão de nevoeiro elaborada em 16/11/2011 para o dia seguinte, 17/11/2011*
Fonte: CPTEC (2011a, 2011b).

12.6 Previsão de clima

Nesta seção, a primeira questão que surge é como se pode prever a evolução da atmosfera para períodos maiores do que dez dias levando em conta a natureza caótica da atmosfera. Essa questão é respondida com base em dois fatores:

- a previsão climática não se preocupa em prever com exatidão a hora e o local de ocorrência dos fenômenos atmosféricos, mas sim em simulá-los de forma que, num determinado período e região, consiga representar o valor médio das variáveis atmosféricas observadas (temperatura, umidade, precipitação etc.);
- o clima é influenciado por condições de contorno inferior que variam lentamente no tempo cronológico. Segundo Frederiksen et al. (2001), essas condições são temperatura de superfície do mar (TSM), cobertura de gelo (marinho e continental), umidade do solo, relevo, vegetação, albedo e rugosidade de superfície.

Com relação à TSM, suponham-se condições de normalidade ao longo do oceano Pacífico equatorial e que, passados alguns dias, a TSM desse oceano comece a aumentar no setor central e leste. Suponha-se ainda que essa TSM se mantenha mais quente do que a climatologia por cerca de meses. A situação descrita está associada à ocorrência de um evento El Niño, que, como mostrado no Cap. 8, causa alteração na circulação atmosférica em várias regiões do globo, como subsidência do ar sobre o norte da região Norte e sobre a região Nordeste do Brasil. Logo, a precipitação é alterada nessas regiões e, portanto, as condições climáticas também são afetadas.

Ainda é importante lembrar que os modelos climáticos necessitam de condições iniciais e de contorno inferior: topografia, tipo de cobertura do solo e TSM, por exemplo. De forma geral, as duas primeiras são consideradas estáticas, enquanto a TSM é variável ao longo do tempo. Portanto, em geral, são utilizados modelos de circulação oceânica para prever essa variável e fornecê-la aos modelos atmosféricos.

As Figs. 12.6 e 12.7 exemplificam as etapas envolvidas na previsão climática trimestral do CPTEC/Inpe para a América do Sul. Suponha-se que o objetivo seja a previsão de chuva para a estação do verão, de dezembro a fevereiro. Essa previsão é inicializada em novembro (ver canto superior esquerdo da Fig. 12.6). Para minimizar os efeitos do caos atmosférico, várias simulações são realizadas para o mesmo período com pequenas modificações nas condições iniciais. A seguir, a média dessas simulações é calculada a fim de fornecer a previsão sazonal do conjunto (de simulações).

O resultado obtido com a previsão sazonal do conjunto é apresentado por meio de mapas de anomalias – por exemplo, a anomalia de chuva mostrada no canto direito da Fig. 12.6 –, isto é, a diferença entre a previsão sazonal e a climatologia do modelo. Esta última (ver canto inferior esquerdo da Fig. 12.6) é obtida executando-se o modelo para um período passado longo, por exemplo, os últimos 30 anos. Entretanto, também são realizadas várias simulações a fim de obter a climatologia do conjunto (de simulações).

A Fig. 12.8 faz uma síntese da habilidade dos modelos numéricos de prever o clima na América do Sul. Os modelos climáticos possuem bom desempenho na região equatorial, uma vez que a variabilidade do clima nessa área é influenciada pela TSM, que é uma forçante climática com variação lenta.

No Cap. 8, foi mostrado que a circulação em torno do equador é diretamente influenciada pelas células de Hadley e Walker e que anomalias na TSM nessa região influenciam a intensidade e as posições de tais células. Com isso, é de se esperar que haja mudanças nos padrões médios sazonais de circulação quando há alterações na TSM (Oliveira, 2001). Com relação às circulações em latitudes médias e altas, estas são grandemente influenciadas pelos sistemas sinóticos – frentes e ciclones extratropicais –, que possuem variabilidade temporal mais rápida do que a dos efeitos das condições de contorno inferior de variações lentas, como as associadas à TSM. Por isso, os modelos apresentam razoável previsibilidade em latitudes médias e altas. Nas regiões onde não existe um forte acoplamento entre a TSM dos oceanos tropicais e a variabilidade climática, os modelos exibem baixa previsibilidade, como é o caso, por exemplo, do Sudeste do Brasil. Nessa região, a previsão climática ainda se torna mais difícil, uma vez que é uma região de transição entre dois regimes diferentes – o tropical e o extratropical –, ou seja, é afetada por sistemas atmosféricos de ambos os regimes.

Os meteorologistas utilizam seus conhecimentos sobre o comportamento da atmosfera juntamente com os resultados obtidos dos modelos numéricos para produzir os boletins informativos sobre o clima e também sobre o tempo. No Brasil, o Grupo de Estudos Climáticos (GrEC) do Departamento de Ciências Atmosféricas da Universidade de São Paulo (USP) faz

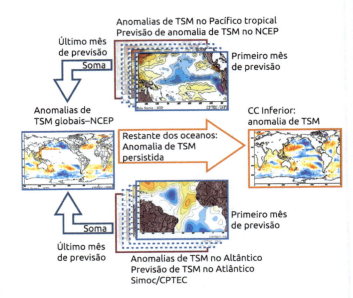

Fig. 12.7 *Condições de contorno inferior para a previsão do modelo global do CPTEC/Inpe*
Fonte: adaptado de Ambrizzi (s.d.-b).

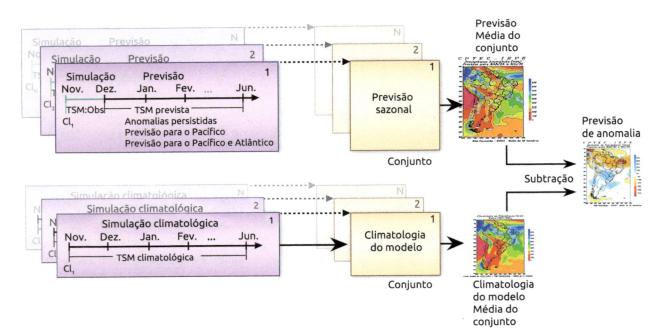

Fig. 12.6 *Esquema operacional da previsão climática sazonal do CPTEC/Inpe*
Fonte: adaptado de Ambrizzi (s.d.-b).

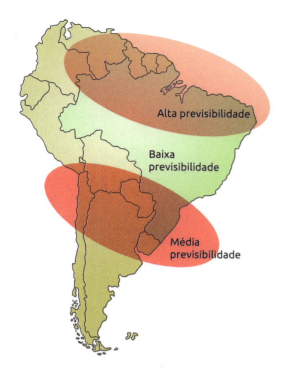

Fig. 12.8 *Previsibilidade climática na América do Sul*
Fonte: adaptado de Ambrizzi (s.d.-b).

reuniões mensais de monitoramento do clima para o Brasil e reuniões trimestrais para a previsão climática, bem como elabora boletins que são disponibilizados gratuitamente na internet.

Para conhecer o site do GrEC, acessar <http://www.grec.iag.usp.br>.

O Inmet e o CPTEC/Inpe também disponibilizam as previsões climatológicas sazonais gratuitamente na internet. A Fig. 12.9 mostra um dos produtos de previsão climática do CPTEC/Inpe. Na Fig. 12.9A, tem-se a precipitação acumulada para o outono de 1998 prevista pelo modelo; na Fig. 12.9B, a climatologia de precipitação também simulada pelo modelo, e, por fim, na Fig. 12.9C, a anomalia prevista, isto é, a diferença entre a previsão para o outono de 1998 e a climatologia da estação. As anomalias mostradas na figura indicam chuva acima do valor climatológico no Sul do Brasil e abaixo nas regiões Norte e Nordeste.

O CPTEC/Inpe utiliza a técnica de previsão por conjunto para avaliar em que regiões um modelo possui menor ou maior habilidade para prever o clima. Por exemplo, um modelo climático é iniciado várias vezes para gerar múltiplas saídas (membros). É possível avaliar para quais regiões houve menor ou maior previsibilidade com base na dispersão de cada membro em relação à média de todos eles. Na Fig. 12.10, compara-se várias previsões de precipitação nas regiões Sudeste e norte do Nordeste do Brasil entre outubro de 1998 e maio de 1999. A linha tracejada em preto representa a média das saídas do modelo, e as linhas coloridas, as saídas de cada um dos 25 membros para o período. A maior dispersão entre os membros (linhas coloridas mais afastadas da linha preta tracejada) na região Sudeste (Fig. 12.10A) indica menor previsibilidade para essa região; e a menor dispersão entre os membros na região norte do Nordeste (Fig. 12.10B), maior previsibilidade.

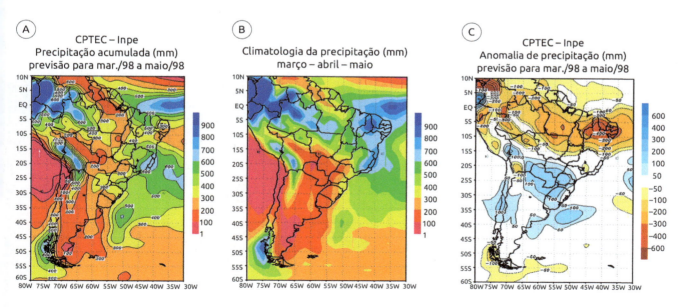

Fig. 12.9 (A) *Previsão de precipitação acumulada (em mm) para o outono de 1998; (B) climatologia da precipitação simulada pelo modelo para o outono; (C) previsão da anomalia de precipitação acumulada (em mm) para o outono de 1998*
Fonte: (A) CPTEC (1998a, 1998b), (B) CPTEC (1998c) e (C) CPTEC (1998a).

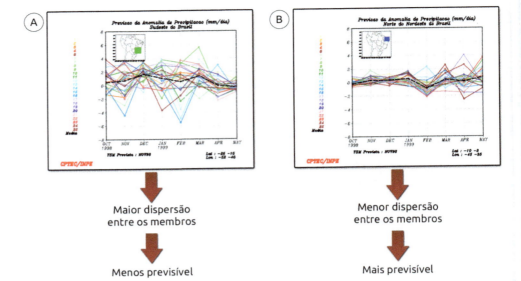

Fig. 12.10 *Exemplo de avaliação da previsibilidade climática da precipitação para as regiões (A) Sudeste e (B) norte do Nordeste*
Fonte: CPTEC (2000).

Com o intuito de minimizar os efeitos da natureza caótica da atmosfera nas previsões numéricas, alguns centros de meteorologia realizam previsões de consenso, que têm caráter qualitativo. Por exemplo, os grupos de cientistas do CPTEC/Inpe e do Inmet comparam as previsões climáticas de diferentes modelos e, com seus conhecimentos sobre a evolução observada das condições atmosféricas e oceânicas globais e regionais dos últimos meses, elaboram a previsão sazonal. Um exemplo está na Fig. 12.11, referente à previsão de consenso do CPTEC/Inpe e do Inmet para os meses de novembro de 2011 a janeiro de 2012 sobre o Brasil, a qual é mostrada por meio da probabilidade de ocorrência de chuva em torno, acima ou abaixo da média climatológica. As cores nesse mapa mostram qual a categoria mais provável: acima (tons verde a azul) ou abaixo (tons amarelo a marrom) da média. As áreas em cinza na figura mostram regiões nas quais a previsão por consenso tem baixa previsibilidade climática sazonal, ou seja, ocorre igual probabilidade para as três categorias. Para as regiões com mais de 35% de probabilidade de ocorrência, há também a informação sobre as outras categorias. Por exemplo, no extremo sul do País, há cerca de 45% de probabilidade de ocorrer chuva abaixo da média climatológica, 35% de ocorrer o valor climatológico e 25% de ocorrer chuva acima da climatologia. Já no Norte, as porcentagens são de 25%, 35% e 40%, respectivamente, isto é, há maior chance de ocorrência de chuva acima do valor climatológico.

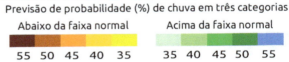

Fig. 12.11 *Exemplo de previsão de consenso mostrada por meio da probabilidade (%) de chuva*
Fonte: CPTEC (s.d.-d, s.d.-e).

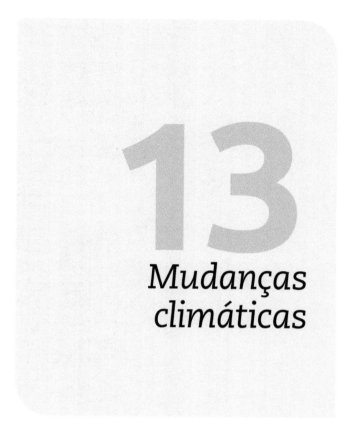

13 Mudanças climáticas

Os registros geológicos ou paleoclimáticos, como testemunhos de gelo e anéis de árvore, indicam que mudanças drásticas no clima ocorreram no passado, provocadas por modificações nas forçantes climáticas. Como essas mudanças, em sua maior parte, aconteceram na ausência de seres humanos (Fig. 13.1), podem ser chamadas de mudanças climáticas naturais. As forçantes impostas ao sistema climático são divididas em duas categorias: externas e internas. De acordo com Hartmann (1994), a atmosfera, o oceano e a superfície terrestre são considerados fatores internos ao sistema climático; já o interior do planeta e tudo o que está fora da sua atmosfera (extraterrestre) são fatores externos, pois influenciam o clima terrestre, mas não são influenciados por ele. Assim, variações na deriva continental, na constante solar e na órbita da Terra ao redor do Sol, assim como erupções vulcânicas, são consideradas forçantes externas.

> As mudanças climáticas se referem tanto ao resfriamento quanto ao aquecimento da atmosfera, ou ainda ao aumento ou à diminuição de precipitação; em ambos os casos, há alterações no meio ambiente e até mesmo na capacidade da Terra de sustentar a vida.

Em 1988, foi criado o Painel Intergovernamental de Mudanças Climáticas (Intergovernmental Panel on Climate Change, IPCC) com a função de avaliar as pesquisas realizadas em todo o planeta que fossem relevantes para entender os riscos das mudanças climáticas, bem como de projetar impactos e apontar opções de estratégia e mitigação desses impactos (Oliveira; Silva; Henriques, 2009). Associados às mudanças climáticas estão os eventos extremos de tempo e clima, que podem causar grandes transtornos para a sociedade, dependendo da vulnerabilidade da região afetada e de quanto tempo ela leva para se recuperar após o episódio. O quarto relatório do IPCC (2007) define *evento extremo* como um evento de tempo atmosférico tão raro quanto ou mais raro do que o percentil 10 ou 90 da função de densidade de probabilidade. Quando um evento extremo de tempo persiste por um longo tempo cronológico – como uma estação, por exemplo –, pode ser classificado como um extremo climático.

Diante do exposto, este capítulo tem como objetivos descrever as causas naturais e antropogênicas das mudanças do clima e apresentar evidências das mudanças climáticas nas últimas décadas, as projeções dos modelos numéricos para o final do século XXI e, por fim, uma breve síntese das políticas e acordos internacionais.

13.1 Causas naturais das mudanças climáticas

13.1.1 Fatores externos

Movimento das placas tectônicas

A Terra apresenta movimentos continentais que são dirigidos pela convecção no manto terrestre. A distribuição atual dos oceanos e continentes é muito diferente daquela do período Cambriano e de perío-

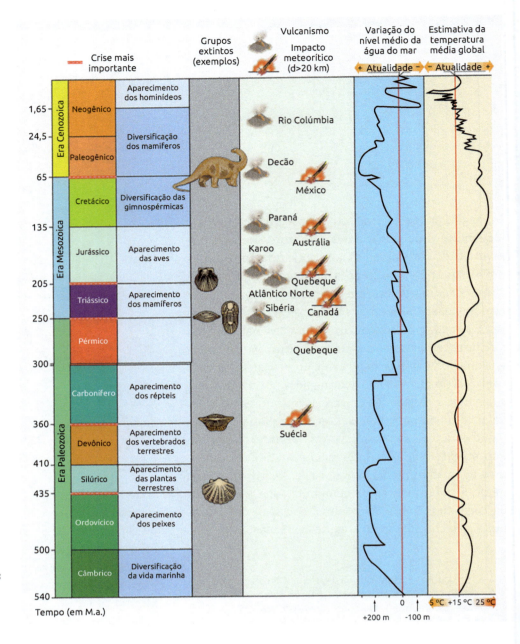

Fig. 13.1 Escala do tempo geológico e reconstrução esquemática da temperatura média global e do nível do mar nos últimos 500 milhões de anos

Fonte: adaptado de A Escala... (2008).

dos posteriores (Fig. 13.2), o que implicou diferenças no aquecimento da superfície oceânica e continental, influenciando a circulação atmosférica e resultando em mudanças nos regimes climáticos sobre determinadas regiões do globo. Durante o Holoceno, época mais recente do tempo geológico e sobre a qual se tem a maior parte das informações sobre o clima, as posições continentais permanecem praticamente fixas.

Variações na radiação solar

O total de energia que sai do Sol é um determinante central do clima da Terra. Uma forma de essa forçante mudar o clima seria pela variação da quantidade de energia emitida pelo Sol. As teorias da evolução estelar sugerem que a radiação solar cresceu cerca de 30% desde a formação do sistema solar. Esse aumento está associado à conversão de hidrogênio em hélio no Sol, o que leva a um crescimento concomitante da densidade solar, da temperatura do núcleo solar, da taxa de fusão e da produção de energia. Se a radiação solar de súbito decrescesse 30%, a superfície e a atmosfera da Terra rapidamente se tornariam mais frias.

A maior parte da energia recebida do Sol origina-se em sua fotosfera, que tem uma temperatura de emissão de cerca de 6.000 K. A característica dominante vista na fotosfera são manchas escuras chamadas de manchas solares, que tendem a se formar em grupos e ocorrem devido à expulsão de matéria da fotosfera na direção das linhas do campo magnético do Sol. As regiões em que os laços magnéticos saem e retornam à fotosfera têm polaridades magnéticas opostas e nelas surgem as manchas solares, com temperatura média de 4.300 K – isto é, as regiões com manchas são 1.700 K mais frias do que as regiões que não as apresentam. Na realidade, essas manchas não são negras; elas possuem uma coloração avermelhada, parecendo escuras apenas por causa do contraste com as regiões vizinhas. As manchas com extensão de poucas centenas de quilômetros duram de um a dois dias, mas as maiores, com cerca de milhares de quilômetros, podem durar vários meses. Na média, elas perduram por uma ou duas semanas.

Um exemplo de mancha solar pode ser visualizado em <http://www.zenite.nu/02/3-solar.php>.

É comum imaginar que, na ocorrência de manchas solares, haverá aumento de energia recebida no topo da atmosfera terrestre. Entretanto, a relação entre o número de manchas solares e a energia recebida no topo da atmosfera é considerada pequena (Fig. 13.3). Estudos têm sugerido que, entre 1645 e o final da década de 1980, ocorreram mudanças de cerca de 0,4% (± 0,2%) na radiação solar recebida no topo da atmosfera, valor que é muito pequeno para afetar o clima terrestre. Alguns autores, como Moran (2012), ainda mencionam que o aumento da energia recebida foi menor do que 0,1%.

As manchas solares têm um ciclo de ocorrência de aproximadamente 11 anos, variando entre 8 e 15 anos, e que pode ocorrer "embebido" em ciclos maiores, como o de 80 anos denominado ciclo de Gleissberg. Embora tenha sido mencionado que a radiação solar que chega ao topo da atmosfera, na ocorrência de manchas solares, tem uma variação muito pequena em comparação com o valor que ocorre na ausência delas, há períodos em que a ausência de manchas coincide com períodos frios na Terra.

Em 1893, Edward Walter Maunder (1851-1928) descobriu que a atividade das manchas solares foi consideravelmente reduzida no período de 1645 a 1715, tendo esse período recebido a denominação de mínimo de Maunder (Fig. 13.4). Registros passados da atividade das manchas solares revelam correspondências intrigantes, como a associação do mínimo de Maunder com a pequena idade do gelo, que foi um período longo de resfriamento da Terra ocorrido entre

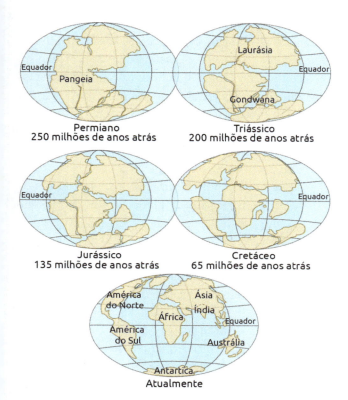

Fig. 13.2 *Disposição geográfica dos continentes ao longo do tempo*
Fonte: adaptado de Clima (s.d.).

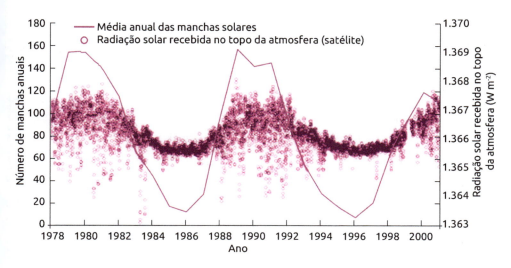

Fig. 13.3 *Radiação solar recebida no topo da atmosfera comparada com o número de manchas solares entre 1978 e 2001*
Fonte: adaptado de The Role... (s.d.).

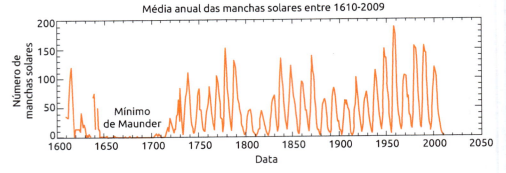

Fig. 13.4 *Ciclo das manchas solares, com destaque para o período de inatividade das manchas, chamado de mínimo de Maunder*

Fonte: adaptado de The Solar... (2016).

os séculos XV e XIX. O continente europeu foi o mais afetado, pois houve *deficit* nas colheitas, favorecendo o alastramento da fome pelo continente.

De acordo com Hartmann (1994), a pequena variação da radiação solar no topo da atmosfera terrestre na ocorrência de manchas solares tem efeito negligenciável sobre o clima. Por outro lado, é possível que a radiação solar seja um importante fator nas escalas de 80 anos (ciclo de Gleissberg) ou maiores. Na Fig. 13.5, se o número médio mensal de manchas solares for comparado individualmente com as anomalias médias anuais de temperatura do ar no planeta, pouca ou nenhuma correlação será encontrada. Contudo, se a figura for observada de uma maneira geral, será notado que o número de manchas solares aumenta na primeira metade do século XX concomitantemente com a temperatura. Esse aumento na atividade solar pode estar conectado ao ciclo de Gleissberg. Já a elevação da temperatura no final da segunda metade do século XX parece não estar relacionada ao número de manchas solares.

Parâmetros orbitais de Milankovitch

Desde o início do século XIX havia pesquisadores que defendiam a ideia de que as mudanças climáticas na Terra estavam ligadas às variações de sua órbita. Entretanto, o crédito pelo desenvolvimento das hipóteses que relacionam os movimentos da Terra às mudanças climáticas é dado ao astrônomo Milutin Milankovitch (1879-1958). Existem diversas formas em que a configuração orbital pode afetar a radiação solar recebida e, consequentemente, o clima na Terra. Por isso, Milankovitch formulou um modelo matemático baseado nos seguintes elementos:

- variações na forma da órbita da Terra em torno do Sol (excentricidade);
- mudanças na inclinação do eixo de rotação da Terra em relação ao plano orbital do planeta (obliquidade);
- oscilação do eixo da Terra como um pião (precessão).

Os três movimentos são chamados de ciclos de Milankovitch e sua descrição é dada na sequência.

Excentricidade orbital

No início do século XVII, Johannes Kepler (1571-1630) declarou que as órbitas dos planetas são elipses, com o Sol localizado em um dos focos. O grau em que uma órbita desvia do formato de um círculo é medido pela excentricidade da elipse. Numa órbita elíptica, num dado momento a Terra fica mais próxima do Sol, e em outra, mais afastada. O ponto onde o planeta está mais

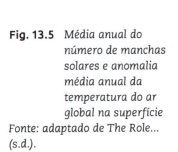

Fig. 13.5 *Média anual do número de manchas solares e anomalia média anual da temperatura do ar global na superfície*

Fonte: adaptado de The Role... (s.d.).

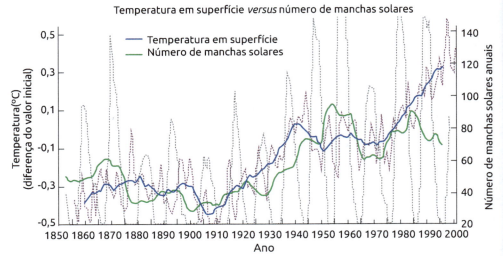

perto do Sol é chamado de periélio, e onde está mais afastado, de afélio. A excentricidade (E) pode ser obtida por meio da expressão (Hartmann, 1994):

$$E = \frac{d_a - d_p}{d_a + d_p} \quad (13.1)$$

em que:

d_a = distância Terra-Sol no afélio (Terra mais afastada do Sol, atualmente em torno do dia 4 de julho);

d_p = distância Terra-Sol no periélio (Terra mais próxima do Sol, atualmente em torno do dia 4 de janeiro).

Quanto maior a excentricidade, maior o valor de E, e para um círculo perfeito E = 0 (Fig. 13.6). O valor atual da excentricidade é E = 0,0167. A excentricidade da órbita da Terra ao redor do Sol varia de elíptica para quase circular em ciclos irregulares de 90.000 a 100.000 anos (Moran, 2012). Atualmente há uma diferença de cerca de 3% na distância Terra-Sol entre o afélio e o periélio. Se a Terra está ligeiramente mais afastada do Sol em julho, seria esperado um verão mais brando no hemisfério Norte. No entanto, isso não ocorre, pois a Terra recebe somente cerca de 6% menos energia em julho em comparação a janeiro, o que não é suficiente para modificar o clima. Hartmann (1994) também menciona que a dependência da insolação anual na excentricidade é muito fraca, sendo que a variação anual da insolação obtida entre uma órbita circular e uma mais elíptica, com excentricidade de cerca de 0,06, é de apenas ~0,18%.

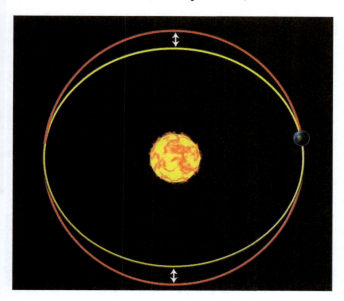

Fig. 13.6 *Excentricidade da órbita da Terra. A linha vermelha indica uma órbita quase circular, e a linha amarela, uma órbita mais elíptica*
Fonte: adaptado de The Ice... (s.d.).

Mais detalhes sobre os parâmetros orbitais podem ser vistos em <http://www.ncdc.noaa.gov/paleo/ctl/clisci100ka.html#tilt>.

Obliquidade

Um parâmetro de grande importância para a variação sazonal do clima é a obliquidade, que é o ângulo formado entre o eixo de rotação da Terra e o plano da órbita terrestre ao redor do Sol. O eixo de rotação da Terra tem inclinação que varia de aproximadamente 22,1° a 24,5° (Fig. 13.7) num período de cerca de 41.000 anos, sendo o valor corrente de 23,5°. As variações sazonais no clima terrestre dependem da obliquidade: se ela é grande, os contrastes sazonais também aumentam, de forma que os invernos são mais frios e os verões mais quentes em ambos os hemisférios. Se a obliquidade fosse nula, não haveria estações do ano e a quantidade de energia solar que atingiria uma dada localidade no planeta seria constante ao longo do ano.

Precessão

De acordo com Oliveira Filho e Saraiva (2007), o efeito da precessão (Fig. 13.8) pode ser comparado ao movimento de um pião: o pião gira em torno de si (rotação) e seu eixo bamboleia descrevendo um movimento em torno de uma elipse, e o mesmo acontece com a Terra. Esse fenômeno ocorre devido às forças diferenciais do Sol e da Lua sobre a Terra.

A precessão não corresponde a uma alteração na inclinação do eixo de rotação da Terra, mas sim a uma mudança na orientação desse eixo em torno da órbita terrestre (Fig. 13.9), ou seja, para onde o polo Norte aponta – atualmente, para a Estrela Polar Norte. Isso, por sua vez, altera a posição na elipse em que ocorrem os solstícios e equinócios. Atualmente, o solstício de verão no hemisfério Sul ocorre quando a Terra está no ponto da elipse mais próximo do Sol, em janeiro, mas há 11.000 anos o verão austral ocorria quando a Terra estava no afélio (ponto mais afastado do Sol), em julho.

De acordo com Oliveira Filho e Saraiva (2007), o movimento de precessão da Terra é conhecido como precessão dos equinócios, porque, devido a ele, os equinócios – ponto vernal e ponto outonal – deslocam-se ao longo da eclíptica no sentido de ir ao encontro do Sol. A precessão tem um período aproximado de 23.000 anos e, assim como a obliquidade, não altera o total de radiação recebido no topo da atmosfera. Entretanto, ela afeta a distribuição temporal e espacial da radiação na superfície terrestre.

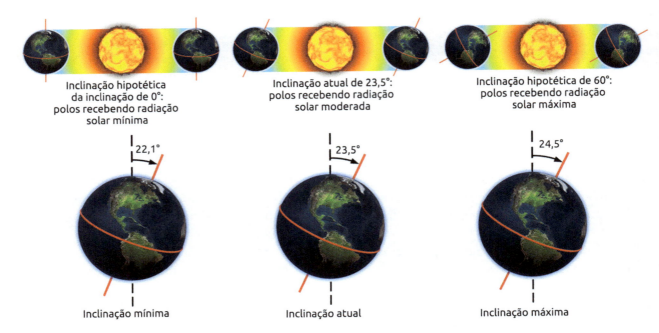

Fig. 13.7 *Diferentes valores de obliquidade do eixo de rotação da Terra*
Fonte: adaptado de The Ice... (s.d.).

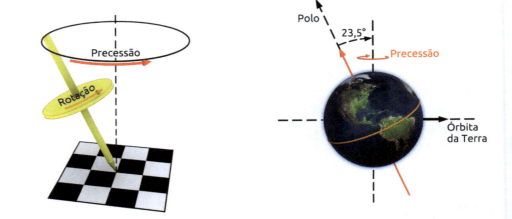

Fig. 13.8 *Comparação do movimento de um pião com o da Terra mostrando o efeito da precessão*
Fonte: adaptado de Oliveira Filho e Saraiva (2007).

Como os três ciclos de Milankovitch, individualmente, não causam mudanças climáticas, esse estudioso percebeu que tais mudanças poderiam ocorrer pela interação dos ciclos. Às vezes, os efeitos desses ciclos reforçam uns aos outros, e às vezes tendem a anular uns aos outros. Por exemplo, quando a precessão fizer com que o verão no hemisfério Norte ocorra no periélio (aumento de 6% da radiação solar recebida) e que, ao mesmo tempo, haja maior excentricidade da órbita da Terra e maior inclinação do eixo de rotação do planeta, esses fatores combinados contribuem para tornar as latitudes altas do hemisfério Norte mais quentes durante o verão boreal, e as do hemisfério Sul, mais frias durante o inverno austral.

Erupções vulcânicas

As erupções vulcânicas têm um importante papel no clima, pois, ao alterarem a concentração de gases na atmosfera e injetarem partículas (aerossóis) nela, podem aumentar ou diminuir a temperatura média do planeta dependendo de como a radiação solar interage com o material vulcânico. Não é simples inferir a intensidade do impacto das erupções vulcânicas no clima.

O material expelido pelos vulcões pode chegar à estratosfera e ser transportado horizontalmente pelos ventos, atingindo centenas de quilômetros de distância (Fig. 13.10). Uma parte da radiação solar que atinge esse material acaba sendo refletida e menos energia alcança a superfície terrestre, o que, consequentemente, causa o resfriamento de grandes áreas da Terra. Entretanto, os vulcões também liberam grande quantidade de água e dióxido de carbono. Como esses gases absorvem e emitem radiação infravermelha – são gases de efeito estufa –, a superfície e a atmosfera terrestre também podem ser aquecidas. Assim, em curtos intervalos, as maiores erupções

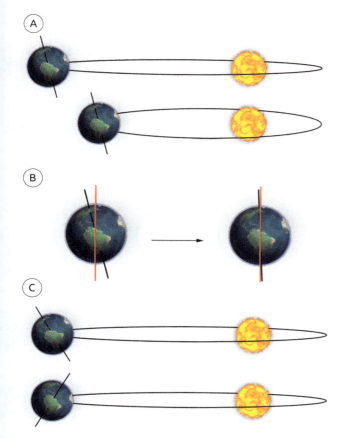

Fig. 13.9 *Parâmetros orbitais de Milankovitch: (A) excentricidade; (B) obliquidade; (C) precessão*
Fonte: adaptado de Milankovitch... (s.d.).

vulcânicas causam, inicialmente, um rápido aquecimento da atmosfera. O período de resfriamento provocado pelas erupções vulcânicas é decorrente do tempo de residência dos aerossóis na estratosfera. Os aerossóis podem permanecer cerca de 1 a 12 anos na estratosfera e, assim, refletir a energia solar para fora da atmosfera, o que contribui para o resfriamento ao longo do tempo. Por exemplo, a Fig. 13.11 mostra que o período de aquecimento global foi reduzido com a erupção do monte Pinatubo em 1991, nas Filipinas. Nos 15 meses seguintes a esse evento, foi observada uma diminuição de aproximadamente 0,6 °C na temperatura média global.

13.1.2 Fator interno

Oceanos

Os oceanos cobrem cerca de 70% da superfície da Terra e, dessa forma, desempenham um papel muito importante no balanço de energia do planeta. Como a capacidade térmica da água é maior do que a do ar, os oceanos se aquecem e se resfriam muito mais lentamente do que a atmosfera. Assim, os oceanos armazenam grandes quantidades de energia e agem como um "amortecedor" contra grandes mudanças sazonais de temperatura. As camadas superficiais do oceano respondem a influências das forçantes climáticas numa escala temporal de meses a anos, que é muito mais lenta do que a resposta da atmosfera a essas forçantes. Os oceanos são importantes para o balanço químico do sistema atmosférico, pois absorvem o dióxido de carbono da atmosfera de diversas formas, devido a processos físicos (o CO_2 se dissolve mais facilmente na água do mar em virtude dos íons de carbonato), a processos biológicos, como resultado da fotossíntese dos fitoplânctons, e a processos nutricionais que permitem que organismos marinhos criem conchas ou esqueletos de carbonato de cálcio etc. A mistura das águas oceânicas provoca a redistri-

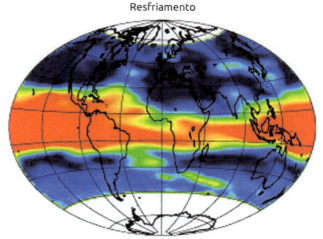

Fig. 13.10 *Distribuição da pluma de SO_2 e poeira (cores vermelha e verde) associada à erupção do monte Pinatubo em 12 de junho de 1991*
Fonte: adaptado de The Cataclysmic... (1997) (figura superior) e Self et al. (1996) (figura inferior).

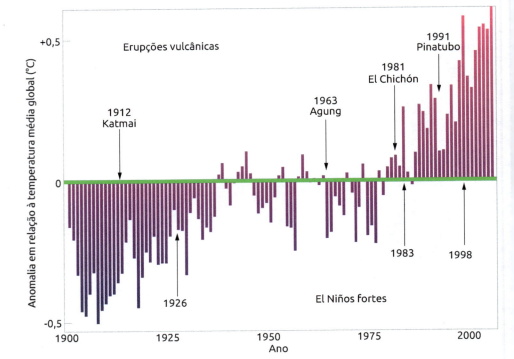

Fig. 13.11 *Anomalia da temperatura média global do ar. Na parte superior da figura, são indicadas as datas de grandes erupções vulcânicas*
Fonte: adaptado de Ruddiman (2008).

buição do dióxido de carbono absorvido. É importante destacar que os oceanos, ao absorverem esse gás, contribuem para sua redução na atmosfera, de forma que há menos impacto do efeito estufa no planeta.

Com as alterações climáticas ao longo dos últimos anos, o nível dos oceanos tem aumentado sistematicamente. Na Fig. 13.12A é mostrado que, em nível global, o aumento vem sendo da ordem de 1,8 mm a 2 mm por ano, ao passo que na Fig. 13.12B é exibido que a amplitude varia de região para região. Dois fatores importantes podem estar contribuindo para esse aumento sistemático: o degelo da neve em montanhas e a expansão térmica do oceano, sendo que ambos estão relacionados ao aumento da temperatura média global que vem ocorrendo no planeta no presente e último século. Nas próximas seções, serão discutidos em mais detalhes os fatores que podem influenciar essa mudança do clima e, consequentemente, seu impacto nos oceanos.

13.2 Causas antropogênicas das mudanças climáticas (fator interno)

Até agora foram apresentadas as causas naturais que podem conduzir a mudanças climáticas. A partir desse ponto será discutido como o homem contribui para as mudanças no clima.

De acordo com o IPCC (2007, 2013), as atividades humanas contribuem para as mudanças climáticas por meio de alterações na composição química da atmosfera, isto é, por meio do aumento de gases de efeito estufa (GEE) na atmosfera, da injeção de aerossóis e da criação de fatores que propiciam a nebulosidade.

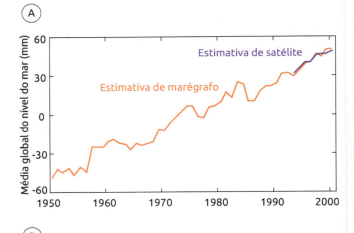

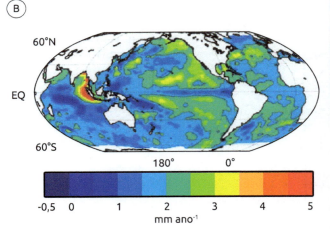

Fig. 13.12 *(A) Média global do aumento do nível do mar ao longo dos últimos anos e (B) distribuição regional estimada desse aumento de janeiro de 1950 a dezembro de 2000*
Fonte: adaptado de Church et al. (2004).

A maior contribuição para as mudanças climáticas vem dos GEE. Como já abordado nos Caps. 2 e 10, os GEE absorvem a radiação infravermelha emitida pela superfície terrestre e a reemitem para a superfície. Esses gases podem ser comparados a um cobertor, pois não deixam a energia escapar. Quanto maior a quantidade de GEE na atmosfera, mais energia tende a ser absorvida por eles e reemitida para a superfície, o que implica um aumento das temperaturas do planeta. Vale a pena lembrar que o efeito estufa é um efeito natural e benéfico. No entanto, a introdução de mais GEE na atmosfera pelas emissões antropogênicas contribui para o aumento de sua concentração e, portanto, favorece a elevação da temperatura média global.

Existem diversas formas de introduzir GEE na atmosfera, tanto naturalmente quanto antropicamente, como mostra a Fig. 13.13. Algumas das formas antropogênicas são listadas por Oliveira, Silva e Henriques (2009):

- queima de combustíveis fósseis por veículos, indústria, construção civil e uso residencial;
- atividades ligadas à utilização da terra e às suas mudanças, entre elas, o desmatamento, a agropecuária e as queimadas;
- produção de metano, advindo do setor de energia, da agropecuária e de resíduos sólidos urbanos;
- produção de óxido nitroso, advindo do manejo agrícola;
- utilização de F-gases – hidrofluorcarbonos, perfluorcarbonos e hexafluoreto de enxofre – nos processos industriais (observe-se que os F-gases, tais como o gás de refrigeração, não existem originalmente na natureza, sendo gerados unicamente por atividades humanas);
- processos industriais, como a produção de cimento e de produtos químicos, envolvem reações que liberam dióxido de carbono, além de emitir outros GEE.

A Fig. 13.14 mostra a evolução temporal global da concentração dos GEE dióxido de carbono, metano e óxido nitroso nos últimos 2.000 anos. É evidente o

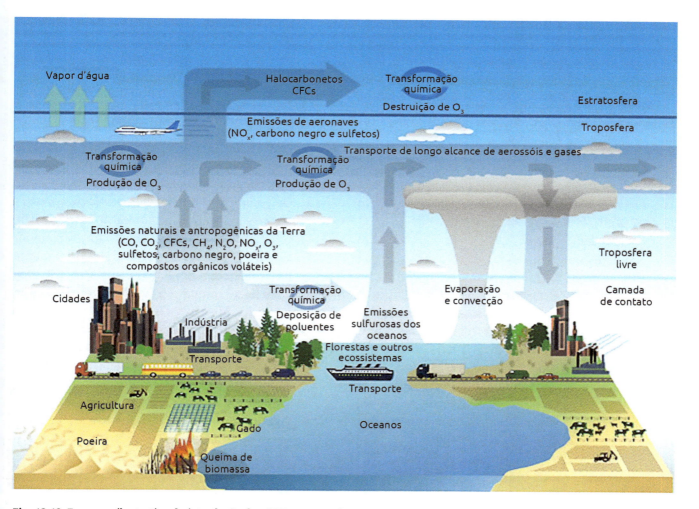

Fig. 13.13 *Esquema ilustrativo da introdução dos GEE na atmosfera*
Fonte: adaptado de IPCC (2007).

grande aumento da concentração desses gases a partir de 1750, o qual está associado às atividades humanas da era industrial, conforme relatos do IPCC (2007, 2013).

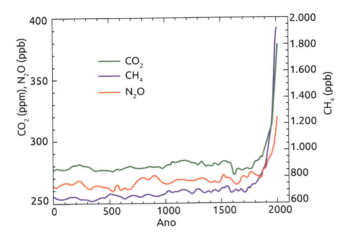

Fig. 13.14 *Evolução temporal global da concentração dos GEE nos últimos 2.000 anos. As unidades das concentrações são partes por milhão (ppm) ou partes por bilhão (ppb), indicando o número de moléculas de GEE por milhão ou bilhão de moléculas de ar, respectivamente, numa amostra da atmosfera*
Fonte: adaptado de IPCC (2007).

As atividades humanas emitem diferentes GEE, mas quatro gases são os principais para o efeito estufa (IPCC, 2007): dióxido de carbono, metano, óxido nitroso e halocarbonetos (grupo de gases contendo flúor, cloro e bromo, além de carbono e hidrogênio). Esses gases se acumulam na atmosfera, fazendo com que as concentrações aumentem com o tempo. Uma explanação de como esses e outros gases e aerossóis são lançados na atmosfera, com base no quarto relatório do IPCC (2007), é apresentada na sequência:

- A concentração do dióxido de carbono tem aumentado devido ao uso de combustível fóssil no transporte, no aquecimento, na produção de cimento etc. O desmatamento libera dióxido de carbono e reduz sua absorção pelas plantas. Esse gás também é liberado em processos naturais, como o decaimento de matéria vegetal.
- A concentração do metano tem aumentado como resultado das atividades humanas relacionadas à agricultura, distribuição de gás natural e aterros sanitários. Esse gás também é liberado no processo natural ligado a manguezais.
- O óxido nitroso é emitido pelas atividades de aplicação de fertilizantes em plantações e de queima de combustíveis fósseis. Alguns processos naturais nos solos e oceanos também liberam esse gás.
- A concentração de halocarbonetos tem aumentado principalmente devido às atividades humanas, sendo os processos naturais apenas uma pequena fonte. Os principais halocarbonetos incluem clorofluorcarbonos – por exemplo, CFC-11 e CFC-12. Esses gases foram muito usados na refrigeração até se descobrir que causam a remoção de ozônio estratosférico, isto é, contribuem para o buraco na camada de ozônio.
- O ozônio (troposférico) é um gás de efeito estufa que é continuamente produzido e destruído na atmosfera por reações químicas. Na troposfera, as atividades humanas têm aumentado a concentração de ozônio por meio da liberação de gases, como compostos orgânicos voláteis e óxido de nitrogênio, que reagem quimicamente e formam o ozônio.
- O vapor d'água é o mais abundante e importante gás de efeito estufa na atmosfera em virtude de sua alta concentração quando comparada com as dos outros GEE. As atividades humanas têm somente uma pequena influência direta na quantia de vapor d'água. Indiretamente, entretanto, os seres humanos podem afetar substancialmente a quantia de vapor d'água e mudar o clima. Por exemplo, uma atmosfera mais quente pode conter mais vapor d'água. As atividades humanas também influenciam a concentração de vapor d'água por meio de emissões de metano, pois esse gás sofre uma destruição química na estratosfera e produz uma pequena quantia de vapor d'água.
- Os aerossóis são pequenas partículas presentes na atmosfera com tamanho, concentração e composição química que variam amplamente. Alguns aerossóis são emitidos diretamente na atmosfera, enquanto outros são formados a partir de compostos já existentes. A queima de combustíveis fósseis e de biomassa tem aumentado a quantidade de aerossóis na atmosfera que contêm compostos de enxofre, compostos orgânicos e fuligem (*black carbon*). A mineração e os processos industriais têm aumentado a quantidade de poeira na atmosfera. Como exemplos de aerossóis naturais, pode-se citar poeira de minerais, sal marinho, emissões biogênicas dos continentes e oceanos, e sulfato e poeira produzidos pelas erupções vulcânicas.

As mudanças no uso do solo, como trocar a vegetação natural por algum cultivo ou por área urbanizada, são um fator que pode produzir grandes impactos no clima. Tais mudanças influenciam o albedo, a evaporação e até mesmo os ventos, como ocorre no efeito de ilha de calor, explicado no Cap. 10.

O desmatamento aumenta a quantia de dióxido de carbono e outros GEE na atmosfera. A vegetação e o solo das florestas tropicais armazenam 460-575 bilhões de toneladas de carbono no mundo (Urquhart et al., 2001). Quando uma floresta é cortada e queimada, o carbono que estava armazenado nos troncos das árvores – cerca de 50% da madeira é constituída de carbono – se une ao oxigênio e é liberado na atmosfera em forma de dióxido de carbono. O desmatamento também afeta o clima local porque reduz o resfriamento, o qual é associado à evaporação. De acordo com Urquhart et al. (2001), algumas pesquisas sugerem que cerca de metade da precipitação que atinge as florestas tropicais é resultado de sua própria umidade. Os processos de evaporação e evapotranspiração das árvores e da vegetação fornecem grande quantia de vapor d'água para a atmosfera local, promovendo a formação de nuvens e precipitação. Quando há menos evaporação, isso significa que mais energia solar está disponível para aquecer a superfície terrestre e, consequentemente, o ar adjacente, o que produz um aumento nas temperaturas.

A Fig. 13.15 mostra a origem de algumas das fontes de emissão de GEE no globo. Observa-se que 66% das emissões são devidas à industrialização e à queima de combustíveis fósseis, sendo o dióxido de carbono o gás mais emitido. A agropecuária responde por 20%, sendo o metano o gás que mais contribui nessa categoria. Os 14% restantes são originados de processos de mudança no uso da terra, em que o dióxido de carbono tem também a maior contribuição.

No Brasil, a principal fonte de emissão de GEE é a mudança no uso do solo (Fig. 13.16), que tem grande influência do desmatamento e das queimadas.

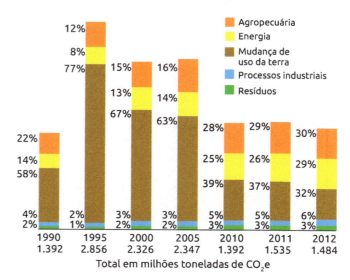

Fig. 13.16 *Emissões de gases de efeito estufa no Brasil de 1990 a 2012*
Fonte: SEEG (2013).

13.3 Mudanças observadas no clima

Os relatórios de avaliação das mudanças climáticas no planeta divulgados em 2007 e 2013 pelo IPCC mencionam que:

> O aquecimento do sistema climático é inequívoco, como está agora evidente nas observações dos aumentos das temperaturas médias globais do ar e do oceano, do derretimento generalizado da neve e do gelo e da elevação do nível médio do mar global. (IPCC, 2013).

A Fig. 13.17 mostra, por meio de diferentes conjuntos de dados, que, à medida que as anomalias positivas da temperatura do ar e do mar aumentam no globo, o nível do mar também se eleva, assim como há uma redução da cobertura de gelo marinho (essa última informação é para dados coletados no Ártico).

A Fig. 13.18 mostra uma comparação entre as simulações dos modelos climáticos (curvas coloridas) e os dados observados de anomalia global da temperatura em superfície (curva preta) entre 1850 e 2010. Quando os modelos são dirigidos apenas por forçantes naturais (curva em azul), as simulações não representam de maneira adequada as tendências das anomalias observadas. Quando os modelos são dirigidos por forçantes naturais e antropogênicas (curva em rosa), as simulações conseguem reproduzir o aumento da

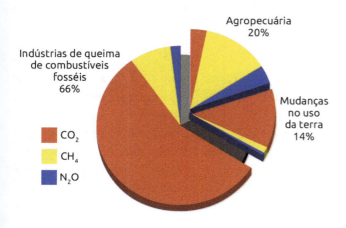

Fig. 13.15 *Origem das fontes de emissão de GEE e contribuição associada*
Fonte: cortesia de Carlos Cerri/Esalq (2009).

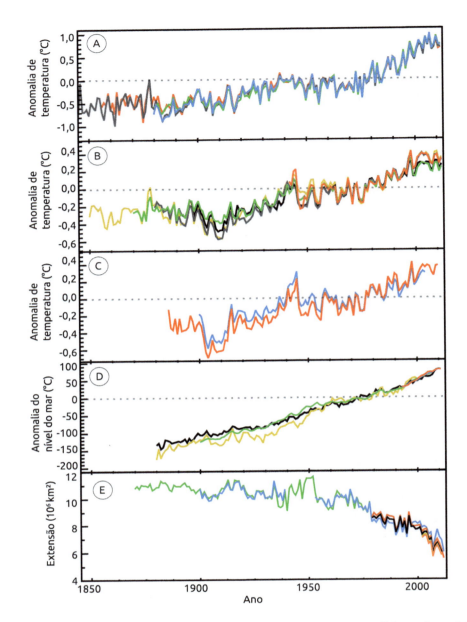

Fig. 13.17 Indicadores das mudanças climáticas no globo: (A) na temperatura do ar na superfície continental (quatro conjuntos de dados); (B) na temperatura na superfície do mar (cinco conjuntos de dados); (C) na temperatura do ar marinho (dois conjuntos de dados); (D) no nível do mar (seis conjuntos de dados); (E) na extensão do gelo marinho no Ártico entre junho e agosto (seis conjuntos de dados). O eixo das ordenadas indica a anomalia dessas variáveis em relação ao período 1961-1990, exceto para (E), cujo período é 1967-1990
Fonte: adaptado de IPCC (2013).

temperatura ao longo dos últimos 40 anos. Assim, a Fig. 13.18 sugere que é muito provável que o aumento observado da temperatura média global em superfície nas últimas décadas esteja relacionado ao aumento das concentrações de GEE associadas às forçantes antropogênicas.

13.4 Projeções do clima futuro

A Fig. 13.18 sugere que os modelos atmosféricos podem ser confiáveis, ao reproduzir a variabilidade da temperatura quando diferentes tipos de forçantes são utilizados. Vários modelos climáticos têm sido usados para projetar o clima futuro com base nos cenários de emissões do IPCC. Os cenários correspondem à descrição de um estado futuro do mundo levando em consideração o desenvolvimento econômico e tecnológico, a demografia etc. Existem cenários em que se considera maior utilização de fontes de energia limpa, uso adequado dos recursos naturais e menos injeção de GEE na atmosfera. Entretanto, há cenários pessimistas que não consideram o perfil descrito e incluem maior injeção de GEE na atmosfera. Esses cenários são fornecidos aos modelos climáticos a fim de projetarem o estado futuro do clima, e vários deles

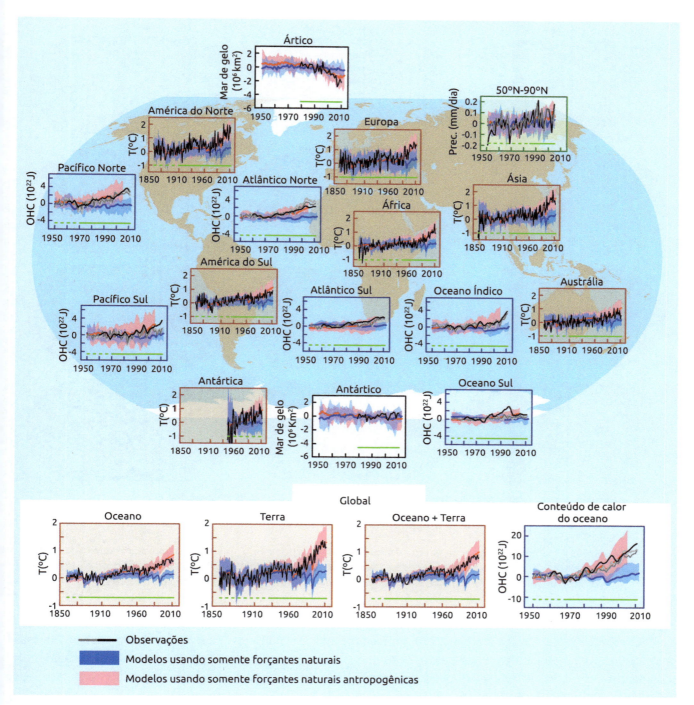

Fig. 13.18 *Comparação entre as simulações dos modelos climáticos e os dados observados de temperatura do ar em superfície no período de 1850 a 2010. A curva preta indica as observações, a azul, as simulações usando apenas forçantes naturais, e a rosa, as simulações usando forçantes naturais e antropogênicas*

Fonte: adaptado de IPCC (2013).

têm sido desenvolvidos ao longo dos anos. Por exemplo, o quarto relatório do IPCC utilizou os cenários de emissões descritos num relatório especial (Special Report on Emissions Scenarios, SRES – ver Nakicenovic e Swart (2000) para uma descrição detalhada dos cenários SRES). Já no quinto relatório foram empregadas trajetórias representativas de concentrações de GEE (*representative concentration pathways*, RCPs). A Fig. 13.19 mostra as projeções de temperatura do ar em superfície, em termos anuais, considerando quatro cenários, RCP 2.6, 4.5, 6.0 e 8.5, e três períodos futuros, 2046-2065, 2081-2100 e 2181-2200. Note-se que, independentemente do cenário e do período analisado, os maiores aumentos de temperatura são projetados sobre o continente e, principalmente, nas latitudes altas do hemisfério Norte. Nos três períodos analisados, as maiores temperaturas são projetadas usando o cenário RCP8.5, que é o mais pessimista.

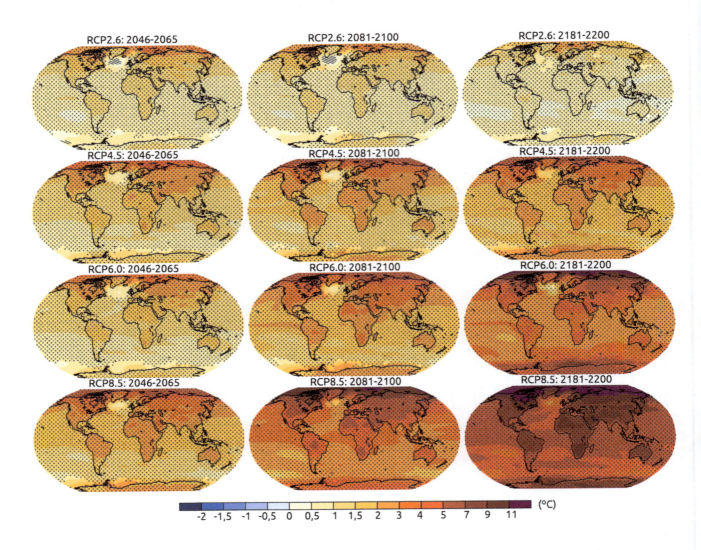

Fig. 13.19 *Mudanças projetadas para a temperatura do ar próxima à superfície (em °C), em termos anuais, considerando quatro cenários, RCP 2.6, 4.5, 6.0 e 8.5, três períodos, 2046-2065 (coluna esquerda), 2081-2100 (coluna central) e 2181-2200 (coluna direita). As figuras correspondem à média dos períodos futuros menos a média do período 1986-2005*
Fonte: adaptado de IPCC (2013).

Com relação à precipitação, a Fig. 13.20 apresenta as mudanças projetadas para cada estação do ano considerando o cenário RCP 8.5 e três períodos: 2046-2065, 2081-2100 e 2181-2200. De forma geral, em todas as estações do ano é projetado um aumento de precipitação nos polos e na região da ZCIT.

A Fig. 13.21 exibe a projeção para verão (dezembro-janeiro-fevereiro, DJF) e inverno (junho-julho-agosto, JJA) da temperatura e da precipitação para seis biomas do Brasil com base em uma composição de modelos regionais climáticos para quatro períodos distintos: 2011-2040, 2041-2070 e 2071-2100. Apesar das incertezas que os modelos numéricos possuem, essa figura demonstra claramente que para todas as regiões brasileiras existe um aumento sistemático da temperatura, sendo que os maiores valores se encontram nos biomas da Amazônia, Caatinga, Cerrado e Panta-

nal. De modo inversamente proporcional, são nessas regiões que os modelos indicam uma maior tendência de diminuição das chuvas, ao passo que, nas regiões do Pampa e em parte da Mata Atlântica no Sudeste do País, há uma tendência de aumento. Em geral, esses resultados sugerem que, em projeções futuras do clima, haverá uma grande variabilidade na precipitação no Brasil.

As mudanças na temperatura do ar são as mais fáceis de medir, mas a umidade atmosférica, a precipitação e a circulação atmosférica também mudam, na medida em que o sistema climático inteiro é afetado (IPCC, 2007, 2013). Uma elevação na temperatura do ar conduz a um aumento na capacidade da atmosfera de reter vapor d'água. Esses efeitos, juntos, alteram o ciclo hidrológico e, especialmente, as características da precipitação. O diagrama mostrado na Fig. 13.22

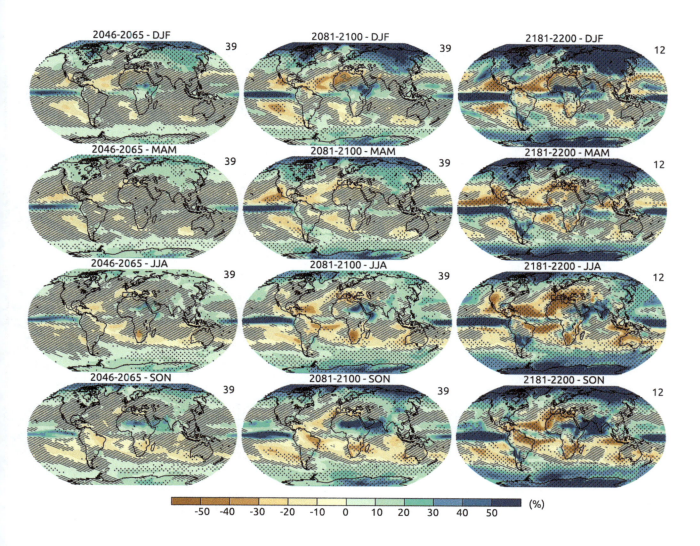

Fig. 13.20 Mudanças projetadas para a precipitação (em porcentagem), em termos sazonais, considerando o cenário RCP 8.5 para três períodos, 2046-2065 (coluna esquerda), 2081-2100 (coluna central) e 2181-2200 (coluna direita), e a média de diferentes modelos. As figuras correspondem à média dos períodos futuros menos a média do período 1986-2005
Fonte: adaptado de IPCC (2013).

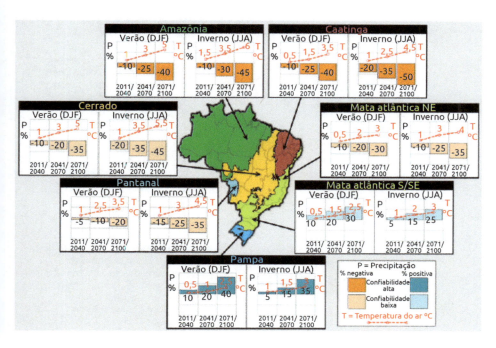

Fig. 13.21 Projeções regionalizadas de clima nos biomas brasileiros da Amazônia, Cerrado, Caatinga, Pantanal, Mata Atlântica (setores nordeste e sul/sudeste) e Pampa para os períodos de início (2011-2040), meados (2041-2070) e final (2071/2100) do século XXI, baseadas nos resultados científicos de modelagem climática global e regional. As regiões com diferentes cores no mapa indicam o domínio geográfico dos biomas. A legenda encontra-se no canto inferior direito
Fonte: adaptado de PBMC (2014).

resume a relação entre o aquecimento global e as variáveis atmosféricas. Com o aquecimento global, associado ao aumento da temperatura e da evaporação, a capacidade da atmosfera de reter umidade cresce, intensificando o efeito estufa e alterando os regimes de chuvas sobre uma determinada região. A alteração nos regimes de chuvas pode ocorrer tanto no sentido de intensificar quanto no de reduzir os totais precipitados.

> Existem algumas incertezas nas projeções climáticas, que são inerentes aos diversos dados observados e às limitações dos modelos de clima. Mas, mesmo que as incertezas continuem persistindo, sabe-se o suficiente para afirmar que o aumento na concentração dos GEE (e seu impacto no aquecimento global), associado às fontes antropogênicas, é um fato e deve ser levado em consideração.

Para finalizar esta seção, a Fig. 13.23 mostra a relação sistemática entre emissões e concentrações dos GEE, mudança climática, impacto nos sistemas naturais e antropogênicos e os caminhos do desenvolvimento socioeconômico. Nela, o termo *adaptação* refere-se a medidas para reduzir, em curto prazo, o impacto das mudanças climáticas na sociedade e está relacionado a esforços locais e nacionais. Já o termo *mitigação* refere-se a medidas para diminuir as emissões antropogênicas dos GEE em longo prazo e está relacionado a esforços internacionais, como os acordos entre países.

13.5 O mundo e as mudanças climáticas

Em 1972, ocorreu em Estocolmo, na Suécia, a primeira Conferência das Nações Unidas sobre o Homem e Meio Ambiente, onde foi dado o alerta de que os problemas ambientais são fruto de um modelo de desenvolvimento em que os recursos naturais são tidos como inesgotáveis. Mas o tema relacionado ao aquecimento global só começou a ganhar maior destaque a partir da Conferência das Nações Unidas sobre o Meio Ambiente e o Desenvolvimento, realizada em 3 e 4 de junho de 1992 no Rio de Janeiro – a chamada Rio-92.

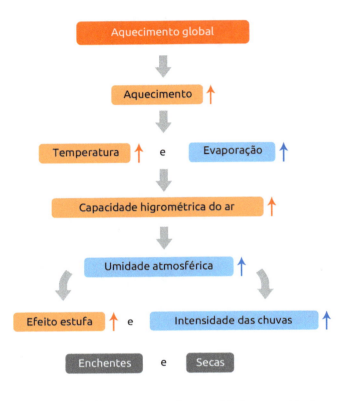

Fig. 13.22 *Relação entre o aquecimento global e as variáveis atmosféricas*

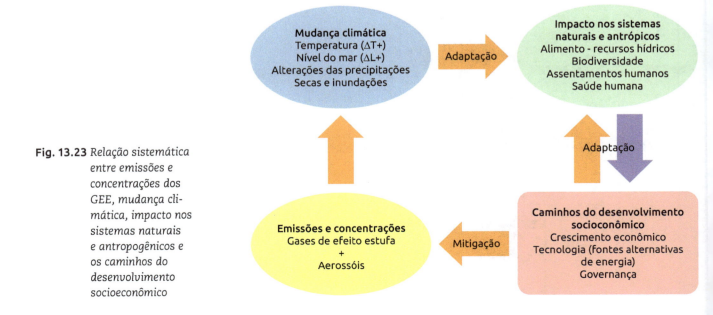

Fig. 13.23 *Relação sistemática entre emissões e concentrações dos GEE, mudança climática, impacto nos sistemas naturais e antropogênicos e os caminhos do desenvolvimento socioeconômico*

Nesse evento, vários documentos com compromissos importantes para a humanidade foram assinados, entre os quais o da Convenção sobre Mudanças Climáticas. Essa convenção representa o consenso de mais de uma centena de países sobre a necessidade de se fazer um esforço em escala global para reduzir a emissão de gases que intensificam o efeito estufa. Essa convenção também delegou ao IPCC a missão de avaliar os conhecimentos atuais sobre as mudanças do clima, os impactos ambientais, econômicos e sociais dessas mudanças e as possíveis estratégias para lidar com tais impactos.

Em 1995, aconteceu a primeira Conferência das Partes (COP 1), em Berlim, na Alemanha. A Conferência das Partes da Convenção-Quadro das Nações Unidas sobre Mudanças Climáticas (COP/CQNUMC) é um fórum em que os signatários da Convenção sobre Mudanças Climáticas fazem discussões e apresentam suas expectativas. A COP 2 foi realizada em 1996 em Genebra, na Suíça. A partir dessa conferência começaram a ser "plantadas as primeiras sementes" do Protocolo de Quioto, o qual tomou seu formato conclusivo na COP 3 – realizada em 1997 em Quioto, no Japão – e foi gerado com o intuito de que os países industrializados reduzissem suas emissões de GEE em pelo menos 5% em relação aos níveis do ano de 1990 no período de 2008 a 2012.

> Mais informações sobre o Protocolo de Quioto podem ser encontradas em <http://mudancasclimaticas.cptec.inpe.br/~rmclima/pdfs/Protocolo_Quioto.pdf>.

Conforme descrito em Oliveira, Silva e Henriques (2009), foi na COP 3 que a delegação brasileira apresentou oficialmente a proposta do País, que previa a criação de um fundo mundial, denominado Fundo de Desenvolvimento Limpo, alimentado por contribuições advindas de penalidades arbitradas aos países industrializados que não cumprissem suas metas quantitativas de redução de emissões acordadas. Esse fundo serviria para financiar projetos em países em desenvolvimento para a implementação de ações orientadas ao desenvolvimento sustentável. Tal proposta serviu de inspiração para o chamado Mecanismo de Desenvolvimento Limpo (MDL). No MDL, as empresas ou governos dos países industrializados compram créditos de projetos que reduzem as emissões dos GEE em países em desenvolvimento e promovem, ao mesmo tempo, o desenvolvimento sustentável. Assim, essas nações podem usar esses créditos para atingir sua própria meta de redução de emissões.

> Mais informações sobre o Mecanismo de Desenvolvimento Limpo (MDL) podem ser encontradas em <http://www.bndes.gov.br/SiteBNDES/export/sites/default/bndes_pt/Galerias/Arquivos/conhecimento/livro_mdl/mdl_1.pdf>.

Em 1998, foi realizada a COP 4 em Buenos Aires, na Argentina. Nela, um total de 39 países desenvolvidos assinaram o Protocolo de Quioto, inclusive os Estados Unidos. No entanto, o senado norte-americano não o ratificou, o que desobrigava o país de cumprir sua meta. Só em 16 de fevereiro de 2005 o Protocolo de Quioto entrou em vigor, com as seguintes metas:

- Os países do Anexo I terão de reduzir, no período de 2008 a 2012, 5,2% de suas emissões de dióxido de carbono, metano e óxido nitroso em relação aos níveis do ano de 1990. Nesse anexo estão os países-membros da Organização para a Cooperação e o Desenvolvimento Econômico (OCDE) e os países do antigo bloco soviético, que representam o grupo de países com compromisso de reduzir seus GEE. Já fora do Anexo I estão todos os demais, principalmente os países em desenvolvimento, que constituem o grupo sem compromisso de reduzir seus GEE.
- Os países do Anexo I terão de reduzir seus níveis de hidroclorofluorcarbono (CFH), perfluorcarbono e hexafluoreto de enxofre (SF_6) aos níveis do ano de 1995.
- É permitido o "comércio de emissões" entre países do Anexo I. Países que tiverem uma redução maior do que sua meta podem vender créditos para aqueles que não conseguirem alcançar sua própria meta.
- Aos países do Anexo I que não conseguirem cumprir suas metas de redução de emissão, é permitido utilizar o MDL, "pagando" o não cumprimento das metas com investimentos em projetos em países fora do Anexo I que reduzam emissões.

Na realidade, o Protocolo de Quioto estabeleceu uma meta de redução de emissões para cada país, e cada país do Anexo I declarou a meta de redução que desejava e/ou poderia atingir.

Em 1999, foi realizada a COP 5 em Bonn, na Alemanha. Já em 2005 ocorreu a COP 11 em Montreal, no Canadá. Nesta, começaram os debates sobre as regras a serem seguidas depois do primeiro período de compromisso do Protocolo de Quioto, a partir de 2012.

O Quadro 13.1 mostra o ano e local de ocorrência das COPs até 2016.

De forma geral, as COPs estão agendadas para serem realizadas com uma frequência anual e em diferentes regiões do globo. Nelas, a discussão sempre terá um caráter mais político e econômico, e os países tentarão achar soluções para contribuir para um mundo mais sustentável, porém mantendo seu desenvolvimento econômico. Cabe à comunidade científica prover as instituições governamentais com o estado da arte do conhecimento das mudanças climáticas que estão se configurando atualmente, e caberá aos tomadores de decisão usarem esse conhecimento para o benefício de toda a sociedade do planeta.

Quadro 13.1 Ano e local de ocorrência das COPs

Evento	Ano	Local
COP 1	1995	Berlim (Alemanha)
COP 2	1996	Genebra (Suíça)
COP 3	1997	Quioto (Japão)
COP 4	1998	Buenos Aires (Argentina)
COP 5	1999	Bonn (Alemanha)
COP 6	2000-2001	Parte 1, em 2000, em Haia (Holanda) Parte 2, em 2001, em Bonn (Alemanha)
COP 7	2001	Marraquexe (Marrocos)
COP 8	2002	Nova Déli (Índia)
COP 9	2003	Milão (Itália)
COP 10	2004	Buenos Aires (Argentina)
COP 11	2005	Montreal (Canadá)
COP 12	2006	Nairóbi (Quênia)
COP 13	2007	Bali (Indonésia)
COP 14	2008	Posnânia (Polônia)
COP 15	2009	Copenhague (Dinamarca)
COP 16	2010	Cancún (México)
COP 17	2011	Durban (África do Sul)
COP 18	2012	Doha (Qatar)
COP 19	2013	Varsóvia (Polônia)
COP 20	2014	Lima (Peru)
COP 21	2015	Paris (França)
COP 22	2016	Marraquexe (Marrocos)

Referências bibliográficas

A ESCALA do tempo geológico. *Biogeogilde Weblog*, 2 nov. 2008. Disponível em: <http://biogilde.wordpress.com/2008/11/02/>. Acesso em: 12 set. 2016.

AGUADO, E.; BURT, J. E. *Understanding weather and climate*. 5. ed. New York: Prentice Hall, 2010.

AHRENS, A. D. *O aquecimento da Terra e da atmosfera*. Tradução de Daniel Pigozzo e Maria Gertrudes Alvarez Justi da Silva. Rio de Janeiro: Departamento de Meteorologia, Instituto de Geociências da UFRJ, 1998. Disponível em: <http://pt.scribd.com/doc/58689516/Aquecimento-terra-atmosfera>. Acesso em: ago. 2016. Tradução com finalidade didática de: *Essentials of meteorology*: an invitation to the atmosphere. New York: West Publishing Company, 1993. Chap. 2, p. 26-51.

AHRENS, C. D. *Meteorology today*: an introduction to weather, climate, and the environment. 9. ed. Belmont: Brooks/Cole, 2009.

ALVARES, C. A; STAPE, J. L.; SENTELHAS, P. C.; DE MORAES GONÇALVES, J. L.; SPAROVEK, G. Köppen's climate classification map for Brazil. *Meteorologische Zeitschrift*, v. 22, n. 6, p. 711-728, 2013.

AMBRIZZI, T. *Notas de aula*. [s.d.-a]. Disponível em: <http://www.dca.iag.usp.br/www/material/ambrizzi/clima1/aula2_Tempo_clima1.pdf/>. Acesso em: nov. 2011.

AMBRIZZI, T. *Climatologia 1*. Slides de aula. Universidade de São Paulo. [s.d.-b]. Disponível em: <http://www.dca.iag.usp.br/www/material/ambrizzi/clima1/aula4_Clima_clima1.pdf>. Acesso em: 12 set. 2016.

AMBRIZZI, T. *Variabilidade, mudança e impactos climáticos*: estamos preparados? Slides de aula. Universidade de São Paulo. [s.d.-c]. Disponível em: <http://www.dca.iag.usp.br/www/material/ambrizzi/clima1/aula_MudancasClimaticas_2010.pdf>. Acesso em: 12 set. 2016.

ANTAS, L. M.; ALCÂNTARA, F. *Manual de Meteorologia para aeronavegantes*. MMA-DR-105-3. Brasil: Aliança para o Progresso, 1969. 185 p.

AYOADE, J. O. *Introdução à climatologia para os trópicos*. 3. ed. São Paulo: Bertrand do Brasil, 1991. 332 p.

AYOADE, J. O. *Introdução à climatologia para os trópicos*. 3. ed. São Paulo: Bertrand do Brasil, 2010. 332 p.

BUDYKO, M. I. *The heat balance of the Earth's surface*. 1956. [English translation by N. A. Stepanova, Office of Technical Services, PB 131692. Washington, D.C.: U.S. Department of Commerce, 1958.].

CAVALCANTI, E. P. *Métodos de modelagem numérica*. Slides de aula. Universidade Federal de Campina Grande. [s.d.]. Disponível em: <http://www.dca.ufcg.edu.br/mna/MNA_modulo_01.pdf>. Acesso em: 12 set. 2016.

CELEMÍN, A. H. *Meteorología práctica*. Mar del Plata, Argentina: Edición del Autor, 1984.

CETESB - COMPANHIA DE TECNOLOGIA DE SANEAMENTO AMBIENTAL. *Relatório de qualidade do ar no estado de São Paulo*. Relatório técnico. São Paulo: Secretaria do Meio Ambiente, 2009.

CHAPMAN, S. A. Theory of upper atmospheric ozone. *Q. J. Roy. Meteorol. Soc., Mem.*, n. 3, p. 103-125, 1930.

CHARNEY, J. G. *Dynamical forecasting by numerical process*. Compendium of meteorology. Boston: American Meteorological Society, 1951.

CHURCH, J. A. et al. Estimates of the regional distribution of sea level rise over the 1950-2000 period. *Journal of Climate*, v. 17, p. 2609-2625, 2004.

CLIMA. Infoescola, [s.d.]. Disponível em: <http://www.infoescola.com/geografia/clima/>.

CONAMA - CONSELHO NACIONAL DO MEIO AMBIENTE. Resolução nº 3, de 28 de junho de 1990. *DOU*, p. 15937-15939, 22 ago. 1990.

CPTEC - CENTRO DE PREVISÃO DE TEMPO E ESTUDOS CLIMÁTICOS. Monitoramento Ambiental do Eixo Rio-São Paulo. *O que é uma PCD?* [s.d.-a]. Disponível em: <http://marsp.cptec.inpe.br/pcd.shtml>.

CPTEC - CENTRO DE PREVISÃO DE TEMPO E ESTUDOS CLIMÁTICOS. *Previsão de tempo*. [s.d.-b]. Disponível em: <http://tempo.cptec.inpe.br/>. Acesso em: ago. 2016.

CPTEC - CENTRO DE PREVISÃO DE TEMPO E ESTUDOS CLIMÁTICOS. *El Niño e La Niña*. [s.d.-c]. Disponível em: <http://enos.cptec.inpe.br/>. Acesso em: ago. 2016.

CPTEC - CENTRO DE PREVISÃO DE TEMPO E ESTUDOS CLIMÁTICOS. *Infoclima*. [s.d.-d]. Disponível em: <http://infoclima1.cptec.inpe.br/>.

CPTEC - CENTRO DE PREVISÃO DE TEMPO E ESTUDOS CLIMÁTICOS. *ProgClima*. [s.d.-e]. Disponível em: <http://infoclima1.cptec.inpe.br/index_prog.shtml>.

CPTEC - CENTRO DE PREVISÃO DE TEMPO E ESTUDOS CLIMÁTICOS. *Climate forecast*. 1998a. Disponível em: <http://clima1.cptec.inpe.br/gpc/pt>.

CPTEC - CENTRO DE PREVISÃO DE TEMPO E ESTUDOS CLIMÁTICOS. *ProgClima*. 1998b. Disponível em: <http://infoclima1.cptec.inpe.br/index_prog.shtml>.

CPTEC - CENTRO DE PREVISÃO DE TEMPO E ESTUDOS CLIMÁTICOS. *Monitoramento Brasil*. 1998c. Disponível em: <http://clima1.cptec.inpe.br/monitoramentobrasil/pt>.

CPTEC - CENTRO DE PREVISÃO DE TEMPO E ESTUDOS CLIMÁTICOS. *Previsão climática*. 2000. Disponível em: <http://clima1.cptec.inpe.br/>. Acesso em: mar. 2000.

CPTEC - CENTRO DE PREVISÃO DE TEMPO E ESTUDOS CLIMÁTICOS. *Banco de dados de imagens*. 2007. Disponível em: <http://satelite.cptec.inpe.br/acervo/goes.formulario.logic>. Acesso em: ago. 2016.

CPTEC - CENTRO DE PREVISÃO DE TEMPO E ESTUDOS CLIMÁTICOS. *Carta de superfície de 12 de junho de 2009*. 2009a. Disponível em: <http://img0.cptec.inpe.br/~rgptimg/Produtos-Pagina/Carta-Sinotica/Analise/Superficie/superficie_2009061212.gif>. Acesso em: ago. 2016.

CPTEC - CENTRO DE PREVISÃO DE TEMPO E ESTUDOS CLIMÁTICOS. *Banco de dados de imagens*. 2009b. Disponível em: <http://satelite.cptec.inpe.br/acervo/goes.formulario.logic>. Acesso em: ago. 2016.

CPTEC - CENTRO DE PREVISÃO DE TEMPO E ESTUDOS CLIMÁTICOS. *Banco de dados de imagens*. 2010. Disponível em: <http://satelite.cptec.inpe.br/acervo/goes.formulario.logic>. Acesso em: ago. 2016.

CPTEC - CENTRO DE PREVISÃO DE TEMPO E ESTUDOS CLIMÁTICOS. *Geada*. 2011a. Disponível em: <http://tempo1.cptec.inpe.br/geadas/>. Acesso em: nov. 2011.

CPTEC - CENTRO DE PREVISÃO DE TEMPO E ESTUDOS CLIMÁTICOS. *Nevoeiro*. 2011b. Disponível em: <http://tempo1.cptec.inpe.br/nevoeiro/>. Acesso em: nov. 2011.

CPTEC - CENTRO DE PREVISÃO DE TEMPO E ESTUDOS CLIMÁTICOS. *Banco de dados de imagens*. 2011c. Disponível em: <http://satelite.cptec.inpe.br/acervo/goes.formulario.logic>. Acesso em: ago. 2016.

CPTEC - CENTRO DE PREVISÃO DE TEMPO E ESTUDOS CLIMÁTICOS. *Carta de superfície de 11 de outubro de 2012*. 2012a. Disponível em: <http://img0.cptec.inpe.br/~rgptimg/Produtos-Pagina/Carta-Sinotica/Analise/Superficie/superficie_2012101106.gif>.

CPTEC - CENTRO DE PREVISÃO DE TEMPO E ESTUDOS CLIMÁTICOS. *Cartas de superfície de 23 de outubro de 2012*. 2012b. Disponível em: <http://img0.cptec.inpe.br/~rgptimg/Produtos-Pagina/Carta-Sinotica/Analise/Superficie/superficie_2012102300.gif>, <http://img0.cptec.inpe.br/~rgptimg/Produtos-Pagina/Carta-Sinotica/Analise/Superficie/superficie_2012102306.gif> e <http://img0.cptec.inpe.br/~rgptimg/Produtos-Pagina/Carta-Sinotica/Analise/Superficie/superficie_2012102312.gif>.

CPTEC - CENTRO DE PREVISÃO DE TEMPO E ESTUDOS CLIMÁTICOS. *Banco de dados de imagens*. 2013. Disponível em: <http://satelite.cptec.inpe.br/acervo/goes.formulario.logic>. Acesso em: ago. 2016.

CPTEC - CENTRO DE PREVISÃO DE TEMPO E ESTUDOS CLIMÁTICOS. BRAMS (7 Dias) – (5 x 5 km). 2016. Disponível em: <http://previsaonumerica.cptec.inpe.br/golMapWeb/DadosPages?id=Brams5>. Acesso em: ago. 2016.

DILÃO, R. A rotação da Terra. Os dias, as noites e as estações do ano. *Ciência Viva*, [s.d.]. Disponível em: <http://www.cienciaviva.pt/equinocio/lat_long/cap2.asp>. Acesso em: ago. 2012.

DJURIC, D. *Weather analysis*. New Jersey: Prentice Hall, 1994.

EARTH DATA. Terra/MODIS 2010/068 03/09/2010 13:20 UTC. 2010. Disponível em: <https://lance.modaps.eosdis.nasa.gov/cgi-bin/imagery/single.cgi?image=crefl1_143.A2010068132000-2010068132500.2km.jpg>.

ECMWF - EUROPEAN CENTER FOR MEDIUM-RANGE WEATHER FORECASTS. *ERA Interim, Daily*. [s.d.-a]. Disponível em: <http://apps.ecmwf.int/datasets/data/interim-full-daily/levtype=sfc/>. Acesso em: ago. 2016.

ECMWF - EUROPEAN CENTER FOR MEDIUM-RANGE WEATHER FORECASTS. *ERA-40 Atlas*. [s.d.-b]. Disponível em: <http://www.ecmwf.int/s/ERA-40_Atlas/docs/>. Acesso em: ago. 2016.

FORMACIÓN de un tornado. *Ciencia al Dia*, 29 abr. 2011. Disponível em: <https://cienciaaldia.wordpress.com/2011/04/29/formacion-de-un-tornado/>. Acesso em: nov. 2011.

FORNARO, A. *Química do ar*. Slides. Escola de Meio Ambiente. Cepema/USP - Centro de Capacitação e Pesquisa em Meio Ambiente/Universidade de São Paulo. 2011. Disponível em: <http://www.cepema.usp.br/wp-content/uploads/2011/06/9-Quimica-do-ar.pdf>. Acesso em: 7 set. 2016.

FREDERIKSEN, S. C. et al. Dynamical seasonal forecasts during the 1997/98 ENSO using persisted SST anomalies. *J. Climate*, v. 14, p. 2675-2695, 2001.

GLEICK, P. H. Water resources. In: SCHNEIDER, S. H. *Encyclopedia of climate and weather*. New York: Oxford University Press, 1996. v. 2, p. 817-823.

GORDON, A. L. Ocean current. *Encyclopædia Britannica*, 2011. Disponível em: <https://global.britannica.com/science/ocean-current>.

GOZZO, L. F.; DA ROCHA, R. P.; REBOITA, M. S.; SUGAHARA, S. Subtropical cyclones over the southwestern South Atlantic: climatological aspects and case study. *Journal of Climate*, v. 27, n. 22, p. 8543-8562, 2014.

GRADIENT wind. WW2010 - The Weather World 2010 Project, [s.d.]. Disponível em: <http://ww2010.atmos.uiuc.edu/(Gh)/guides/mtr/fw/grad.rxml/>. Acesso em: ago. 2016.

GRIMM, A. M. Umidade, condensação e estabilidade atmosférica. In: GRIMM, A. M. *Meteorologia básica*. 1999a. Notas de aula. Cap. 5. Disponível em: <http://fisica.ufpr.br/grimm/aposmeteo/>. Acesso em: set. 2012.

GRIMM, A. M. *Meteorologia básica*. 1999b. Notas de aula. Disponível em: <http://fisica.ufpr.br/grimm/aposmeteo/>. Acesso em: out. 2011.

HARTMANN, D. L. *Global physical climatology*. San Diego: Academic Press, 1994. (International Geophysics Series).

HUFFMAN, G. J.; PENDERGRASS, A.; NCAR STAFF (Ed.). *The climate data guide*: TRMM: Tropical Rainfall Measuring Mission. [s.d.]. Disponível em: <https://climatedataguide.ucar.edu/climate-data/trmm-tropical-rainfall-measuring-mission>.

IBGE - INSTITUTO BRASILEIRO DE GEOGRAFIA E ESTATÍSTICA. *Atlas Nacional do Brasil*. Rio de Janeiro, 2000.

ILHAS de calor. *Conforto Ambiental nas Cidades*, 29 abr. 2009. Disponível em: <https://confortonascidades.blogspot.com.br/2009/04/ilhas-de-calor.html>.

INDRIUNAS, L. Como funciona a inversão térmica. *Como Tudo Funciona*, [s.d.]. Disponível em: <http://ambiente.hsw.uol.com.br/inversao-termica.htm>.

INMET - INSTITUTO NACIONAL DE METEOROLOGIA. *Normais climatológicas do Brasil 1961-1990*. Brasília, [s.d.-a]. Disponível em: <http://www.inmet.gov.br/portal/index.php?r=clima/normais-Climatologicas>.

INMET - INSTITUTO NACIONAL DE METEOROLOGIA. *Consulta de dados da estação automática*: São Paulo (Mirante de Santana) (SP). [s.d.-b]. Disponível em: <http://www.inmet.gov.br/sonabra/pg_dspDadosCodigo_sim.php?QTcwMQ>.

INMET - INSTITUTO NACIONAL DE METEOROLOGIA. *Glossário*. [s.d.-c]. Disponível em: <http://www.inmet.gov.br/html/informacoes/glossario/glossario.html>.

INMET - INSTITUTO NACIONAL DE METEOROLOGIA. *Atlas de nuvens*. [s.d.-d]. Disponível em: <http://www.inmet.gov.br/html/informacoes/sobre_meteorologia/atlas_nuvens/atlas_nuvens.html>.

INMET - INSTITUTO NACIONAL DE METEOROLOGIA. *Rede de estações*. [s.d.-e]. Disponível em: <http://www.inmet.gov.br/html/rede_obs.php>. Acesso em: set. 2011.

INMET - INSTITUTO NACIONAL DE METEOROLOGIA. *Normais Climatológicas do Brasil*. Brasília, 2010.

INMET - INSTITUTO NACIONAL DE METEOROLOGIA. *Estações convencionais*. 2016. Disponível em: <http://www.inmet.gov.br/portal/index.php?r=estacoes/estacoesConvencionais/>. Acesso em: ago. 2016.

IPCC - INTERGOVERNMENTAL PANEL ON CLIMATE CHANGE. *Climate Change 2007*: the physical science basis. Contribution of Working Group I to the Fourth Assessment Report of the Intergovernmental Panel on Climate Change. Edited by S.

Solomon, D. Qin, M. Manning, Z. Chen, M. Marquis, K. B. Averyt, M. Tignor and H. L. Miller. Cambridge, United Kingdom; New York, USA: Cambridge University Press, 2007. 996 p.

IPCC - INTERGOVERNMENTAL PANEL ON CLIMATE CHANGE. *Climate Change 2013*: the physical science basis. Contribution of Working Group I to the Fifth Assessment Report of the Intergovernmental Panel on Climate Change. Edited by T. F. Stocker, D. Qin, G. K. Plattner, M. Tignor, S. K. Allen, J. Boschung, A. Nauels, Y. Xia, V. Bex and P. M. Midgley. 2013.

IT'S JUST a phase: water as a solid, liquid, and gas. *Ucar - University Corporation for Atmospheric Research*, 2001. Disponível em: <http://www.ucar.edu/learn/1_1_2_3t.htm>. Acesso em: set. 2012.

JENSEN, J. R. *Sensoriamento remoto do ambiente*: uma perspectiva em recursos terrestres. Tradução de Neves Epiphanio (Coord.) et al. São José dos Campos: Parêntese, 2009.

JETSTREAM - an online school for weather. *National Weather Service, National Oceanic and Atmospheric Administration*, [s.d.]. Disponível em: <http://www.srh.noaa.gov/jetstream/>.

KALNAY, E. *Atmospheric modeling, data assimilation and predictability*. Cambridge: Cambridge University Press, 2003.

KNAPP, K. R. Scientific data stewardship of International Satellite Cloud Climatology Project B1 global geostationary observations. *Journal of Applied Remote Sensing*, v. 2, 023548. 2008.

KÖPPEN, W. Klassifikation der klimate nach temperatur, niederschlag und jahreslauf. *Petermanns Mitt.*, v. 64, p. 193-203, 1918.

KOUSKY, V. E. Pentad outgoing longwave radiation climatology for the South American sector. *Revista Brasileira de Meteorologia*, n. 3, p. 217-231, 1988.

KOUSKY, V. E.; ELIAS, M. *Meteorologia sinótica*: parte I. São José dos Campos: Inpe, 1982. Publicação n. Inpe-2605-MD/021.

LABCAA - LABORATÓRIO DE CLIMATOLOGIA E ANÁLISE AMBIENTAL. Universidade Federal de Juiz de Fora. *Equipamentos*. [s.d.]. Disponível em: <http://www.ufjf.br/labcaa/equipamentos/>. Acesso em: set. 2012.

LOYOLA, D.; ERBERTSEDER, T.; BALIS, D.; LAMBERT, J.-C.; SPURR, R.; ROOZENDAEL, M.; VALKS, P.; ZIMMER, W.; MEYER-ARNEK, J.; LEROT, C. Operational monitoring of the Antarctic ozone hole: transition from GOME and SCIAMACHY to GOME-2. In: ZEREFOS, C. et al. (Ed.). *Twenty years of ozone decline*. Springer Science+Business Media, 2009.

LTID - LABORATÓRIO DE TRATAMENTO DE IMAGENS DIGITAIS. Instituto Nacional de Pesquisas Espaciais. [s.d.]. Disponível em: <http://www.ltid.inpe.br/dsr/vianei/CursoHF/Image3.gif>. Acesso em: set. 2012.

LUTGENS, F. K.; TARBUCK, E. J. *The atmosphere*: an introduction to meteorology. 11. ed. New York: Prentice Hall, 2010.

MASTER - METEOROLOGIA APLICADA A SISTEMAS DE TEMPO REGIONAIS. Instituto de Astronomia, Geofísica e Ciências Atmosféricas da Universidade de São Paulo. *Composição de imagem e análise*. [s.d.]. Disponível em: <http://www.masterantiga.iag.usp.br/ind.php?inic=00&prod=imagens>.

McDONALD, J. R. T. Theodore Fujita: his contribution to tornado knowledge through damage documentation and the Fujita scale. *Bulletin of the American Meteorological Society*, v. 82, n. 1, p. 63-72, 2001.

McTAGGART-COWAN, R. et al. Analysis of hurricane Catarina. *Monthly Weather Review*, n. 134, p. 3029-3053, 2006.

MEDIÇÃO de volumes. *Nota Positiva*, 2008. Disponível em: <http://www.notapositiva.com/trab_estudantes/trab_estudantes/fisico_quimica/fisico_quimica_trabalhos/medicaovolumes.htm>. Acesso em: ago. 2012.

METED. [s.d.]. Disponível em: <https://www.meted.ucar.edu/about.php>.

MIHOS, C. Astronomical coordinates. *Astronomical techniques*, [s.d.]. Upper level undergraduate/graduate course. Disponível em: <http://burro.cwru.edu/Academics/Astr306/Coords/coords.html>. Acesso em: ago. 2012.

MILANKOVITCH cycles in Paleoclimate. *University of Rhode Island*, [s.d.]. Disponível em: <http://deschutes.gso.uri.edu/~rutherfo/milankovitch.html>. Acesso em: 12 set. 2016.

MONTHLY/SEASONAL climate composites. *Earth System Research Laboratory, National Oceanic and Atmospheric Administration*, [s.d.]. Disponível em: <http://www.esrl.noaa.gov/psd/cgi-bin/data/composites/printpage.pl/>. Acesso em: ago. 2016.

MORAN, J. M. *Climate studies*: introduction to climate sciences. American Meteorology Society, 2012.

MORAN, J. M.; MORGAN, M. D. *Meteorology*: the atmosphere and the science of weather. New York: Macmillan College; Toronto: Maxwell Macmillan Canada, 1994. Chapter 11 written by Patricia M. Pauley.

MOVIMENTO aparente do Sol. *Já Passei*, [s.d.]. Disponível em: <http://www.japassei.pt/subcanais_n1.asp?id_subcanal_n1=226&id_canal=109>. Acesso em: out. 2011.

MOVIMENTOS da Terra. *Impactogeo*, 29 abr. 2011. Disponível em: <http://impactogeo.blogspot.com/2011/04/movimentos-da-terra.html/>. Acesso em: out. 2011.

MUDANÇA de fase. *Brasil Escola*, [s.d.]. Disponível em: <http://www.brasilescola.com/upload/e/mudanca%20de%20fase(2).jpg>. Acesso em: set. 2012.

NAKICENOVIC, N.; SWART, R. (Ed.). *Special report on emissions scenarios*. Cambridge: Cambridge University Press, 2000. Disponível em: <https://www.ipcc.ch/ipccreports/sres/emission/index.php?idp=0>.

NASA GODDARD OZONE & AIR QUALITY. FAQ. [s.d.]. Disponível em: <https://ozoneaq.gsfc.nasa.gov/faq#faq-29>.

NCEP - NATIONAL CENTERS FOR ENVIRONMENTAL PREDICTION. [s.d.]. Disponível em: <http://www.ncep.noaa.gov>. Acesso em: ago. 2012.

NOAA - NATIONAL OCEANIC AND ATMOSPHERIC ADMINISTRATION. National Hurricane Center. *Tropical cyclone climatology*. [s.d.-a]. Disponível em: <http://www.nhc.noaa.gov/climo/>.

NOAA - NATIONAL OCEANIC AND ATMOSPHERIC ADMINISTRATION. National Hurricane Center. *Tropical cyclone names*. [s.d.-b]. Disponível em: <http://www.nhc.noaa.gov/aboutnames.shtml>.

NOAA - NATIONAL OCEANIC AND ATMOSPHERIC ADMINISTRATION. Earth System Research Laboratory. *NCEP/NCAR reanalysis 1*. [s.d.-c]. Disponível em: <https://www.esrl.noaa.gov/psd/data/gridded/data.ncep.reanalysis.html>.

NOAA - NATIONAL OCEANIC AND ATMOSPHERIC ADMINISTRATION. Earth System Research Laboratory. *PSD Interactive climate analysis and plotting web-tools*. [s.d.-d]. Disponível em: <https://www.esrl.noaa.gov/psd/cgi-bin/data/getpage.pl>.

NOAA - NATIONAL OCEANIC AND ATMOSPHERIC ADMINISTRATION. Earth System Research Laboratory. *Daily mean composites*. [s.d.-e]. Disponível em: <http://www.esrl.noaa.gov/psd/data/composites/day/>. Acesso em: ago. 2016.

NOAA - NATIONAL OCEANIC AND ATMOSPHERIC ADMINISTRATION. National Centers for Environmental Information. *Satellite Imagery, GIBBS, July 22, 2010*. 2010. Disponível em: <https://www.ncdc.noaa.gov/gibbs/html/GOE-13/IR/2010-07-22-09>. Acesso em: nov. 2011.

O MOVIMENTO de rotação da Terra. *360 Graus*, 22 maio 2002. Disponível em: <http://360graus.terra.com.br/geral/default.asp?did=3590&action=coluna>. Acesso em: out. 2011.

OLIVEIRA, G. S. *Avaliação de previsões sazonais para o Brasil entre dezembro de 1995 e maio de 1999 realizadas com o MCGA-CPTEC/COLA*. 2001. Dissertação (Mestrado) – Inpe, São José dos Campos, 2001.

OLIVEIRA, G. S.; SILVA, N. F.; HENRIQUES, R. *Mudanças climáticas*. Brasília: MEC, SEB; MCT; AEB, 2009. 348 p. (Coleção Explorando o Ensino, v. 13).

OLIVEIRA, R.; OLIVEIRA, R.; ESTIVALLET, J. Climatologia e sazonalidade em 33 anos de eventos tornádicos em Santa Catarina. In: CONGRESSO BRASILEIRO DE METEOROLOGIA (CBMet), 17., 2012, Gramado. Anais... 2012. v. 1.

OLIVEIRA FILHO, K. S. O.; SARAIVA, M. F. O. *Astronomia e astrofísica*. 2007. Disponível em: <http://astro.if.ufrgs.br/>. Acesso em: jun. 2011.

PBMC - PAINEL BRASILEIRO DE MUDANÇAS CLIMÁTICAS. *Base científica das mudanças climáticas*: primeiro relatório de avaliação nacional. Rio de Janeiro: Coppe, 2014. Disponível em: <http://www.pbmc.coppe.ufrj.br/documentos/RAN1_completo_vol1.pdf>. Acesso em: 12 set. 2016.

PEIXOTO, J. P.; OORT, A. H. *Physics of climate*. Berlin: Springer, 1992.

PONTE de hidrogênio. *Infoescola*, [s.d.]. Disponível em: <http://static.infoescola.com/wp-content/uploads/2010/07/ponte--de-hidrogenio.jpg>. Acesso em: set. 2012.

PRECIPITATION. *Survey of Meteorology Online*, [s.d.]. Chap. 7. Disponível em: <http://apollo.lsc.vsc.edu/classes/met130/notes/chapter7/>. Acesso em: ago. 2012.

PROCLIRA. *Projecto científico*. [s.d.]. Disponível em: <http://www.proclira.uevora.pt>. Acesso em: jan. 2008.

REBOITA, M. S.; DA ROCHA, R. P.; AMBRIZZI, T.; SUGAHARA, S. South Atlantic Ocean Cyclogenesis Climatology Simulated by Regional Climate Model (RegCM3). *Climate Dynamics*, v. 35, 10.1007/s00382-009-0668-7, p. 1331-1347, 2010.

REBOITA, M. S.; GAN, M. A.; DA ROCHA, R. P.; AMBRIZZI, T. Regimes de precipitação na América do Sul: uma revisão bibliográfica. *Revista Brasileira de Meteorologia*, v. 25, n. 2, p. 185-204, 2010.

REBOITA, M. S.; KRUSCHE, N.; AMBRIZZI, T.; DA ROCHA, R. P. Entendendo o tempo e o clima na América do Sul. *Terra e Didática*, v. 8, n. 1, p. 34-50, 2012.

RITTER, M. E. Precipitation processes. In: RITTER, M. E. *The physical environment*: an introduction to Physical Geography. [S.l.: s.n.], 2006. Disponível em: <http://www.earthonlinemedia.com/ebooks/tpe_3e/atmospheric_moisture/precipitation.html>. Acesso em: out. 2011.

RUDDIMAN, W. F. *Earth's climate*: past and future. New York: W. H. Freeman, 2008. 388 p.

SEASONAL and daily temperatures. *Survey of Meteorology Online*, [s.d.]. Chap. 3. Disponível em: <http://apollo.lsc.vsc.edu/classes/met130/notes/chapter3/>. Acesso em: ago. 2012.

SEEG - SISTEMA DE ESTIMATIVA DE EMISSÃO DE GASES DO EFEITO ESTUFA. *Estimativa de emissões de gases de efeito estufa no Brasil 1990-2012*. [S.l.]: Observatório do Clima, 2013. Disponível em: <http://www.gvces.com.br/estimativas-de-emissoes-de-gases-do--efeito-estufa-no-brasil-1990-2012?locale=pt-br>.

SELF, S.; ZHAO, J.-X.; HOLASEK, R. E.; TORRES, R. C.; KING, A. J. The atmospheric impact of the 1991 Mount Pinatubo eruption. In: NEWHALL, C. G.; PUNONGBAYAN, R. S. (Ed.). *Fire and mud*: eruptions and lahars of Mount Pinatubo, Philippines. Quezon City: Philippine Institute of Volcanology and Seismology; Seattle/London: University of Washington Press, 1996.

SETZER, J. *Atlas climático e ecológico do estado de São Paulo*. São Paulo: CIBPU, 1966.

SILVA DIAS, M. A. F.; JUSTI DA SILVA, M. G. A. Para entender tempo e clima. In: CAVALCANTI, I. D. A.; FERREIRA, N. J.; SILVA, M. G. A. J.; SILVA DIAS, M. A. F. (Org.). *Tempo e clima no Brasil*. São Paulo: Oficina de Textos, 2009. p. 15-21.

STABILITY and cloud development. *Survey of Meteorology Online*, [s.d.]. Chap. 6. Disponível em: <http://apollo.lsc.vsc.edu/~wintelsw/MET1010LOL/chapter06/adiabatic.jpg>. Acesso em: set. 2012.

STRAHLER, A.; STRAHLER, A. *Introducing Physical Geography*. 2. ed. New Jersey: John Wiley & Sons, 1997.

STRATOSPHERIC ozone depletion and recovery. *Earth System Research Laboratory/NOAA - National Oceanic and Atmospheric Administration*, [s.d.]. Disponível em: <http://www.esrl.noaa.gov/research/themes/o3/pdf/OzoneIntro.pdf>.

TANIMOTO, A. H.; SOARES, P. S. Legislação contra a destruição da camada de ozônio e ações para políticas de proteção ambiental. *Canal Ciência*, 7 abr. 2003. Disponível em: <http://www.canalciencia.ibict.br/pesquisa/0108-Destruicao-camada-ozonio-acoes-politicas-protecao-ambiental.html>.

TARBUCK, E. J.; LUTGENS, F. K. *Earth science*. 11th ed. Pearson Prentice Hall, 2006.

TERJUNG, W. H.; LOUIE, S. Energy input output climates of the world: a preliminary attempt. *Arch. Met. Geo. Bickl.*, Series B, v. 20, p. 129-166, 1972.

THE CATACLYSMIC 1991 eruption of Mount Pinatubo, Philippines. *U.S. Geological Survey Fact Sheet*, n. 113-97, 1997. Disponível em: <https://pubs.usgs.gov/fs/1997/fs113-97/>.

THE COMET PROGRAM. *Introduction to tropical meteorology*. 2nd ed. Ucar, 2011. Chap. 8. Disponível em: <https://www.meted.ucar.edu/tropical/textbook_2nd_edition/print_8.htm#page_2.0.0>. Acesso em: nov. 2011.

THE ICE ages. NOAA Paleoclimatology slide set. [s.d.]. Disponível em: <https://www.msu.edu/user/tuckeys1/education/PROMSE_06/Supplemental%20Material/Glaciation%20notes.pdf?pagewanted=all>. Acesso em: 12 set. 2016.

THE JET stream. *National Weather Service, National Oceanic and Atmospheric Administration*, [s.d.]. Disponível em: <http://www.srh.noaa.gov/jetstream/global/jet.html/>. Acesso em: ago. 2016.

THERMOHALINE circulation. *Encyclopædia Britannica*, 2014. Disponível em: <https://global.britannica.com/science/thermohaline-circulation>.

THE ROLE of the Sun in 20th century climate change. *Brighton73*, [s.d.]. Disponível em: <http://www.brighton73.freeserve.co.uk/gw/solar/solar.htm>.

THE SOLAR interior. *Nasa - National Aeronautics and Space Administration*, 2016. Disponível em: <http://solarscience.msfc.nasa.gov/SunspotCycle.shtml>. Acesso em: 12 set. 2016.

THINKSTOCK. [s.d.]. Disponível em: <http://www.thinkstockphotos.com/>. Acesso em: 7 set. 2016.

THOM, E. C.; BOSEN, J. F. The discomfort index. *Weatherwise*, n. 12, p. 57-60, 1959.

THORNTHWAITE, C. W. An approach towards a rational classification of climate. *Geographical Review*, n. 38, p. 55-94, 1948.

TORNADOS. *Portal São Francisco*, [s.d.]. Disponível em: <http://www.portalsaofrancisco.com.br/alfa/tornados/imagens/tornados23.jpg>. Acesso em: nov. 2011.

TREWARTHA, G. T. *An introduction to climate*. New York: McGraw-Hill, 1954. 402 p.

UCAR - THE UNIVERSITY CORPORATION FOR ATMOSPHERIC RESEARCH. *MGLASS launch*. [s.d.]. Disponível em: <http://www.ucar.edu/communications/newsreleases/2003/bamexvisuals.html>. Acesso em: set. 2012.

UCSB - UNIVERSITY OF CALIFORNIA, SANTA BARBARA. Department of Geography. [s.d.]. Disponível em: <http://www.geog.ucsb.edu/~joel/g110_w08/lecture_notes/water_vapor/agburt05_01c.jpg>. Acesso em: set. 2012.

URQUHART, G.; CHOMENTOWSKI, W.; SKOLE, D.; BARBER, C. *Tropical deforestation*. Earth Observatory - Nasa, 2001. Disponível em: <http://earthobservatory.nasa.gov/Features/Deforestation/tropical_deforestation_2001.pdf>. Acesso em: maio 2011.

USGS - U.S. GEOLOGICAL SURVEY. *Ciclo da água*. [s.d.]. Disponível em: <http://ga.water.usgs.gov/edu/graphics/portuguese/wcmaindiagram2.jpg>. Acesso em: set. 2012.

UV RADIATION & UV index. *National Environment Agency of Singapore*, [s.d.]. Disponível em: <http://www.nea.gov.sg/training-knowledge/weather-climate/uvradiation-uvindex>.

VAREJÃO-SILVA, M. A. *Instrumentos meteorológicos utilizados em estações de superfície*. Ministério do Interior, Superintendência do Desenvolvimento do Nordeste, Departamento de Recursos Naturais, Grupo Executivo Misto de Meteorologia, 1973.

VAREJÃO-SILVA, M. A. *Meteorologia e Climatologia*. Brasília: Inmet, 2006. v. 2, 463 p. Disponível em: <http://www.agritempo.gov.br/publish/publicacoes/livros/METEOROLOGIA_E_CLIMATOLOGIA_VD2_Mar_2006.pdf>. Acesso em: set. 2012.

VERA, C.; HIGGINS, W.; AMADOR, J.; AMBRIZZI, T.; GARREAUD, R.; GOCHIS, D.; GUTZLER, D.; LETTENMAIER, D.; MARENGO, J.; MECHOSO, C. R.; NOGUES-PAEGLE, J.; DIAS, P. L. S.; ZHANG, C. Toward a unified view of the American monsoon systems. *J. Climate*, v. 19, p. 4977-5000, 2006.

WALLACE, J. M.; HOBBS, P. V. *Atmospheric science*: an introductory survey. Amsterdam: Elsevier Academic Press, 2006.

WEATHER. *The Weather Channel*, 2011. Disponível em: <http://br.weather.com/weather/climatology/PEXX0011>. Acesso em: out. 2011.

WMO - WORLD METEOROLOGICAL ORGANIZATION. *Guide to climatological practices*. 2. ed. Geneva: Secretariat of the World Meteorological Organization, 1983. n. 100.

WMO - WORLD METEOROLOGICAL ORGANIZATION. *Observation components of the Global Observing System*. 2011. Disponível em: <http://www.wmo.int/pages/prog/www/OSY/Gos-components.html)>. Acesso em: set. 2011.

Sobre os autores

Rita Yuri Ynoue

Possui graduação (1992), mestrado (1999) e doutorado (2004) em Meteorologia pela Universidade de São Paulo (USP). Suas principais linhas de pesquisa são na área de Poluição Atmosférica e Meteorologia Sinótica. Foi professora do curso de Licenciatura em Ciências da Natureza na Escola de Artes, Ciências e Humanidades (EACH) da USP entre 2006 e 2009, quando se interessou pelo ensino de Meteorologia para professores de ensino médio e fundamental. Atualmente é docente do curso de Bacharelado em Meteorologia do Instituto de Astronomia, Geofísica e Ciências Atmosféricas (IAG) da USP, onde também atua como orientadora no Programa de Pós-Graduação em Meteorologia.

Michelle S. Reboita

É graduada em Geografia (bacharelado, 2001) e mestre em Engenharia Oceânica (2004) pela Universidade Federal do Rio Grande (Furg) e doutora em Meteorologia (2008) pela Universidade de São Paulo (USP). Realizou dois pós-doutorados em Meteorologia pela USP, sendo um sanduíche com a Universidade de Vigo, na Espanha. É docente do Instituto de Recursos Naturais (IRN) da Universidade Federal de Itajubá (Unifei) desde 2010, orientadora do programa de mestrado em Meio Ambiente e Recursos Hídricos da Unifei e pesquisadora do IRN e do Grupo de Estudos Climáticos (GrEC) do Instituto de Astronomia, Geofísica e Ciências Atmosféricas (IAG) da USP. Atualmente é membro da Câmara de Assessoramento de Recursos Naturais, Ciências e Tecnologias Ambientais (CRA) da Fundação de Amparo à Pesquisa do Estado de Minas Gerais (Fapemig) e associada júnior do Abdus Salam International Centre for Theoretical Physics, da Itália. Tem experiência na área de Geociências, com ênfase em Meteorologia Sinótica, Climatologia e Modelagem Climática.

Tércio Ambrizzi

Concluiu o doutorado em Meteorologia pela Universidade de Reading, na Inglaterra, em 1993. Foi diretor do Instituto de Astronomia, Geofísica e Ciências Atmosféricas (IAG) da Universidade de São Paulo (USP) e é professor titular do Departamento de Ciências Atmosféricas da mesma instituição. Foi editor-chefe da *Revista Brasileira de Meteorologia*, vinculada à Sociedade Brasileira de Meteorologia. Publicou centenas de artigos em periódicos especializados, trabalhos em anais de eventos e capítulos de livros. Atua na área de Ciências Atmosféricas, com ênfase em Meteorologia Dinâmica, Modelagem Numérica da Atmosfera e Climatologia. É coordenador do Grupo de Estudos Climáticos (GrEC) e do INterdisciplinary CLimate INvEstigation Center (INCLINE) e membro titular da Academia Brasileira de Ciências (ABC).

Gyrlene Aparecida Mendes da Silva

Possui curso técnico em Processamento de Dados (1997) pelo Instituto Federal de Alagoas (Ifal), graduação em Meteorologia (2003) pela Universidade Federal de Alagoas (Ufal) e mestrado (2005) e doutorado (2009) em Ciências na área de concentração de Meteorologia pela Universidade de São Paulo (USP). Desde 2014 é docente da Universidade Federal de São Paulo (Unifesp) no Departamento de Ciências do Mar, onde desenvolve orientação, pesquisa, extensão e gestão. No Instituto de Astronomia, Geofísica e Ciências Atmosféricas (IAG) da USP, foi co-orientadora de Iniciação Científica e coordenou o Grupo de Estudos Climáticos (GrEC), onde atualmente é colaboradora. Também desenvolveu uma pesquisa de pós-doutorado nessa universidade e outra na Universidade Federal do Rio Grande do Norte (UFRN). Realizou consultoria na área de modelagem de dispersão de poluentes atmosféricos na Applied Science Associates South America e participou como relatora da Conferência Regional Sobre Mudanças Globais. Foi coordenadora e docente da disciplina de Meteorologia no primeiro oferecimento do curso de Licenciatura em Ciências Semipresencial da Universidade Virtual do Estado de São Paulo. Co-orientou uma dissertação de mestrado no Programa de Pós-Graduação em Aquicultura e Pesca do Instituto de Pesca. É pesquisadora do INterdisciplinary CLimate INvEstigation Center (INCLINE), co-orientadora de Iniciação Científica no Instituto de Geociências da USP e revisora de periódicos internacionais. Tem experiência em Processamento de Dados, atuando como suporte técnico/*webmaster* (interno/externo), e em Geociências, com ênfase em Meteorologia, onde atua na observação e modelagem numérica do clima, interação oceano-atmosfera, previsão climática, paleoclimatologia, previsão de tempo, modelagem de dispersão de poluentes atmosféricos, técnicas estatísticas aplicadas em Geociências, e *downscaling* estatístico.